U0150607

城市
开放空间系统的
调控研究

王胜男◎著

Research on
Regulation of Urban Open
Space System

中国经济出版社
CHINA ECONOMIC PUBLISHING HOUSE
北 京

图书在版编目（CIP）数据

城市开放空间系统的调控研究/王胜男著 . --北京：
中国经济出版社，2020. 12
ISBN 978-7-5136-4247-7

Ⅰ . ①城… Ⅱ . ①王… Ⅲ . ①城市空间-研究 Ⅳ.
①TU984. 11

中国版本图书馆 CIP 数据核字（2020）第 262695 号
审图号：琼 S（2020）078 号

责任编辑 丁 楠
责任印制 马小宾
封面设计 久品轩

出版发行 中国经济出版社
印 刷 者 北京建宏印刷有限公司
经 销 者 各地新华书店
开 本 710mm×1000mm 1/16
印 张 19. 75
字 数 297 千字
版 次 2020 年 12 月第 1 版
印 次 2020 年 12 月第 1 次
定 价 78. 00 元
广告经营许可证 京西工商广字第 8179 号

中国经济出版社 网址 www. economyph. com 社址 北京市东城区安定门外大街 58 号 邮编 100011
本版图书如存在印装质量问题，请与本社销售中心联系调换（联系电话：010-57512564）

序一

2010 年，携"河南省优秀博士论文"（《城镇化进程中洛阳市区开放空间系统的分析与优化》）的殊荣，王胜男博士从河南大学环境与规划学院人文地理学专业毕业。正在老师们为这个瘦小而柔弱的女生何去何从而操心的时候，传来好消息：海南省三亚学院慧眼识珠，经过多方努力，将胜男延揽麾下。

一眨眼，十年过去了。海南的开阔海天把个河洛学子炼成了一位睿智而成熟的南国学者，海南的骄阳薰风把个中原小丫炼成了一位结实而秀美的琼州巾帼。我不怎么了解她这十年是怎样过的，我更不十分清楚她的人生嬗变是怎样完成的。但我作为她博士论文的指导教师，始终盯着一件事：标志着在"城市开放空间系统"研究领域里已占据峰顶位置的她的博士论文，何时才能正式出版。因为，在我学术生涯中专注的几个领域，我都以自己不同的方式在完全退休以前亲手画了句号——唯独"城市开放空间系统"，我强烈期望已经"胜于蓝"的这位女弟子能代师了此心愿！

但是，一直没有消息。期间我也数次诘问，虽然诺诺，却不见动静。一般情况下，刚毕业的博士都会把自己的博士论文尽快出版，并以此作为学术征程上的第一块"奠基石"。王胜男怎么了？工作太忙？不至于吧。终于，在全面脱贫和建设小康的决胜年份，在抗击新冠肺炎疫情取得重大胜利的日子里，海南有了消息，胜男的博士论文即将在中国经济出版社付梓，并请我为序。

收到 PDF 书稿后，粗粗翻阅，我惊喜地发现，这部以《城市开放空间系统的调控研究》为题的学术专著，不仅研究视野大大拓展，研究案例也从北国延伸到南疆；不仅学术设计更加科学精细，学术站位也更加高远坚实；不仅技术路线更加精准合理，逻辑结构也更加系统完整；不仅研究内容更加丰富多元，研究结论也更加翔实精彩。

可以肯定，这本书已远远不是十年前那篇获得省级优秀博士论文的小册子了，这令我想到了"质的飞跃""凤凰涅槃""百尺竿头"之类的词语。虽不敢最后肯定但也初步断定，这本书标志着作者又一次站到了"城市开放空间系统"研究领域里的"峰顶"。昔日的中原小丫、河洛学子，今日的琼州巾帼、南国学者，已经成为这个领域里的名副其实的小巨人！

忽然之间我明白了，王胜男在这十年里干了什么，以及为什么这样干。是"止于至善"的执着和追求，是"板凳宁坐十年冷"的意志和决断，是"十年磨一剑"的锤炼与打磨！十年很漫长，十年一眨眼。漫长得可能会让人忘了初衷，眨眼间铁树开花、宝剑出锋！

这本书可圈可点之处很多。这里我特别想指出的是，从整体看，其系统性十分鲜明；从内涵看，其逻辑性非常突出。仅看书的目录：煌煌五章，第一章绪论，第二章认识论、方法论，第三章、第四章实践论，第五章结论，把个"科学论"阐释得严丝合缝；研究对象的空间尺度从小到大，城市市区（洛阳）——城市市域（三亚市域）——流域地区（海南万泉河流域），概念全覆盖，个性很突出；"绪论"的研究背景与意义、研究进展、研究内容、技术路线等条理清晰、由浅入深；"认识论、方法论"将基本概念、理论基础、研究方法依次展开，一次解决概念、理论、方法等学术基础问题；两章的"实践论"是本书的核心内容，第三章解决城市市区的开放空间系统调控，第四章解决城市—区域（含城市市域、流域地区）的开放空间系统调控；"结论"部分仍然按市区、市域、流域展开，以明确的"结论点"行文，为全书做了圆满的终结。

系统性和逻辑性把本书几十万字组织安排得井井有序、妥妥帖帖、清楚明白，为读者读顺、读懂创造了良好条件。我认为，一本书作者的"以读者为本"正在于此，而那些经常让读者坠入十里云雾中的作者不是好作者。构建一本书的系统性、逻辑性，是作者的基本功，更是一本书的最重要的顶层设计。一些优秀的研究者，不善于表现自己的研究成果，不能不说是一件憾事，他们还没有进入学者的最高境界。

我不止一次地为学术专著作序，也经常被作者们的精神魅力与道德文章所感动。这一次，这一本，这一位作者，我已经说了许多感性的话——至于著作本身，我不想再多说一句。相信，在电子阅读盛行的今天，会有读者捧着这本书静静地沁润其中，细雨润无声……

最后，我以拙作《特殊年代的特殊人生》中对王胜男博士的描述结尾："王胜男，聪颖、新潮，灵动而又锲而不舍，2010届博士生。她是个典型的城市姑娘，原是洛阳大学的教师，在成人教育部门供职。灵机一动，她踏上了求学深造的不平坦道路，跟着我读硕士，研究洛阳的城市开放空间；毕了业又考我的博士，还继续研究洛阳的城市开放空间，博士论文获得当届河南省优秀博士论文，学术水平登上了国内这个领域的制高点。毕业后她远赴海南三亚学院就职，教学、科研俱佳，很受学校重视。哦，对了，胜男有一位特别特别优秀的女儿，很少见呢，现正在美国哈佛大学读书，读建筑学。"

2020 年 11 月 14 日于河大园

王胜男博士提出来的城市化进程中的开放空间的研究与协调策略很有价值。然而，我国目前在这方面的研究尚不成体系，城市管理者往往过于追求快速发展，忽略了城市经络的内在调理。

城市区块的封闭管理不善就会造成城市病！除了交通这个明显的问题以外，更重要的是与人的生存、自我认同等城市公共空间的设置问题；保障城市可持续发展，城市排污、排水、绿色环境的建设与维护问题。人行交通与慢交通本来是调理城市节奏的极好手段。但是，它却往往变成了弱势族群的象征地。这种优雅、有效的流通空间往往被忽视，或得不到充分的利用。如今，中国的城市化速度惊人，还不断地在不由自主地扩展。这种各自为政的发展方式在规划上是不健康的，理论上也是站不住脚的。王胜男教授提出的问题以及建议方案，对我们的城市设计师，特别是那些决策人是一剂良药。是对城市所要服务的对象，也就是居民的尊重、关怀。更重要的是：我们的城市不仅仅属于一代人，两代人，它是我们的子孙后代赖以生存之所在，涉及中国的未来。

环境质量这个问题不仅仅是一个城市发展的问题，更是一个规划思想问题、人文关怀问题。它是一个大课题，这个问题的特殊性必须得到上、下、左、右各方面的关注。学术界不能只是纸上谈兵。我认为政策策略应该先行一步，实践才是检验真理的标准。

这个问题相当复杂，它牵涉环境科学、城市发展、经济发展、设计伦理等方方面面，因而是一个庞大的城市系统问题。

　　这里，我十分认同王胜男教授严肃的学术态度。该著作言之有物，把城市形态问题引向背后更深层次的探究，研究成果具有前瞻性，有较高的学术价值。

2020 年 11 月于深圳

改革开放以来，我国的城市建设开展得如火如荼，经过 40 余年快速且持久的高强度开发活动，城市体量增大，建设用地比例提高，路网不断完善，空间功能极化，城市面貌焕然一新。但与此同时，城市—区域系统中的开放空间却呈现数量锐减、面积缩小、类型单一、质量下降、结构失衡、功能减退等诸多问题，并因此造成了城市—区域系统的生态系统结构脆弱、环境质量恶化的不良局面。

近年来，社会经济建设与资源环境的矛盾日渐凸显，众多城市出现了严重的城市内涝，极端天气频发造成的城市生态安全问题层出不穷……如何应对、缓解并妥善解决城市发展中的社会建设开发行为与环境之间的矛盾，成为当今世界共同面对的难题。城镇化是一个国家或地区现代化的重要标志，也是其实现现代化的必然选择。21 世纪是城市的世纪，城市—区域的良性、有序发展首先应建立在生态优质、环境友好的基础上。

2017 年党的十九大报告指出，树立和践行绿水青山就是金山银山的理念，坚持人与自然和谐共生。城市的空间弹性主要蕴含在城市的开放空间系统中，城乡开放空间与非开放空间之间的用地置换是实施空间调控的重要手段，城市—区域的开放空间系统调控是保障区域有序、健康地建设发展的基本前提。

本书是海南省自然科学基金面上项目"新型城镇化背景下的海绵城市规划研究"成果，是在作者博士学位论文《城镇化进程中洛阳市区开放空间系统的分析与优化》的基础上，以城市开放空间系统为研究对象，从理论和实证两个方面入手，探寻开放空间系统调控在城市—区域系统综合发展中的作用。在理论研究层面，厘清基本概念体系，掌握学科研究进展，提出城市开放空间系统调控的理论和方法论等。在实证研究层面，分别从市区、市域、流域等不同空间尺度入手，探讨开放空间系统调控适用的方法，并通过模型验证其可行性。本书积累了多年聚焦相关领域的成果，试图从多学科领域融合的角度，完善我国城市开放空间系统的相关研究，并通过不同地域、不同空间尺度的实证案例，提出开放空间系统调控的有效方法，丰富我国城市建设的实践经验。

特别感谢我的学生蹇凯和李琴的鼎力相助。在海南省自然科学基金项目的研究过程中，他们的积极参与、认真钻研、慷慨分享，丰富了相关内容，进一步提升了著作的含金量。在此，真诚地祝福他们早日成才！

目录

第一章
绪 论

一、研究背景及意义

20世纪90年代以来，我国的城镇化水平从26.41%迅速增加到2018年的59.58%，快速的城镇化进程导致城市内部空间结构产生显著变化（冯健，2004；熊国平，2006），城市开放空间的数量锐减、质量下降、系统结构失衡、生态效应减退，进而影响了城市生态系统的功能发挥，给城市的可持续发展带来巨大挑战。21世纪人类居住区的发展是整个人类社会发展的中心内容之一。健康和可持续是发展的主要宗旨，科学和理智是发展的思想内核。通过城市开放空间系统的优化来加强生态城市建设，进而推动城市的可持续发展，是当前和今后相当长一段时期我国全面建设小康社会的一项重大课题（王发曾，2005）。

（一）城市开放空间系统调控是应对快速城镇化进程带来城市环境压力的有效途径

改革开放以来，快速城镇化发展加剧了城乡空间的环境压力，致使区域生态可持续发展的进程举步维艰，近年来频发的城市生态质量恶化引发的城市安全问题，从根本上显现出城乡规划在国土空间开发利用保护方面的重要作用。城区中开放空间与非开放空间、不同类型开放空间要素之间的构成关系出现了明显变化，导致本已十分脆弱的城市生态环境进一步恶化，城市的可持续发展面临前所未有的巨大挑战。城镇化是一个国家或地区现代化的重要标志，也是其实现现代化的必然选择。党的十一届三中全会提出建设小康社会的目标；2000年党的十五届五中全会提出要"积极稳妥地推进城镇化"；2002年党的十六大进一步提出"加快城镇化进程"，把"社会更加和谐"作为全面建设小康社会的目标之一；2017年党的十九大报告中指出，树立和践行绿水青山就是金山银山的理念，坚持人与自然和谐共生。

城市的空间弹性主要蕴含在城市的开放空间系统中，城乡开放空间与非开放空间之间的用地置换是实施空间调控的重要手段，是保障区域有序、健康地建设发展的基本前提（王胜男、王发曾，2006）。城市可持续发展问题、人居环境科学、城市人居生态学等是我国当前城市科学研究的重点内容（吴良镛，2001；中国科学技术学会、中国城市科学研究会，2008），城市地理学者历来重视城市—区域综合发展的相关研究，关注通过城市空间的布局调整、改善城市—区域地域空间的结构组织、提高空间的利用效益（顾朝林、柴彦威等，2002；许学强、周一星、宁越敏，2006），为开放空间系统的调控提供了坚实的理论支撑。开放空间系统的调控研究，目的在于通过不同尺度开放空间系统的结构调整，影响国土空间的组成结构，促进区域生态系统功能效应的发挥，保障可持续发展的高效推进，进而探索实现区域可持续发展的理论。调控开放空间系统是为了缓解快速城镇化进程中的空间与人口压力，协调城市扩展过程中的空间与人口矛盾。从系统科学的角度出发，在和谐社会与可持续发展目标的指导下，综合运用城市发展理论、生态城市建设理论、城市地理学与景观生态学等多学科、多领域知识，完善开放空间系统的调控理论，将会全面促进地理学、生态学、城乡规划学与建筑学等诸学科的交叉与融合，有效缓解城镇化进程中的城市—区域系统环境压力，保障区域可持续发展与生态安全稳定。

（二）城市开放空间系统调控将改变城市可持续发展和生态城市建设举步维艰的局面

高速推进的城镇化进程势必带来一系列无法回避和难以克服的矛盾与问题：城镇数量扩增与城镇体系发展规律之间的矛盾，人口数量与人口质量、就业之间的矛盾，城镇经济的高速发展与脆弱的资源环境之间的矛盾，城镇强劲的社会需求与落后的基础设施、有限的供给能力之间的矛盾。城镇人口快速增长导致城镇负担加重、人均资源量相对降低的难题，经济资源在城镇的集聚泡沫成分加大的难题，城镇产业结构失衡的难题，盲目拉大城市框架导致城镇环境质量非理性经营、环境进一步恶化的难题。城市是一个自然调节能力较弱、结构复杂、功能多样、完全开放的人工巨系统。随着我国城市现代化的发展，日益增强而并非都是理性的人类活动的影响使城市的进一步发展遭遇诸多困扰，进而招致了区域生态系统的重创。贯彻生态优先原则，以区域的可持续发展为前提，走生态建设之路是克服我国快速城镇化进程中人口、资源、环境、生态等诸多方面的重重压力，实现人工环境与自然环境和谐共存，实现最终可持续发展目标的重要途径（王发曾，2008）。

生态城市是以现代生态学的科学理论为指导，以生态系统的科学调控为手段建立起来的一种能够促使城市人口、资源、环境和谐共处，社会、经济、自然协调发展，物质、能量、信息高效利用的城镇型人类聚落地（王发曾，2005）。生态城市建设，是通过有目的、合理的人类活动，以城市自然生态系统为基础，改造和营建结构完善、功能明确的城市生态系统；而城市生态系统则是以城市人群为主体，以城市地域空间、自然资源和各种人工设施为环境的复杂的人工生态系统，是生态城市的内核与主旨。生态城市这种社会—经济—生态复合系统的要素、结构和功能最终都要以城市的地域空间作为载体，城市地域空间的优化将是建设生态城市的关键问题。城市开放空间作为城市生态系统人工物质环境的重要组成部分，在人口不断增长、产业不断集聚的今天，其数量逐渐减少、生态效应日益弱化、生态质量急剧下降，导致城市不可持续发展的状态凸显（王发曾，2006）。城市开放空间系统是城市地域内人与环境协调共处的空间前提，也是改善城市结构和功能的空间调节器，更是城市建设体现生态思想、促使城市发展进入可持续状态的重要空间载体（房庆方、宋劲松、马向明、余琪，1998）。城市开放空间系统的优化是调节城市生态系统的结构与功能、建设生态城市的重要途径，是生态城市建设必须解决的一个关键问题。

（三）聚焦城市开放空间调控的城市规划与设计实践向生态城市建设转变

近代城市规划与设计起源于19世纪中叶的欧洲，从发端于改良主义的城市公共卫生运动和改善并保障工人住宅区环境的英国城市规划，到遍及欧洲和美国的以城市美化运动为目的的现代城市规划，近代城市规划从一开始就带有强烈的社会改造色彩（谭纵波，2005），其根本目的是解决发展过程中的各种城市问题，实现城市环境与自然环境的和谐共存。考察以往我国的城市发展与建设实践，规划师和研究者们的目光更多地关注于城市非开放空间（即各类建筑与设施等封闭型空间）的布局和营造，以建筑体的内部空间设计及建筑群的组合关系作为城市规划与设计微观尺度活动的切入点；以与人密切相关的建筑空间作为城市规划与设计的核心要义，而不重视作为城市空间的重要组成部分——开放空间（即建筑实体之外的开敞空间体）的可持续利用和保护。在长期的城市规划、建设、管理的运作中，人们的目光主要集中在各种性质的建设用地的布局和各类建筑、设施等非开放空间的营造上（王发曾，2005）；对城市开放空间的关注则主要放在道路、广场、绿地、水体景观等单体要素的实用功能和景观功能上，较少将开放空间的各类型组成要素（道路、广场、绿地、水体景观等）视为一个要素系统，并将其构成的各类要素系统组织为统一的完整系统发挥其生态效应，较少关注开放空间系统的优化在生态城市建设和城市—区域可持续发展中的重要作用，面对问题丛生的城市建设现状和快速城镇化带来的发展压力，生态城市的建设效果不显著，城市的可持续发展遭遇诸多困扰（王发曾，2005）。

从当前看，资源、环境、生态等要素已作为城市规划的前提基础条件，而不是作为规划师理想蓝图的后置条件要素，且贯穿于整个城市规划过程之中。尝试应用景观生态学的相关理论指导城市规划与设计实践，景观生态规划、城市生态规划等多门学科的不断涌现兴起，推动了我国的城市规划研究向生态城市建设方向转变。在城市规划与设计领域坚持可持续发展理念、恪守生态学原则，从城市非建设用地的规划与设计入手，通过城市开放空间系统的优化设计，打造山水园林相间、生态环境优美的宜人、宜居、宜游的城市环境，打造资源节约、环境友好、结构合理、功能协调的最佳人居城市，将是城市规划与设计领域的积极探索、大胆尝试和有益贡献。

二、学科研究进展

（一）关于开放空间的认识

对物质世界中任何一种客观事物的认知往往是从清晰、准确地剖析其概念入手的。现代生活中，人与环境和谐相处依赖于开放空间，在一定程度上，开放空间随城乡发展起着调整区域空间结构和调控开放空间系统功能的作用，影响着区域范围内的实体空间形态、社会空间结构形态和文化空间结构形态，是空间的重要调节器（王胜男，2008）。开放空间从范畴上讲是指所有物质环境中非建筑体内部的空间，如果以系统论为指导思想赋予区域可持续发展的意义便会得到内涵的提升和外延的拓展，进而探索开放空间系统内部空间的变化规律、空间结构形态等相互作用关系、运行与机理，最终达到将开放空间系统中的"人—环境"视为统一的协作整体。即开放空间系统是指一定要素、结构和功能组成的各类开放空间综合体（王发曾，2005），也指具有协调区域城乡建设发展和生态安全维育之间关系协调的空间载体，即国土空间或土地景观。

1. 国外对开放空间的概念及内涵认识

现代城市和区域规划的出现是为了解决 18 世纪末产业革命引起的城市社

会和经济问题，城市环境的保护成为城市规划的目标之一（Krier R.，1991），英国、美国、日本等发达国家相继提出了城市开放空间的概念，并对其内涵做出了更深一步的阐述。1877 年英国伦敦制定《大都市开放空间法》，是具有现代意义的城市开放空间概念出现的标志；1906 年，英国基于上述法案修编的《开放空间法》对开放空间（Open Space）进行了定义：任何围合或是不围合的用地，其中没有建筑或者少于 1/20 的用地有建筑物，剩余用地用作公园或娱乐，或者是堆放废弃物或是不被利用。这是对开放空间最早的物质意义上的定义，强调的是有休闲功能的庭院空间（余琪，1998）。美国 1961 年的房屋法规定：开放空间是城市内任何未开发或基本未开发的土地，也就是游憩地、保护地、风景区等空间，强调的是具有自然特征的环境空间。日本学者高原容重及学者坦克（Tanker B.）、都波（Dober P.）等认为城市用地由建筑用地、交通用地和开放空间组成，开放空间由公共绿地和私有绿地组成，强调的是城市的绿色空间（高原容重，1983）。亥科斯彻（Heckscher A.）、塞伯威尼（Sbirvani H.）等则对开放空间做了更为全面的界定，塞伯威尼（1985）将开放空间定义为：所有园林景观、硬质景观、停车场以及城市里的消遣娱乐设施，他们认为开放空间不仅包括城市中的自然环境，如绿地和水体，也包含城市中的人工地面，如广场与道路。

2. 国内开放空间的概念体系建立

综观近年相关研究发现，聚焦开放空间系统的内容主要集中在开放空间系统的概论及其应用拓展层面，主要采用基于景观生态学原理的空间分析法和地理空间格局分析对开放空间系统进行有针对性的系统构建和研究（王胜男、塞凯、李琴，2019）。国内学者对开放空间概念的辨识是一个循序渐进的探索过程，研究以开放空间的概念体系构建与功能解析为起点，经过一定阶段的讨论和完善，逐渐步入城市开放空间系统概念和作用的探讨。国内学术界围绕开放空间概念的研究是以接受国外开放空间概念及其内涵为基础，结合国内具体研究需要的一个理性思辨、提升的过程。

首先，开放空间概念的引入和建立。沈德熙和熊国平（1996）、余琪（1998）分别介绍了美国、日本和英国规划界对城市开放空间的界定；周晓娟、洪亮平和刘奇志、龙卿富、刘德莹等（2001）分别介绍了国外城市开放空间的内涵；沈德熙和熊国平（1996）、卢济威和郑正（1997）、余琪（1998）、洪亮平和刘奇志、郑妙丰（2001）、王发曾、满红和孙王琦、傅佩霞、郑曦和李雄、胡巍巍、苏伟忠等（2004）在上述研究的基础上，结合我国国情实际给出开放空间的定义及其内涵的界定；房庆方等（1998）、秦尚林

（2000）、唐勇和郭旭（2002）、张京祥和李志刚、李锋（2004）则侧重于从社会学角度出发，分析城市开放空间的内涵。

其次，开放空间系统概念及其作用的探讨。余琪（1998）以城市外部空间为研究对象，在生态文化的趋向指导下及生态观念的思想基础上，提出了较新的现代城市开放空间系统的概念。指出现代城市开放空间系统是城市地区人与自然的生态关系协调发展的空间基础，是以人为主体的城市生态系统达到非平衡稳定状态的空间保障，是城市规划工作在物质形态方面体现生态思想的重要途径。洪亮平和刘奇志（2001）通过对城市开放空间理论的探讨，分析了武汉市开放空间系统的构成，并结合实际提出建构武汉市城市开放空间系统的基本策略。王发曾（2004）将城市开放空间视作统一协作的系统，从理论上界定了城市开放空间系统的概念，解析了城市开放空间系统的空间形态和要素组成，阐明了开放空间系统的各项功能，提出了城市开放空间系统优化的理论基础和应遵循的基本原则，并强调指出我国城市开放空间系统优化的重大意义，论述了城市开放空间系统优化的基本对策和空间布局结构优化、圈层一体化优化、系统要素优化等方面内容。

最后，开放空间系统的尺度及其应用拓展。为了缓解流域生态环境恶化、城乡空间格局与功能形态矛盾突出等问题，王胜男（2019）以万泉河流域为研究对象和尺度，借助 RS、ArcGIS10.2.2 等空间分析平台探讨了万泉河流域开放空间系统近 5 年来的要素流变、开放空间系统景观格局和系统功能。江海燕、肖荣波、梁颢、严姚、江春、李智山（2018）在广泛深入研究国内外开放空间规划模式的基础上，结合我国具体土地政策、部门管理、"三规合一"和城乡一体化的现实需求，将开放空间分为社会、生态和连接三大类型。以增强城乡开放空间连接性、可达性、地方特色性、社会融合性等为规划目标，提出一套融合生态—社会—景观功能、覆盖城乡空间、贯穿"总规—控规—场地设计"全尺度的开放空间系统协同型规划模式和方法，用于佛山市南海开放空间专项规划实践，对塑造环境友好、个性鲜明、充满活力的新型城市具有重要实践指导意义。

（二）关于城市开放空间的作用与价值

对城市开放空间的认识是一个伴随城市发展而不断深入的过程，通过分析开放空间对城市空间结构形态的影响、城市公园的可达性及利用率，评估开放空间在城市地域空间中的价值体现，进而促进在生态原则指导下的城市开放空间保护成为当前城市发展的热点议题。当前，我国的城镇化发展正处于持续高速推进阶段,城市的各项建设事业如火如荼,开放空间的作用理应受到关注,在各地的城市规划与任务设计中,开放空间的地位必须有所提高。

1. 开放空间对城市空间结构形态的影响

开放空间是城市地域内的人与环境协调共处的空间前提,是改善城市结构和功能的空间调节器,开放空间对城市的实体空间结构形态及社会文化空间结构形态都有一定的影响,将对城市内部的市民居住空间分布模式的形成起到至关重要的作用。基于美国人口普查数据的大量开放空间实证研究表明:居民有选择接近开放空间居住的愿望(Bolitzer B.、Netusil R. & Luttik J.,2000);居住环境中宜人的开放空间可以吸引更多的移民入城(Mueser R. & Graves E.,1995;Brueckener K.、Thisse F. & Zenou Y.,1999)。吴俊杰(2001,2003)在前人经验性研究成果的基础上,采用开放的空间城市模型(Open Spatial City Model)定量分析开放空间的位置、面积、类型对城市空间结构的影响。研究结果表明:当具有吸引力的新城市开放空间距离城市中心较近时,城市将围绕开放空间进行快速扩展;反之,当距离城市中心较远时,将造成"飞地型"城市扩展模式(Leapfrog Development Pattern)。开放空间的大小、类型影响其吸引力强度,进而影响城市的实体空间结构形态及其变化。此外,该研究与其他学者的研究成果一致反映出,城市开放空间影响城市不同收入阶层的分布状况,进而影响城市的社会空间结构;在大多数的美国城市,高收入阶层大都选择毗邻开放空间的城郊居住。

2. 城市公园的可达性及利用率分析

可达性(Accessibility)与利用率(Utilization)分析一直是国外城市开放空间研究的重点领域。早期对城市基础设施的可达性与利用率的研究多采用问卷调查(Questionnaire)方法。20世纪90年代以来,随着计算机技术的普及与地理信息系统(GIS)方法的推广,城市开放空间可达性与利用率的分析多采用与GIS技术相结合的方式,选取若干评价因子测评开放空间布局的合理性,具体见表1-1。

表1-1 城市开放空间可达性主要研究成果

研究者	研究区	研究方法	选取的评价因子
William D.（1995）	波士顿（Boston）	问卷调查+GIS	公园边界、人口组成、收入情况
Erkip F.（1997）	安卡拉（Ankara）	问卷调查+GIS	公园数量、人口组成及分布、行进时间、距公共开放空间距离
Levinson M.（1998）	—	问卷调查+GIS	行进时间、空间位置与邻近性

研究者	研究区	研究方法	选取的评价因子
Talen E.（2000）	—	问卷调查+GIS	分散度、可达性指数
Whyte W.（2000）	—	问卷调查+GIS	开放空间与周边环境的连接性
Herzele V.（2003）	佛兰芒（Flemish）	问卷调查+GIS	距开放空间距离、开放空间面积
Pasaogullari N.（2004）	法马古斯塔（Famagusta）	问卷调查+GIS	分散度、易接近性、可达性方法
Bille C. 等（2005）	佩斯（Perth）	问卷调查+GIS	距开放空间距离、开放空间的吸引力及开放空间面积
尹海波（2008）	上海（Shanghai）	GIS	缓冲区、最小邻近距离、吸引力指数、行进成本

资料来源：参照尹海波（2008）。

3. 开放空间的价值评估

张晋石（2014）通过剖析费城开放空间系统的形成与发展，认为费城的开放空间系统具有历史维度和多元价值，体现了其发展与形成的多样性和连续性，确认了对开放空间系统进行价值评估的必要性。对开放空间适宜性的价值评估始终是城市开放空间领域的研究热点。开放空间的适宜性指城市居民对开放空间提供的生态、经济、社会、文化等多方面功能的满足程度（Tyrvbinen L.，1997）。国外对于开放空间价值评估的方法主要有两种："表达偏好法"（Stated Preference Method）和"显示偏好法"（Revealed Preference Method）。表达偏好法属于"直接观察"和"直接假定"，指在模拟的市场条件下，通过市场访谈或问卷的形式调查社会个体对开放空间的价值判断，然后根据调查结果进行统计分析。表达偏好法包括"假设市场评价法"（Contingent Valuation Model，CVM）和"假定模型选择法"（Contingent Choice Model，CCM）。显示偏好法属于"间接观察"和"间接假定"，指调研社会个体在市场交易中的行为决策，通过模型分析得出最终的判断。显示偏好法主要指"内涵价格法"（Hedonic Pricing Method，HPM），即根据住宅或土地因区位差异而产生的价格变化来评估开放空间的价值。吴伟和杨继梅（2007）对20世纪80年代以来国外开放空间的价值评估做了全面的回顾和总结，采用上述方法对绿道（Greenway）、公园（Parks）、湿地（Wetland）、城市综合开放空间（General Urban Space）进行价值评估的实证研究见表1-2。此外，近年来我国学者也对开放空间系统进行了评价研究。其中，徐冲、王发曾（2013）在对开封市开放空间系统主体圈层的建筑视觉特征表现、形成背景进行分析的基础上，运用实地调查、问卷调查、访谈等手段，考察并评价了开封市区建筑视觉环境的感知水平。赛凯、王胜男（2019）以呼和浩特建成区为研究对象，从分析绿色开放空间系统的结构特征和评价功能效应入手，找出城市人居环境改善的科学依据。以梳理系统要素为基础，应用RS、GIS等技术，从系统格局层面的空间变化和景观格局层面的指数变化等不同方面，剖析绿色开放空间系统的空间特征，建构绿色开放空间系统功能效应评价体系，结合雷达图表模型评价其功能效应。

表1-2　开放空间价值评估的实证研究

研究者	研究对象	研究区	研究方法
Cheshire P.（1995）	综合开放空间	英国雷丁、达灵顿 （Reading & Darlington）	HPM
Lockwood 和 Tracy（1995）	公园	澳大利亚悉尼（Sydney）	旅行费用法 & CVM
Moorhouse J. 和 Smith M.（1995）	公园	美国波士顿（Boston）	HPM
Tyrvainen L.（1997）	公园	芬兰伊利亚北部（North Carelia）	HPM
Lee C. 和 Linneman P.（1998）	绿道	韩国首尔（Seoul）	HPM
Benson D.（1998）	综合开放空间	美国华盛顿州贝灵汉（Bellingham）	HPM
Lindsey G.（1999）	绿道	美国印第安纳州波利斯 （Indianapolis）	CVM
Bolitzer B. 和 Netusil R.（2000）	公园	美国俄勒冈州波特兰（Portland）	HPM
Luttik J.（2000）	湿地	荷兰（Netherland）	HPM
Mahan L.（2000）	湿地	美国俄勒冈州波特兰（Portland）	HPM
Spalatro F.（2001）	湿地	美国威斯康星州北部 （Northen Wisconsin）	HPM
Mooney S.（2001）	湿地	美国俄勒冈州波特兰（Portland）	HPM
Riddel M.（2001）	综合开放空间	美国科罗拉多伯德（Boulder）	HPM
Shultz、Steven D. 和 David K.（2001）	公园	美国亚利桑那州图森（Tucson）	HPM
Lutzenhiser M. 和 Netusil R.（2001）	公园	美国俄勒冈州波特兰（Portland）	HPM
Paterson R.（2002）	综合开放空间	美国辛斯布里， 埃文（Sinsbury&Avon）	HPM
Lupi F.（2002）	湿地	美国密歇根州（Michigen）	CCM
Wu J.（2004）	综合开放空间	美国俄勒冈州波特兰（Portland）	城市均衡模型

研究者	研究对象	研究区	研究方法
Nicholls S. （2005a）	绿道	美国得克萨斯州奥斯汀（Austin）	HPM
Nicholls S. （2005b）	公园	美国得克萨斯州奥斯汀（Austin）	HPM
Netusil N. （2005）	综合开放空间	美国俄勒冈州波特兰（Portlad）	HPM
尹海波（2008）	综合开放空间	中国上海（Shanghai）	HPM

资料来源：参照吴伟、杨继梅（2007）；尹海波（2008）。

4. 开放空间的保护

城市的空间弹性主要蕴含在开放空间环境中，随着城市的发展，结合城市土地利用，在生态原则指导下的开放空间保护越来越成为该领域研究的热点。许多学者针对不同的研究案例区提出了相应的开放空间保护措施。1998年10月，美国农业部森林管理处（USDA Forest Service）北方研究中心（North Central Research Station，NCRS）启动了一项有7个州参与的项目，分析影响城市景观改变的社会因素，探讨如何在发展的压力下保护开放空间（Gobster et al.，2000）。阿曼尼（Amnon F.，2004）选择以色列为研究区分析了城市发展过程中，国家发展管理政策对城市扩展与开放空间和农田消耗的潜在影响，并根据20世纪90年代以来的经验，提出通过国家战略性的空间规划来保护开放空间。新城市主义（New Urbanism）主张城市的"精明增长"（Smart Growth），突出开放空间的生态作用，探讨了国家政策对城市扩展和开放空间保护的影响（Elena G.，2004；Walmsley A.，2006）。邦斯顿等（2004）总结了美国控制城市蔓延和保护开放空间政策的经验和教训，提出了五个方面的看法：①缺乏管理政策的经验性评价（Empirical Evaluations）；②现有管理政策的效率不高；③多种政策手段的混合使用可以提高政策执行的效果；④垂直的（上下级）和水平的（同等级）合作对政策的成败至关重要，但目前的合作不够；⑤规划和政策执行过程中，合理的利益分享是高效率管理政策的基础。

（三）关于城市开放空间的研究方法

目前常用的城市开放空间研究方法大致有两类：一是建筑学、地理学界以绿地、公园、滨水地带等城市开放空间微观环境作为研究对象开展的环境美化和功能改善的要素更新设计；二是集合了地理学、环境科学、生态学等多个领域学者，以突出城市绿道的生态作用、提升绿廊的生态功能为目的的分析、调控研究。

1. 开放空间的优化设计

20 世纪 60 年代，环境规划学家麦克哈格（McHarg I.）对当时美国的许多区域进行了开放空间的规划实践。《设计结合自然》（*Design with Nature*）奠定了生态设计的理论基础，推动了开放空间设计的生态化思潮。对于城市开放空间设计的研究，建筑学家和设计师们给予了更多的关注，做了大量富有创造性的建设工作，以城市公园、广场、滨水地区等各类开放空间为主题的设计成果不胜枚举。加莫里和坦南特（Garmony N. & Tennant R.，2007）的《城市开放空间设计》（*Urban Open Space Design*），从城市空间到公共公园，汇集了英国 10 年间受到各方肯定的 31 个获奖的优秀开放空间实践案例。随着城市的建设和发展，开放空间的设计更突出生态效应，更强调人性化的理念，克莱尔·库珀·马库斯和卡罗琳·弗朗西斯（Marcus C. C. & Francis C.，1976，1990，2001）的《人性场所：城市开放空间设计导则》（*People Place：Design Guidelines for Urban Open Space*）是城市开放空间突出人性化理念的典范。同时关注"人"（People）是具体的、富有个性的个体，"场所"（Place）强调人在场所中的体验，强调场所的物理特征、人的活动以及含义的三位一体性（俞孔坚，2001）。针对不同开放空间的特点，分别对城市广场（Urban Plazas）、邻里公园（Neighborhood Park）、小型公园和袖珍公园（Miniparks and Vest-Pocket Parks）、大学校园户外空间（Campus Outdoor Spaces）、老年住宅区户外空间（Outdoor Spaces in Housing for the Elderly）、儿童保育户外空间（Child Care Outdoor Spaces）、医院户外空间（Hospital Outdoor Spaces）等七类进行设计，依据人本主义的设计原则，提出有针对性的设计建议，对每类开放空间设计方案的成功与不足予以总结，通过设计评价表环节反馈信息，使人本主义的设计理念在具体的案例实践中得到落实。

我国针对开放空间要素的环境美化设计是在大量介绍国外相关研究成果之后，逐步开展起来的。周晓娟（2001）以德国北杜伊斯堡园林公园和美国柏欣广场为例，说明古建筑内涵的挖掘与开敞空间的设计结合，才能升华城市景观、创造人人都能共享的开放空间。张和索伦森（Zhang T. & Sorensen A.，2002）介绍了哈夫（Hough M.）提出的关于提高城市建成区内自然开放空间连续性（Natural Open Space Continuity）的理论，讨论了国外城市开放空间连续性设计的方法与实现的基本原则。朱强和黄丽玲（2003）介绍了法国浪漫主义手法在 21 世纪城市开放空间设计中的应用。张京祥和李志刚（2004）回顾了欧洲城市开放空间的起源与发展历程，重点论述了在社会经济背景转换过程中，近年来欧洲城市开放空间发展的新趋势。王洪涛（2004）对德国城市开放空间的发展及规划内容做了系统的回顾和分析，总结了 20 世纪 80 年代以来德国城市开放空间建设的经验和教训，以及现在较为完善的规划方法和规划程序，并指出近 20 年来德国开放空间规划实践已逐步向"可持续发展的城市开放空间"方向转变，形成了较为科学的，生态科学、环境科学、美学和休闲娱乐相结合的规划体系。任晋锋（2003）介绍了美国城市开放空间与城市公园的发展历程、目前面临的问题、开发的模式与策略、未来发展的方向与趋势及我国值得借鉴的方面，等等。张虹鸥和岑倩华（2007）对国外城市开放空间的理论与实践进行了回顾和总结。在借鉴国外开放空间设计成果的基础上，俞孔坚（1998），陆敏玉、郑妙丰（2000），郭旭等、洪亮平和刘奇志、刘静莹（2001），路林、苏伟忠（2002），杨学成、苏伟忠等（2003），王发曾、胡巍巍、苏伟忠、李锋和王如松、满红和孙王琦（2004），尹海波（2008）等分别对中山、厦门、泉州、邯郸、武汉、大庆、北京、开封、南京、江门、沈阳、上海等地进行了开放空间的实证研究。其中，秦尚林（2000）将心理学和原型理论与城市设计结合，提出突出开放空间休闲功能、与使用者及文化背景相应的"袋形活动空间"的"边界—中心"特征性模型，使开放休闲空间设计在形式理论上得以突破；尹海波（2006）借助GIS 技术结合景观格局分析、Hedonic 模型对上海市开敞空间格局、可达性、宜人性的分析，是对城市开放空间实证研究中定量方法运用的有益尝试。郑结军、张红喜（2018）在对宁波国际海洋生态科技城绿地现状进行全面分析的基础上，融合"山、城、海（港）"的生态理念，进行了绿地网络整体优化，以体现国际海洋生态科技城的生态格局。王胜男、王发曾（2010）运用景观格局分析法、结构均匀比指数测度法、生态功能强度指数测度法和 Huff 模型等方法，在解析 1988—2008 年洛阳市区绿色开放空间系统的面积、斑块、空间布局结构动态演变的基础上，评价了系统的服务功能水平，对系统的空间布局结构、服务供需关系、绿地要素等进行了功能优化。

2. 城市绿道的调控设计

针对城市绿道、绿廊的结构分析、调控设计的研究，地域差异、时期分别总是开放空间研究的热点和焦点。宗跃光（1996，1999）根据景观生态学的廊道效应原理，对北京古代传统规划格局进行分析，提出将山水引入市区中心与城外四面八方的自然绿地廊道交相辉映，在各星状城市长轴之间形成插入市中心的楔形绿地，可以保证首都北京的优良生态环境。1999 年，生态网络与绿道以及公路的生态影响成为国际景观生态学会的重点议题之一（肖笃宁，1999）。约翰等（John F. & David J.，2000）在分析美国城市森林现状的基础上，提出"21世纪将人们与生态系统连接"（Connecting People with Ecosystems in the 21st Century）的城市森林建设方针。王新、沈建军（2001）在分析传统城市绿地的基础上，从生态功能、景观功能、社会功能等三个方面探讨了21世纪城市绿地系统的功能特点，重新诠释"点、线、面"相结合的绿地布局方式，提出营建健康、安全、可持续发展的城市绿色空间网络的原则与方法。《美国城市绿色开放空间报告》详细论述了绿色开放空间的生态学意义及其面临的问题，并在此基础上根据景观生态学原理提出了建设绿色空间网络的设计理念，并提出了具体的设计指导原则（DTLR，2002）。韩西丽和俞孔坚（2004）对1929—1991年伦敦城市开放空间规划思想进行了回顾，分析了各个规划阶段的指导思想，探讨了绿色廊道在各个规划阶段中扮演的角色以及开放空间规划思想的发展历程，最后提出伦敦开放空间规划对我国的规划启示。王晓俊、王建国（2006）以荷兰城市兰斯塔德（Randstad）的"绿心"（Green Core）在快速城市化进程中面临的困境为例，着重介绍了荷兰的国家空间规划政策以及西部城市群开放空间的保护和利用。苏伟忠（2007）总结了"绿道"（Greenway）在城市发展中经历的三个不同阶段，分别是作为欧洲景观轴线（Axis）、林荫大道及美国公园大道（Parkways）的城市绿道原型（1700年前至1960年左右），作为马车、骑马、行人的通道（1961—1985年），作为多层次、多目标的城市绿道（1985年至今），城市绿道经历了漫长的发展历程，完成了从美化城市的纯娱乐作用到保护栖息地、保护历史文物、教育、保护环境，以及减少城市洪水灾害和提高水质、承担城市其他基础设施的功能。王胜男、李猛、闫卫阳（2008，2009）以洛阳市为研究案例区运用GIS结合Huff模型以及借助Voronoi图分析的方法提出了洛阳城市绿地系统的优化设计方案。

（四）关于土地景观的脆弱性研究

1. 土地景观的脆弱性

生态性是土地系统特殊的属性，土地系统的生态脆弱性评价也是开放空间系统研究的重要内容之一。从状态上可以分为静态土地景观脆弱性和动态土地景观脆弱性。由于土地本身就是一个庞大的综合性系统，研究土地景观脆弱性的演化机制、影响因子和响应机理等极为重要。①静态土地景观脆弱性分析。静态土地景观脆弱性分析是主要以3S技术为支撑的脆弱性等级划分和以评价指标体系构建为支撑的土地利用变化对土地生态脆弱性的影响分析。

高欢（2016）结合 SPR 模型和 3S 技术的应用构建了土地景观生态脆弱性评价体系。李彪、卢远、许贵林（2016）通过利用 GIS 和 RS 技术，基于"压力—状态—响应"模型，构建了土地景观脆弱性评价体系，用以划分土地景观的脆弱度等级。魏明欢、胡波洋、杨鸿雁等（2018）采用 VSD 模型，从暴露度、敏感性和适应能力三方面构建评价指标体系，运用综合指数法对土地的生态脆弱性进行了定量评价，窦玥、戴尔阜、吴绍洪等以社会经济发展程度表征社会经济适应能力指标，构建区域土地利用变化对生态系统脆弱性影响评价和空间表达方法，将生态系统脆弱性研究拓展到人类（社会）—自然（生态、环境）耦合系统的综合分析与评价，探讨了土地利用变化对生态脆弱性的影响。②动态土地景观脆弱性分析。一是土地利用变化是引起土地景观生态脆弱性发生改变的重要诱因，从而改变土地系统的生态服务价值。张菁、侯康、李旭祥等（2015）以遥感、GIS 等技术为支撑，分析了延安市不同时期土地利用的动态变化情况，结合主成分分析法对沿岸地区的生态脆弱性进行了评价。周岩、张艳红等（2013）在分析土地利用变化的基础上，参考生态价值评估体系，结合生态环境敏感性因子建立了生态脆弱性综合评价体系，并对土地景观的环境脆弱性进行时空变化评价和分析。窦玥（2012）在分析生态系统脆弱性概念与评价方法的基础上，以土地利用变化引起的生态系统服务价值改变为影响力指标，以广州市花都区为例，从花都区、乡镇两个空间尺度上进行了评价。二是土地景观格局的脆弱度动态分析能够直接反映土地景观生态脆弱性的动态变化特征。张龙、宋戈等（2014）通过景观类型脆弱度指数计算模型计算出各个土地景观的各个时期脆弱度指数，通过克里格插值法得出研究区土地景观生态脆弱性空间分布情况。魏明欢、胡波洋（2018）从自然和人为两个层面出发，通过指标体系的构建对土地景观生态的脆弱性进行动态评价，用以研究土地景观格局的生态动态变化特征。三是研究土地景观生态脆弱性动态变化的目的是通过发现其变化特征来修复与优化土地景观的结构与功能，从而探索出降低土地景观生态脆弱性的方法。张帅、董会忠等（2019）在进行土地生态系统脆弱性综合性评价和时空演变分析时采用 BP 人工神经网络模型，提出降低土地景观生态系统脆弱性的政策着力点应该集中在生态修复、优化土地利用结构和节能减排等方面。

2. 土地景观的脆弱性评价

土地景观的类型按照土地利用类型进行分类，并在空间上体现出具体的分布特征及结构与功能。因此，采用景观格局分析，结合 ArcGIS 和 RS 技术，构建综合评价指标体系，图示化脆弱性评价结果，是进行土地景观格局脆弱性动态分析最为常用的方法，这也是研究土地利用强度、土地利用结构与功能变化和土地利用格局动态度研究最直接的定量分析手段。黄先明、赵源（2015）基于 ArcGIS10.1 和 Fragstats4.2，选取了破碎度、分维数、蔓延度、分离度和多样性 5 个评价指标，对其 1994—2010 年的土地景观格局变化进行了定量分析。孙鸿超以 1995 年、2005 年和 2015 年 3 期 Landsat TM/ETM 影像为数据源，对吉林省松花江流域景观格局、生态脆弱度进行时空分布、变化特征、驱动力研究。任志远（2016）同样采用景观格局分析，在获取 2001 年和 2013 年研究区景观格局脆弱度的分布情况基础上，结合景观敏感性和景观适应性探讨了土地利用程度综合指数、综合土地利用动态度、土地利用变化重要性指数和多种土地转移类型对景观格局脆弱度的影响。土地利用使用方式和变化情况决定了土地系统的敏感性，土地景观脆弱性评价强调要在评价过程中选择合理的评价模式和评价方法对因其土地景观变化的印象因素进行解析，也是进行土地系统评价的核心所在。赵源（2013）认为选择合适的评价模式和方法是土地脆弱性评价的关键，也是土地系统脆弱性研究的核心内容。何芷（2018）利用通用水土流失方程，对土地脆弱性进行分析和评价时，讨论了土地侵蚀脆弱性的高低分布特征以及其在不同因素作用下的土壤侵蚀空间分异特征。连芳、张峰、王静爱（2015）则通过各土地利用盐渍化脆弱性曲线构建研究了土地利用变化与盐渍化致灾危险性关系。

（五）关于土地景观的适宜性研究

1. 土地景观生态适宜性的研究范畴

（1）土地景观生态适宜性的研究方法应用。

土地景观适宜性评价的方法通常有形态法、图形叠置法、数学组合法、因子分析法、逻辑组合法等，现如今最为主流的还是以 GIS 和 RS 技术为支撑的评价模型构建，进而实现图示化评价、土地生态适宜度等级划分、空间结构与功能布局和土地利用适宜生态发展模式等研究。康家瑞、刘志斌、杨荣斌（2010）基于土地利用方式划分，结合生态因子的选取和 AHP 的应用，构建了土地适宜性评价指标体系和基于 GIS 的土地生态适宜性模糊评价模型。汤思遥（2019）以黄石市阳新县及周边地区 SPOT 卫星影像为基础资料，利用 GIS 技术对基址进行景观格局分析以及生态适宜性分析，为阳新县的建设及生态规划提供参考和建议。岳晨、崔亚莉、饶戎等（2016）综合考虑地质、水文、植物、土地利用等因子，采用层次分析法（AHP）和 GIS 手段相结合，将各因子进行加权叠加计算出了长春市土地生态适宜性评价，并将土地利用的适宜性进行了空间分区。王翠萍、刘宝军、孙景梅等（2011）运用 GIS 技术为支撑，结合土地适宜性评价体系的构建，确立了土地生态适宜性分级标准，为临泽县土地利用的适宜生态发展建立了新模式。

（2）以生态学理论为指导的土地景观生态适宜性评价研究。

土地景观生态学适宜性评价的理论指导主要有生态位理论、景观生态格局等，强调以生态学理论为指导的土地生态适宜性分析和评价。董家华、包存宽、黄鹤等（2006）基于土地生态适宜性分析，从生态学的角度依据生态位理论，以上海市某新城作为实证，探讨在城市规划环境影响评价中土地生态适宜性分析与评价的方法、程序及内容。

（3）以土地景观生态适宜性评价为基础的土地生态开发研究。

对土地景观生态敏感性进行适宜度等级划分，用以指导土地利用的生态发展与开发，为科学的土地利用提供生态开发意见。赵珂、吴克宁等（2007）利用土地生态适宜性与生态环境敏感性的关联和生态环境敏感性评价的结果，将安阳市划分为 6 个土地生态适宜利用类型区，提出了相应的土地生态开发建议性措施，协调了土地利用与生态环境建设的关系。韩少卿、杨兴礼（2007）以忠县农业地貌类型区作为基本单位，研究该县土地生态的适宜性。根据土地生态适宜性分区的原则，将忠县划分为 4 个生态适宜利用类型区，针对不同利用类型区的特点，提出了不同的土地生态开发建议，进而为土地利用方式和空间布局的评价提供科学的生态适宜性依据。

2. 开发利用视角下的土地景观适宜性

（1）国土空间开发保护层面的土地适宜性研究。

土地适宜性评价作为国土空间开发保护适宜性评价的内容之一，强调国土开发格局和建设空间的合理性，通常以三生空间复合分析、国土利用适宜性评价体系构建、土地利用演变模型应用等为研究主题。开展国土空间开发适宜性评价成为当前国土空间规划新要求背景下优化国土空间开发格局、合理布局建设空间的基础和依据（何常清，2019）。王昆（2018）将三生空间划分为单一空间和复合空间，并基于适宜性评价重点解决因空间功能复合导致空间边界界定不清的问题。张奕凡（2018）在总结国内外区域空间规划和分区理论的基础上，从自然生态约束和经济开发支撑两方面建立评价国土开发空间的指标体系，并以烟台市作为实例，开展市域国土空间开发的适宜性分区研究。何永娇（2018）以洱海流域为研究对象，在生态位适宜度评价模型的基础上，分别从城镇建设适宜性、农业生产适宜性和生态服务适宜性三方面构建起洱海流域土地利用适宜性评价指标体系，结合 ArcGIS 技术平台，对洱海流域土地资源用于城镇建设、农业生产和生态服务三种土地利用类型的适宜性及其适宜程度进行评价，进而提出洱海流域城镇、农业、生态三类空间发展方向建议和空间优化对策。余亦奇、胡民锋、郑玥（2018）借鉴最小累积阻力模型将土地利用的演变模拟为生态用地扩张和城市建设用地扩张两个过程，构建了以两个过程 MCR 差值为基础的土地利用适宜性评价方法，并以武汉为例进行模拟，将武汉划分为核心保护区、一般保护区、有条件开发区和优化开发区四个适宜分区。

（2）土地资源开发层面的土地景观适宜性研究。

基于土地资源开发的土地景观适宜性评价通常采用 GIS 空间分析、指标体系构建、定量定性相结合的方法进行研究，这些研究以土地资源建设开发影响因素为出发点，着力研究土地资源开发适宜性与土地利用布局、空间形态等方面的关系。程辉、王晓伟（2018）采用定性分析与定量计算相结合的基于 GIS 多因素综合评价模型，确定评定单元的建设用地适宜性综合评定分值，用以划分用地适宜性等级。严惠明（2019）采用适宜性指数评价法、短板效应评价法两种方法，进行土地资源建设开发适宜性评价方法对比研究。李云辉（2018）以长汀县为研究区，运用 GIS 空间分析功能，通过构建南方丘陵区土地开发建设适宜性评价体系，采用限制系数评价模型，开展土地开发建设适宜性评价。严惠明（2019）以福州市为研究区域，综合运用短板效应原理法、GIS 空间分析方法，开展土地资源建设开发适宜性评价研究。这些基于土地资源开发建设适宜性分析的研究致力于为用地空间的拓展、布局和优化提供有力支撑。

（3）土地利用层面的土地适宜性研究。

土地利用层面的土地景观适宜性研究在方法上主要以 GIS、RS 为主流技术支撑，其他研究方法为辅助，通过评价指标体系构建和图示化等级划分将土地利用的适宜性进行分区或分级研究，为土地利用模式、土地利用规划提供科学依据。陈端吕等（2009）运用德尔菲法对预选评价指标集中进行筛选，建立评价指标体系，并根据各类因子在空间上的分布规律与赋予的权重确立土地生态适宜性分级标准；通过 GIS 方法对土地利用适宜图和土地利用现状图进行叠置分析，得出各土地利用的适宜程度，探讨土地利用模式，为土地利用规划提供科学依据。曾敏、赵运林、张曦（2014）从城乡空间一体化和生态安全格局出发，构建了基于 GIS 和模糊综合评价法的土地生态适宜性评价模型，对县域最适宜的城镇建设发展用地、生态林业用地、生态农业用地、农林复合用地和农城复合用地进行了土地利用适宜性评价。曾红春（2018）在 GIS 和 RS 技术的支持下，通过德尔菲法和生态位模型分别对定性指标和定量指标进行量化处理，利用层次分析法（AHP）计算指标权重，建立平果县土地利用适宜性综合评价层次阶梯模型，对平果县土地适宜性进行分级综合评价。张欣、孙贤斌、赵立辉（2019）基于 GIS 空间分析技术，结合层次分析法，建立土地适宜性评价指标体系和综合评价模型，对霍邱县土地适宜性进行适宜性等级评价，并提出了科学合理的土地利用对策。

（六）关于土地景观格局的相关研究方法

1. 土地景观格局的发展进程

（1）国外土地景观格局的发展进程。

20 世纪 80 年代初期，在北美地区掀起了一股区域景观格局研究热潮，众多的专家、学者以景观生态学为理论基础，定量分析景观格局指数，并通过建立模型进行深入研究，景观生态学的研究热潮推动了景观格局的研究。1986 年，Forman 和 Godron 提出"斑块—廊道—基质"模式理论，景观格局研究的热点问题包括斑块、廊道、基质要素的景观结构和空间分布状况，以及它们本身的特性与区域生态环境之间的关系（何东进、洪伟、胡海清，2003；Forman R. T. T. & Godron M.，1986）。20 世纪 90 年代，景观格局的分析方法主要为景观格局指数定量分析法，是由定性分析发展而来。21 世纪初期，Luck 和 Wu 以景观生态学理论为基础研究了美国凤凰城地区景观格局的特征、梯度变化以及发展趋势，获得了美国凤凰城区域景观格局与景观生态过程之间的联系，并对这一研究发现进行了深入探讨。Croissant（2004）通过研究印第安纳州南部的景观格局特征及分析其格局发生变化的因素，发现影响该区域景观格局的因素可能包含土地利用、植被的覆盖情况，尤其是人类社会经济和城市的发展以及生态管理制度对景观格局的影响最大。Yen-Chu Weng（2007）选取了美国某县作为研究对象，对其景观格局特征及其变化进行了深入的研究和探讨，发现人们的居住形式与城镇发展方向之间存在密切的关系，并对其进行了深层次的研究。美国学者 Jerry（2011）选取了得克萨斯州的城市绿地作为研究对象，运用 GIS、RS、Fragstats 技术计算选取并分析其景观格局指数，研究了其一定时间内景观格局的变化特征。Arifin（2011）对印度尼西亚的景观格局进行了研究，并提出了对生态环境稳定性、生物多样性保护的措施。Rao 等（2001）收集并整理了三期印度某流域的相关研究数据，分析了该区域的景观格局特征。Gautam 等（2003）研究了尼泊尔山区域的景观格局变化特征，为当地的生态环境保护工作提供了科学数据支撑。Georgina Bond（2005）通过对景观格局和物种繁衍之间关系的分析，表明两者关系密切。美国学者 Griffith（2005）通过对得克萨斯州景观格局的分析，说明景观水平和斑块类型水平的指数对景观格局的研究的重要性。

（2）国内土地景观格局的发展进程。

我国在景观格局方面的研究与北美地区同步发展，20 世纪末到 21 世纪初期，景观格局成为我国的研究热点，届时我国专家、学者已在景观格局的理论体系的研究、景观格局的研究方法、指标的选取和影响因素方面的研究取得了突破性进展，研究成果颇丰，见表 1-3。

表 1-3 土地景观格局的研究近况

年份	作者	研究区	研究方法	研究内容摘要
2003	李仁东等	洞庭湖	Fragastats	土地流转及变化趋势研究
2008	华昇等	长沙市	Fragastats	景观格局
2009	张永民等	—	土地利用模型	土地流转及变化趋势研究
2012	温兆飞等	三江平原地区	遥感	空间异质性及遥感尺度选择
2014	董雷、李青丰	查干淖尔湖滨地区	遥感	空间分布特征；生态保护和生物多样性保护
2015	孙万龙、孙志高等	黄河三角洲	遥感、GIS	景观演变与海岸线变迁的动因关系分析
2016	杨锦瑶、黄璐	莫力达瓦达斡尔族自治旗阿尔拉镇	Fragastats	景观格局特征及变化
2017	孙万龙、孙志高等	黄河三角洲潮间带湿地	遥感	自然因素和人为干扰对景观格局的影响
2018	柯丽娜、庞琳等	大连长兴岛附近海域	遥感	景观格局的变化特征、围填海存量资源分析
2018	张磊、武友德等	中缅泰老"黄金四角"地区	Fragastats、遥感	景观格局特征及土地利用状况
2019	李青圃、张正栋等	宁江流域	最小累积阻力模型	流域景观格局的优化
2019	毕恺艺、牛铮	中国—中南半岛经济走廊	Fragastats、GIS	道路网络对景观格局的影响

李仁东等（2003）选取洞庭湖区域为研究对象，下载该区域遥感影像，划分景观类型，选取景观格局指标对该区域20年的土地流转情况以及未来变化趋势进行了分析研究。华昇等（2008）选取景观格局指数对长沙市的景观格局进行了分析，并且提出优化策略。张永民等（2009）采用土地利用变化

模型对某区域的土地流转及变化进行了分析研究，针对问题提出了调整方案。温兆飞等（2012）对三江平原地区的农田空间异质性进行了分析，并对遥感影像尺度的选取进行了深入探讨。董雷、李青丰（2014）以查干淖尔湖滨地区为研究对象，研究了植被的空间分布特征与优势种之间的空间关联，为当地的生态恢复以及生物多样性保护提供了参考依据。孙万龙、孙志高等（2015）选取黄河三角洲四个区域的三期遥感影像，运用 GIS 技术对潮滩盐沼的景观演变与海岸线变迁的动因关系进行了研究。杨锦瑶、黄璐等（2016）以内蒙古莫力达瓦达斡尔族自治旗阿尔拉镇为研究对象，利用景观格局指数的方法分析其景观格局特征及变化，从而揭示了城市化下的民族乡镇景观格局变化。孙万龙、孙志高等（2017）以黄河三角洲潮间带湿地为研究对象选取了 7 期遥感影像，对各类型实地的景观格局进行了分析，探讨了自然因素和人为干扰对景观格局的影响，并通过 Markov 模型对其景观格局发展进行了预测。柯丽娜、庞琳等（2018）以大连长兴岛附近海域为研究对象，下载了四期遥感影像，分析了研究时期内景观格局的变化特征，以及该区域的围填海空间分布的动态变化，建立面向对象的围填海存量资源分类提取方法，并构建围填海存量资源指数，归纳分析了其围填海存量资源。张磊、武友德等（2018）通过构建土地利用重心测度、动态变化及景观指数等模型，对中缅泰老"黄金四角"地区 1993—2017 年的景观格局特征及土地利用状况进行了分析。李青圃、张正栋等（2019）以宁江流域为研究对象，使用空间组合类型分析法，从自然环境、人类活动以及景观格局特征三个方面评价流域景观生态风险，基于综合评估结果，构建累积阻力表面，利用最小累积阻力模型进行了流域景观格局的优化。毕恺艺、牛铮（2019）以中国—中南半岛经济走廊为研究对象，在 GIS 技术的支持下，分析了景观类型数据和道路网络数据，分别在斑块类型层次和景观水平层次上分析研究区道路网络对景观格局的影响，并提出了道路建设和景观规划的相关建议。

2. 土地景观格局的研究方法

土地景观格局动态演变研究通常可以根据土地利用类型的变化幅度、速度和类型等分析，采用景观生态学方法、地学信息图谱及地域分异规律等相关理论和方法进行研究。通过综述发现 GIS、RS 以及 Fragastats 等软件应用是分析用地景观格局演变的主要方法，其主要研究目的有二：一是注重过程分析的演变特征、过程和机制研究；二是关注发展趋势的动态演变趋势分析。

（1）在演变特征、过程和机制层面。

韦薇（2011）通过 AHP 对昆山市进行城乡一体化评价，结合用地景观格局动态分析，研究了城乡一体化过程与景观格局演变耦合性和耦合协调度之间的关系，发现城乡一体化进程中的经济生产过程是用地景观格局演变的最大驱动因素。何丽丽（2012）在 GIS 和遥感技术的支持下，分析了长株潭城市群核心区范围内的景观格局梯度和城镇景观扩张模式，定量化地解释了城镇化发展过程中景观空间演变过程及变化规律，以及人类活动对用地景观格局变化的影响。宋明晓（2017）基于景观格局演变规律，根据土地生态适宜性、景观整体性和连续性，针对辽河流域运用 Fragstats 软件分析了景观格局的变化规律，借助 GIS 空间分析技术获取了区域关键性生态空间的综合识别分级图，综合科学地研究了辽河流域的生态空间演变特征和关键性生态空间辨识。Lv Jianjun（2018）等采用基于纹理提取的神经网络分类方法对武汉市的遥感影像进行分类，利用移动窗、景观指标和城市密度计算等方法对景观格局演变进行定量分析，研究表明武汉整个区域的景观异质性有所增加，但武汉中心城区的景观异质性有所下降，城市的发展向内收缩，向外扩展。

（2）在动态演变趋势分析层面。

Mair Louise 等（2018）认为用地景观的动态变化能够通过引起气候变化来影响景观的结构与功能。鲍文东（2007）在研究济南市的土地利用变化时就通过遥感解译、GIS 空间分析进行了 1995—2005 年时间段内的 LUCC 演变趋势分析。王芳、谢小平（2017）采用景观格局指数和 CLUE-S 模型对太湖流域景观空间格局动态演变进行分析，发现流域景观类型始终以耕地、建设用地为主，景观破碎化程度加强，分布呈现均匀趋势。赵晶（2004）在研究上海市土地利用与景观格局动态变化时，采用 Fragastats 进行了土地利用空间格局研究，研究了景观格局空间分布及其异质性特征，在此基础上对上海市建成区土地利用空间扩展过程、模式和机制进行了剖析，并最终应用 DLEM 土地利用变化模型系统对上海市 1998—2002 年的土地利用格局进行模拟，测试出了上海市未来土地格局的演变趋势。总而言之，对于用地景观格局动态演变的研究主要是通过运用科学方法进行评价或预测，进而实现对用地景观动态演变过程与发展趋势的准确把握。

（七）关于海绵体的相关研究

1. 海绵体的功能评价

海绵体所在的土地系统是一个综合性较强的复杂生态系统，海绵体的评价研究主要集中在两个方面：一是海绵体总体评价。各位学者以因子影响力为依据，通过构建海绵体评价体系，分别从功能、效益、实施、景观等方面对海绵体进行评价。如翟慧敏、谢文全、杨先武等（2018）通过构建海绵体评价体系，从地形、水、植被和用地四个方面对信阳市的生态海绵体进行评价，用以指导信阳海绵城市规划。贺虹琳、王小兰等（2016）通过量化指标体系和模糊定性因子体系构建海绵体评价指标体系，分别从功能、效益、景观效果三个方面对海绵体进行全方位的测度评定。二是海绵体的脆弱性与适宜性研究。现有研究成果表明海绵体自身拥有的结构与功能关系对应着海绵体的敏感度与适宜度。Rastandeh Amin 等（2018）在研究景观格局和城市生物多样性时发现景观的斑块大小、连接性和邻近性及土地利用覆盖异质性是影响地域空间景观格局与功能的关键因子。Gao Hongkai 等（2018）在研究水文模型时采用景观格局异质性对用地景观的结构与功能进行研究，结果表明景观特征的自组织和共同进化的原则揭示了从少数可观测景观中推断出异质性的可能性。王慧颖（2014）基于对"适应性"概念的理解，以吉林岔路河滨水敏感区为研究对象，借助"反规划"及"景观安全格局"等理念，对其进行了城市滨水区的适应性开发与控制研究。Qian Jing 等（2018）在对绿道进行规划及研究时，提出景观多样性是决定景观质量和生物多样性的重要因素，进而决定了不同类型用地景观的土地适宜性。汤鹏、王浩（2018）分析了扬州市生态保护用地和城市建设用地等两类用地的扩张过程，将 MCR 模型与 GIS 成本距离分析相结合，从生态和社会两个方面出发构建了阻力因子体系，用于评价绿地海绵体的适宜属性。结果表明：该方法能够精确、直观地反映城市潜在绿地海绵体的适宜属性和土地利用方向。

2. 海绵体的建设实践

海绵城市的建设与发展提升了海绵体在城乡建设中的关键作用，海绵体在规划、控制、建设与开发中的作用越来越得到体现。规划方面：万婷、王慧颖从控规角度出发回顾了城市滨水敏感区规划设计的发展历程，针对滨水敏感区开发与控制存在的问题，提出了滨水敏感区在规划过程中更应该重点控制的体系要素。建设方面：2016 城市可持续建设国际会议提出，海绵城市建设要在从源头控制走向综合管理的基础上，既要做好雨水花园等分散的"小海绵体"，也要建构山水林田湖等"大海绵体"。韩熙、赵亚乾（2016）在验证了城市"海绵体"开发建设方法的可行性与有效性时提出"海绵体"的开发是海绵城市建设的关键。孙斌、王晓晨（2015）在研究海绵城市建设时拟从局部建设带动整体有序更新的理念出发，探索了天晶石建成区"海绵体"更新的策略与方法。管理方面：张乔松（2016）从营造与管理角度分析了城市绿地海绵体的土壤基础、植物主题、配置原则和管理措施。保护与修复方面：海绵体在类型上分为人工海绵体和天然海绵体，无论是哪一种海绵体在随着建设开发的迈进时都应该注重其保护与修复。张恩金、谢倩丽（2016）在研究城市边缘废弃地景观再生时候针对当下城市因发展需求过度无保护性"灰色"开发、城市边缘大量场地"抛荒"得不到利用等突出现象，提出了预留"海绵体"概念。余建民、周静增、柯鹤新等（2015）在研究杭州"海绵体"城市建设开发模式时提出"规划引领源头控制"，在科学蓝绿开发边界的同时最大限度地保护原有"海绵体"不受开发活动的影响，并尽可能采取一定措施使受到破坏的"海绵体"逐步得以恢复和修复。

3. 空间分布与"敏感度—适宜度"的关系

近年来，对于海绵体空间分布的系统性研究极少，现有成果主要是通过 GIS、遥感等方法集中在城市区域研究。解文龙（2017）在研究长春市海绵城市建设的海绵型场址空间分布时，通过 TOPMODEL 水文分析法、空间句法和多因子加权分析法等方法进行了水文敏感区划分和海绵型场址适宜性划分，结合 GIS 叠加分析确定了长春市海绵型场址的空间分布，并验证了海绵体选址模型的科学性。翟慧敏、谢文全、杨先武等（2018）在对信阳市海绵体进行评价时主要采用 GIS 和遥感影像识别技术，结合生态海绵体的评价体系分析出了信阳市海绵城体灰度图（海绵体空间分布）和海绵城市规划分区。海绵体在地域空间的布局能够通过结构来反映其对应的功能，从而从海绵体自身的敏感度和适宜度来决定海绵体的空间分布情况。戚颖璞（2017）认为，具有多重功能的海绵体能够让海绵城市建设走上可持续发展道路，达到夯实"海绵体"打造韧性生态之城的目的。赵宏宇、解文龙（2018）以敏感性和适宜度分析为切入点构建了海绵型场地的选址方法与模型，为海绵城市在城市规划层面的实现提供了新思维和新视角。

（八）开放空间系统研究进展述评

城市开放空间不是一个全新的概念。在国外，城市开放空间的研究历史已逾百年，研究内容广泛、理论体系相对完善、相关参与学科较齐全，但研究领域集中，且以建筑学界单一要素目标的研究或结合地理学、生态学等领域的单一目标体系分析或设计为主。我国城市开放空间的相关研究起步比较晚，尽管发展迅速，但仍与国外的研究水平有很大差距，研究成果也以定性分析见长，定量方法的探讨和应用并不多见，面向具体案例区的优化实证研究更为少有。进入 21 世纪，城市开放空间研究经过较长的发展历程，在研究方向的延伸、研究对象的丰富、研究方法的加强、研究区域的拓展、研究体系的构建等方面都有了长足的进步，但面向城市的生态建设和可持续发展需要，研究体系的深入和研究方法的综合有待快速发展。

1. 研究方向的多元化

城市开放空间的研究对象无论定性的理论研究，还是定量的实证分析均摆脱了最初面向单一要素的局面，逐渐从单一化走向丰富，包括了开放空间各种类型的组成要素，公园（Parks）、绿道（Greenway）、湿地（Wetland）、综合开放空间等。国内成果颇多的开放空间理论研究虽日臻成熟，但尚未达成普遍共识，从研究之初对概念与内涵、特征与功能等基本问题的认识以及国外相关理论、实践经验的介绍和引入，经过不断的探索，逐渐形成适合国情的独特观点和成熟看法，但尚未形成研究者普遍认可和接受的成熟的开放空间概念体系，在开放空间系统的要素组成、结构方式、功能发挥及其相互作用机理等方面亟待获得进一步深入研究的高质量成果。研究以城乡建设发展过程中的开放空间系统调控为目的，立足从开放空间系统的概念解析入手，完善已有的开放空间系统理论架构，构建完整的开放空间系统调控的方法体系。

2. 研究对象的复杂化

开放空间的研究对象逐渐从单体要素向要素系统演变是国土空间利用开发保护面对巨大生态环境压力的必然。随着研究的不断深入，研究对象也开始更多地关注某一要素的系统布局结构、整体功能发挥等。综观国内外开放空间的相关研究，从单一要素角度（以绿色开放空间要素为主）出发，逐步深入到要素体系的定性研究是各学科、各领域的研究主流和重点，尤其国内学者的研究给予城市开放空间中的绿地、公园等要素在生态和谐和景观美化等层面较多的关注（李敏、俞孔坚、段铁武等，1999；李贞、王丽荣等，2000；易奇、赵筱静等，王欣、沈建军，2001；李敏，2002；郝凌子，2004；王发曾、邱磊，2015；蹇凯、郭丽霞等，2019）。随着城镇化发展的逐步深入，水体要素的环境改善也在如火如荼地进行中，但城市河流、滨水地带等蓝色开放空间的资源优化与城市发展建设的关联却鲜有问津；城市发展建设过程中，在城市规划方案制订的各个时期对城市开放空间系统内部的各种组成要素（绿地、水体、道路）的结构方式与功能发挥的关注更无从谈起。此外，随着国土空间规划改革的推进，区域开放空间系统逐步从微观城市区的研究范畴，依托国土空间作为载体，拓展到区域及流域更大尺度的研究范围，研究对象更趋复杂。

3. 研究方法的综合化

开放空间的研究方法不断改进，多学科、多领域、多种研究方法的结合是科学发展观指导下地区健康、有序发展的大势，相关要素之间的交叉综合性研究、定性与定量研究方法的有效结合，尤其突出依托定量分析结果支撑定性研究的科研手段是深入探索的趋势。开放空间的研究方法正在迈向涉及地理学、生态学、社会学、建筑学、经济学、城乡规划学等多学科的交叉、定性与定量方法结合、以定量分析为主的阶段，逐渐形成采用问卷调查、社会学统计分析、GIS 空间分析、各种定量分析模型结合的研究范式。我国的开放空间研究，研究方法从以定性研究为主，逐步向定性与定量相结合、突出定量研究对规划实践指导的方向发展。从国内目前有关开放空间的研究成果来看，定量方法更多地应用于对具体案例区的分析，观测开放空间要素的格局变化过程等方面，分析得到的结果无法对城市、区域进一步的发展建设提供必要的数据支撑，很难发挥应有的指导作用，表现出定量的数据分析与指导城市科学建设之间的脱节。因此系统性地开展不同研究范畴开放空间的分析、评价与调控的成果非常少有，有关开放空间系统调控的研究仅停留在可持续发展观指导下的优化理念表达、探讨针对不同研究案例区相应的优化措施等方面。

4. 研究范围的广泛化

开放空间的研究案例区从美国、英国、德国的不同地区，逐渐拓展到加拿大、澳大利亚、新西兰、荷兰、西班牙、以色列、土耳其、中国等世界各地。开放空间的研究重点由可达性及利用率分析、开放空间的价值评估逐渐转向社会、经济、生态重压之下的城市发展前景探索，以城市发展压力下的开放空间保护为主，运用对景观生态学的分析方法开展开放空间的保护研究，从多空间尺度进行，探讨城市扩张发展时期开放空间的用地置换，只是目前的研究成果仅限于绿地、公园、广场等单一要素或要素集合，并未涉及城市开放空间要素类型的全部。到目前为止，开放空间系统的研究范围绝大部分仍然停留在微观城市区的系统要素调控等方面，缺乏对区域及流域等大尺度范围内开放空间系统的调控理论和框架体系研究，研究的广度有待进一步拓展。

5. 研究体系的系统化

从系统科学角度出发，将开放空间的各种要素纳入一个统一的开放空间研究系统，构建较为成熟的开放空间系统调控理论研究框架是面向 21 世纪克服区域可持续发展中的生态环境问题、实现可持续发展的科学选择。探讨开放空间要素及开放空间系统现状适用的定量分析方法，在系统论的原则指导下，建立定性与定量分析相结合的开放空间系统分析、评价、优化方法论体系是探索开放空间系统真实全貌的合理途径。其中，在城市规划与设计实例中，巧妙设计不同类型的城市开放空间要素、协调不同要素系统之间以及不同空间尺度上的同一性质要素系统内部的关系，在区域层面合理调控城乡建设发展与生态安全维育之间的平衡关系，完善区域国土空间开发利用保护的理论框架体系，并选择具体的样本区作为案例区验证所用的定量分析方法的可行性，建立开放空间系统整体及要素评价体系，逐步开展和深入各层次开放空间的系统调控、各要素系统内部调控、各要素系统之间调控等方面的研究是区域可持续发展迈入良性运行、完善生态建设、实现可持续发展的大势所趋。即如何解决区域层面开放空间系统存在的复杂问题，值得各位研究者从系统论角度出发去探索区域开放空间系统的调控框架体系和系统生态效应。

三、研究内容与技术路线

（一）研究内容

1. 城市区开放空间系统的研究内容

城镇化进程中洛阳市区开放空间系统的分析与优化是在了解、总结已有相关研究成果的基础上，梳理、完善、设计理论研究框架；利用 1988—2008 年不同时期的遥感影像、土地利用图、统计数据等多方面资料，定量分析洛阳市区用地、开放空间系统格局的变化过程，剖析快速城镇化对市区空间结构、开放空间系统，乃至城市生态系统造成的巨大影响，探寻城镇化与开放空间变化之间的关联；遵循文献述评、推理归纳、定性与定量相结合的研究路径，筛选分析方法、设计优化模型、依托可靠的关键性技术支撑，构建开放空间系统分析与优化的方法体系；评测洛阳市区开放空间系统的组织结构、功能效应，提出有理论价值和实践意义的优化方案。

（1）梳理、完善、设计城市开放空间系统优化的理论研究框架。

针对目前我国城市开放空间系统优化研究理论单薄、实证缺乏的实际，在回顾 20 世纪 90 年代以来国外、国内同领域研究的基础上，归纳已有成果的研究思路，梳理同领域研究的进展脉络，对已有的研究成果做出客观、恰当的总结述评，凝练开放空间系统优化的理论研究框架。

（2）分析开放空间系统的变化过程，剖析城镇化对城市开放空间系统的影响。

从城镇化进程中洛阳市区的空间结构演变研究入手，以考察 1988 年以来洛阳市区的人口与用地之间的变化关系为基础，分析城镇化对城市空间结构的影响，继而探讨城镇化进程中的洛阳市区开放空间系统、不同类型（绿色、灰色、蓝色）的要素系统的变化过程，探寻城镇化与开放空间变化之间的相互关系。

（3）探寻开放空间系统的优化方法，设计科学、合理、有效、适用的优化方案。

定量评测开放空间系统、不同类型要素系统的组成结构、功能效应，找出开放空间系统、不同类型要素系统中制约城市发展的根本症结，探索开放空间系统的调控方法；借助地理信息系统（ArcGIS 9.3）、Huff 模型、空间句法的可视化手段，综合运用计算机辅助设计（AutoCAD）、CorelDraw、Photoshop 等电脑图形（CG）软件平台，设计、模拟、完成开放空间系统的空间布局结构、圈层一体化调控，以及绿色、灰色、蓝色等开放空间要素系统的调控方案。

2. 市域开放空间系统的研究内容

三亚市域开放空间系统的调控，因循"发展现状分析→评价模型构建→土地景观评价→SD 可持续发展模拟→发展趋势模拟→开发保护策略引导"的思路，以遥感技术、景观格局分析和地理信息技术为主要研究方法，结合土地景观自身存在的敏感度与适宜度相互关系，选择土地景观的生态效应发展趋势作为研究切入点，来研究市域开放空间系统的调控策略。具体研究内容有三：

（1）分析决定市域土地景观空间分布的关键因素。

土地系统自身存在的结构与功能关系对应着土地景观的敏感度与适宜度，这种敏感度与适宜度由人口、经济、土地、资源和环境等多重因素共同决定。随着因素因子的变动，土地景观的结构与功能所对应的敏感度与适宜度也随之发生改变。因此，研究需要通过解析影响土地景观空间分布的决定性因子来探索其分布的演变特征和趋势。

（2）划分三亚市土地景观的敏感度和适宜度分区。

土地系统作为国土空间的唯一载体，以土地景观的结构与功能来反映其敏感和适宜度的强弱。结合 ArcGIS 空间分析和景观格局分析的应用，构建土地景观敏感度和适宜度评价模型，并采用自然间断法将敏感度和适宜度指数图划分为五级等级空间分布图，用以解析市域开放空间系统的敏感度与适宜度变化强度与趋势。

（3）预测三亚市土地景观类型空间分布及生态效应趋势。

自 21 世纪以来，海南省先后经历了经济特区建设、国际旅游岛建设和海南自由贸易区（岛）建设三大机遇。国土空间开发利用与保护的突出问题作为生态城市和海绵城市的关键问题之一是三亚市可持续发展不可忽视的发展内容。为此，特采用 IDRISI 对三亚市未来十年的土地景观类型分布进行了模拟和海绵体分布提取，凭借 SD 系统动力学仿真模型的特征，构建了三亚市可持续发展 SD 仿真模型，为三亚市域开放空间系统的调控提供科学依据。

3. 流域开放空间系统的研究内容

万泉河流域开放空间系统的研究以四期遥感影像为基础，梳理了万泉河流域的基本概况，通过对 GIS、ENVI 和 Fragstats 等技术的应用，先后对万泉河流域的开放空间系统流域土地景观格局分布、流域景观格局变化特征和流域景观格局优化策略进行了研究。并从以下几个方面展开具体研究：

（1）梳理万泉河流域基本现状，解译出流域土地景观的类型空间分布。

在充分了解万泉河流域基本情况的基础上，分别从地形地貌、气候水文和土壤与植被三方面对万泉河流域的自然条件情况进行详细介绍，并以 2010 年、2013 年、2016 年、2019 年的四期遥感数据为支撑，运用 GIS、ENVI 和 Fragstats 技术提取出了万泉河流域的土地景观类型空间分布图。

（2）解析万泉河流域的土地景观分布特点以及其未来景观格局变化趋势。

根据四期遥感影像所得出的流域景观类型用地分布图剖析出流域整体景观空间分布特征以及景观格局特征。结合 Fragstats 技术计算出景观格局指数，选取景观水平和斑块类型水平两个层面的 14 个指数对研究区的景观格局进行分析研究，从"斑块、廊道、基质"层面对各景观类型进行分类，解析其景观格局的多样性和均匀度、敏感度、斑块破碎化程度和空间异质性等特征，分析景观空间结构特征以及在研究时段内各景观类型内部特征的变化趋势，找出景观空间结构存在的缺陷。

（3）以问题为导向提出万泉河流域开放空间系统的调控策略。

根据万泉河流域景观格局分析结果，针对问题结合景观生态学等理论知识对景观格局进行优化，分别从景观要素、整体景观结构、功能结构方面以及结合国土空间规划来进行土地景观的景观格局优化和调控。

（二）技术路线

探讨高速城镇化进程中的开放空间系统调控，遵循理论探索指导实证研究的思路，总结、归纳前人的研究成果，寻找研究的落脚点、突破口，提出独特见解和个人观点，确定研究内容、设计研究路线、开展有益尝试。开放空间系统的分析，以综合运用多种关键性技术、进行大量的数据定量分析为前提，探讨城镇化进程中地区的空间结构演变、开放空间系统的内部变化、不同类型要素系统的结构重组。在市域开放空间系统层面，以 ETM 影像为基础数据，以 ArcGIS 9.3、ERDAS 8.6 为软件平台，通过对洛阳市建成区土地利用/覆被变化（LUCC）的分析探讨市区空间结构的演变。市区开放空间系统的分析与优化，结合 ArcGIS 9.3、ERDAS 8.6、Fragstats 3.3，通过景观水平上的梯度变化考察城镇化对开放空间系统内部的影响；运用开放空间系统评价模型中的不同指数测度模型评价系统的结构均衡程度、系统的功能效应；依托 ArcGIS 的定量分析结果，使用 AutoCAD、Photoshop、CorelDraw 等多种 CG 软件完成优化设计的可视化。绿色、灰色、蓝色等不同类型要素系统的分析与优化，针对不同类型要素的自身属性，以 ArcGIS 9.3、ERDAS 8.6 为定量分析的主要软件平台，绿色开放空间系统结合 Huff 模型、灰色开放空间系统运用空间句法完成系统的结构变化分析，选用开放空间系统评价模型中的相应指数测度模型评测系统的功能效应，在定量分析和评价结果基础上，借助 AutoCAD、Photoshop、CorelDraw 等 CG 软件完成优化设计的可视化。在区域开放空间系统层面，将系统动力学与可持续发展理论相结合，采用 Vensim Ple 软件制定区域可持续发展系统动力学模型来模拟地区的可持续发展趋势和地区可持续发展的最优发展模式。同时，考虑到土地系统是区域开放空间系统的载体，研究以 RS 遥感卫星影像图为基础，在 ENVI、GIS 等平台的支持下，对区域开放空间系统的土地景观进行了敏感度与适宜度解析，并基于 IDRISI 土地利用空间变化模拟软件的应用，对区域土地系统未来土地景观进行模拟，得出未来土地系统的生态效应趋势，在此过程中，生态学理论知识的应用为土地景观系统的景观结构、功能和生态过程分析提供了坚实的理论支撑和方法支撑，为区域开放空间系统的调控提供了基础。最后，基于区域开放空间系统的分析可以从国土空间开发、区域生态安全发展、地区可持续发展等三个层面进行系统调控。具体的开放空间系统调控研究技术路线见图 1-1。

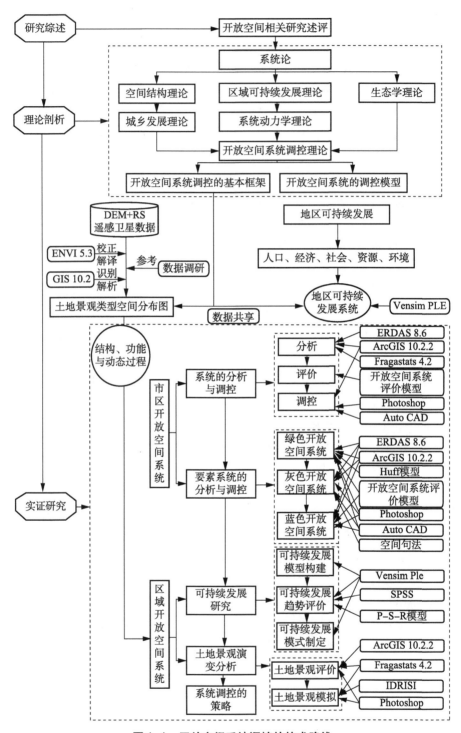

图 1-1　开放空间系统调控的技术路线

第二章

城市开放空间系统调控认识论

城市开放空间系统的调控是在系统论原则的指导下，探究快速城镇化进程中城市生态系统物质环境建设最突出的人地关系矛盾，落实问题原因、寻找解决办法、设计实施方案、实现调控目标的过程。以明晰含义、梳理结构、剖析功能为研究基础，结合城市生态学理论、城市发展理论，遵循理论研究指导实证分析的逻辑发展思路，确定调控的基本框架。

一、基本概念

（一）开放空间系统的含义

1. 城市开放空间系统

对城市开放空间的认识是一个伴随社会不断发展进步而逐渐更新变化的过程。城市的可持续发展观和生态城市建设观为现代城市开放空间研究的发展提供了新的动力和内涵，可持续发展理念、生态系统观点在城市研究领域中的应用，是城市科学发展的新诉求。城市的可持续发展呼唤生态城市的建设，生态城市建设更亟待城市开放空间系统的调控，洞察城市在快速城镇化进程中现实存在的人地关系矛盾，并结合已有相关研究中对城市开放空间的定义（王发曾，2004），本书着重城市内部空间的功能差异，认为城市开放空间应是"在一定城市地域空间内，具有一定结构和多重功能的存在于城市建筑实体之外的开敞空间体"，所有城市物质环境中非建筑体内部的空间均可视为开放空间。以系统论思想为总指导原则，考察城市内部空间结构的变化，开放空间与城市其他空间以及各种类型开放空间之间的构成关系变化，探寻城市空间结构、城市生态系统及城市开放空间之间的相互作用关系、机理与规律，需将城市的各类开放空间视为统一协作的整体，视其为城市物质环境系统的子系统，建立城市生态系统中生命—环境相互作用结构（王发曾，

1997）的桥梁，即将具有一定要素构成、结构形态和功能组合的各类开放空间的集合体视为"城市开放空间系统"。

2. 区域开放空间系统

土地景观作为开放空间系统功能承载的载体，其含义较为丰富。具体来讲分为狭义和广义两个层面：狭义层面，土地景观是由农用地、建设用地、水域和未利用地组成的国土空间，是土地利用方式在地理单元中体现出的不同用地功能与空间格局。广义层面，土地景观的提出来源于景观生态学，是指不同土地利用类型在空间中的"点—线—面"布局形式，并呈现出不同类型斑块、廊道、基质等景观要素分布特点和功能特征，强调不同土地利用类型在城乡空间中的结构、功能和动态。相比城市开放空间系统的研究范围，市域及流域开放空间系统的研究尺度更大、研究范围更广。土地景观作为开放空间系统的载体，形成了开放空间系统的重要根本。因此，在更大范围内的开放空间系统主要是指基于国土空间开发利用保护层面的土地景观系统，研究的是区域范围内土地景观结构、功能和内部过程，以及土地景观系统的敏感度与适宜度变化趋势，更加强调空间开发保护利用的可持续发展。

（二）开放空间系统的要素组成结构

1. 城市开放空间系统的要素分类

城市开放空间系统的组成要素按其自身性质以及在系统整体中发挥的基本功能可分为绿色、灰色、蓝色三大类（见图2-1）。

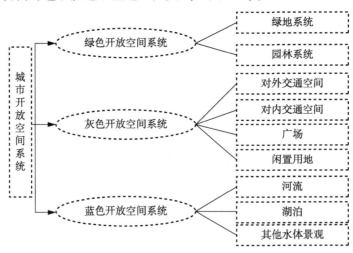

图 2-1　城市开放空间系统的要素组成

（1）绿色开放空间。绿色开放空间意指城市园林绿地系统，作为城市中自然生产力的主体，在保护城市生态环境、城市景观、城市生态系统的生物多样性等方面将起到举足轻重的作用，绿色开放空间是城市开放空间系统的生态依托，是建设生态城市的基础，更是城市可持续发展的必要前提。其包含园林和城市绿地两大内容。其一，园林多指庭园、宅园、花园、公园等内容（李铮生，2006），是城市中体现自然特质、富有生命活力的基础设施，发挥着不可替代的保护自然环境的生态作用，园林绿地大多是在自然景观基础上营建的供市民游览休憩的绿色开放空间，是人工环境和自然环境和谐交融的最佳场所，是镶嵌在城市地域空间中最宝贵的"绿色钻石"（王发曾，2005）。其二，根据《城市绿地分类标准》（CJJ/T 85—2002），城市绿地可分为公园绿地、生产绿地、防护绿地、附属绿地和其他绿地等五大类。

（2）灰色开放空间。灰色开放空间是城市开放空间系统与城市内部其他地域空间交流、沟通的枢纽，也是其与城市生活联系最紧密的环节，决定着城市人工物质环境的运行效率。灰色开放空间包括城市的对外交通空间、对内交通空间、广场和尚未绿化的闲置用地等四大类要素。

（3）蓝色开放空间。蓝色开放空间是城市开放空间系统中最富生命力的组成部分之一，水是动物、植物和人类社会不可或缺的资源，生物体的生命延续、大地和景观的形成和发育，在一切视觉和感官可以触及的景观当中，水都是人类最宝贵的财富。蓝色开放空间是城市内部的河流、湖泊、沟渠等各类水体以及城市其他水面的总称，是城市生态系统中最关键的生命通道，起着重要的传导和疏通作用，承担着城市开放空间系统内部物质流、能量流的交换沟通功能，市区水景观增加了城市视觉空间的丰富性，也为市民提供了更多的游憩场所。蓝色开放空间要素存在的主要空间形态为线状和面状，线状的蓝色开放空间指市区内部的河流和沟渠；面状的蓝色开放空间指市区内的湖泊、水库以及大面积水体景观。

2. 区域开放空间系统的要素分类

区域开放空间系统的要素分类主要从研究的尺度和精度层面进行考究。研究尺度层面：区域开放空间系统主要聚焦大范围的市域、省域、流域、城市群等层面的国土空间开发利用保护，重视土地景观系统的生态敏感度和生态适宜度。研究精度层面：区域开放空间系统更加注重宏观层面土地景观系统的结构、功能和动态过程，而城市开放空间系统更加注重从微观层面对城市内部生态效应的剖析。从研究的实质内涵来讲，区域开放空间系统的要素主要为"斑块、廊道、基质"三个基本景观要素，以及以土地景观结构、功能和动态过程的演变剖析。划分景观要素是定量分析区域开放空间系统景观格局的基础，参照《全国遥感监测土地利用覆盖分类体系》对研究区的遥感数据进行解译、监督分类，以国土空间开发利用保护为依据，将土地景观类型分为林地、耕地、园地（草地）、建设用地、水域和未利用地等6种，试图为土地景观在斑块、斑块类型和斑块景观水平层面的景观格局分析提供科学依据，同时，也为区域土地景观系统的生态敏感度和生态适宜度分析提供研究基础，并为整个土地系统的"斑块、廊道、基质"等景观要素的分布调控提供前置条件（见图2-2）。

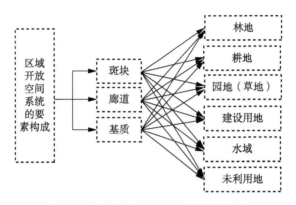

图2-2　区域开放空间系统的要素组成

（三）城市开放空间系统的空间形态结构

1. 空间形态结构的层次

城市开放空间要素遍布于城市地域空间内部，各类开放空间要素之间以及开放空间与其他空间要素之间以一定的空间组合方式存在于城市地域空间范围之内，即开放空间系统的空间形态结构。一定的空间形态结构决定了开放空间系统的功能发挥（王发曾，2005）。城市开放空间系统组成要素的空间排列组合关系有两种基本形式：一种是较小空间尺度的不同圈层内部的镶嵌式组合结构（见图2-3），另一种则为较大空间尺度的圈层式组成结构（见图2-4）。

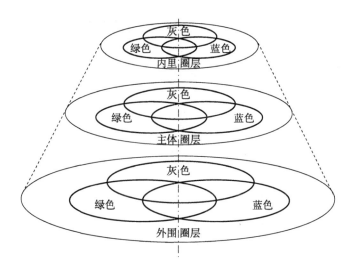

图2-3 城市开放空间系统的镶嵌式空间形态结构

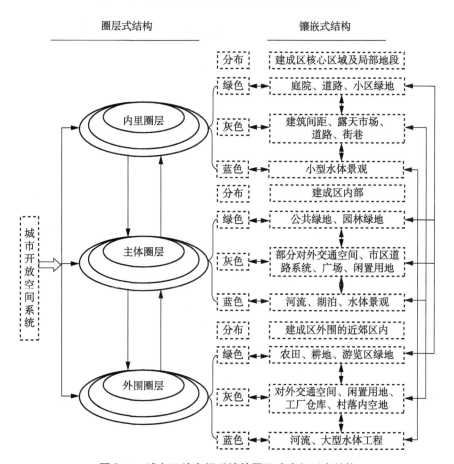

图2-4 城市开放空间系统的圈层式空间形态结构

开放空间系统较小空间尺度的形态结构表现为明显的镶嵌式组成方式，同一圈层内部的相同种类或不同类型的开放空间要素之间呈现出形态各异的嵌合样式，从外及内受人为因素干预的影响越来越强，其组合方式亦逐渐从简单趋向复杂多样。开放空间系统较大空间尺度的形态结构分为外围圈层、主体圈层和内里圈层等三个层次，三圈层的形态分别为：外围圈层，意指城市建成区外围近郊环境中的开放空间的分布形态；主体圈层，是城市建成区中的开放空间的布局形态；内里圈层，指城市建成区核心区域及分布在市区局部地段内的开放空间的组织形态。三个圈层相互依存、相互影响，圈层之间保持着持续不断的物质和能量交换，形成一个有机联系的城市开放空间整体，并同时与周围环境进行着物质和能量的交换，从而共同维持着城市生态系统的良性循环和永续发展（王发曾，2005）。

2. 外围圈层的分布形态

外围圈层的开放空间主要指城市建成区外围的近郊区内的农田、林地、山地、水域和森林公园、大型风景游览区等开敞空间体。外围圈层的开放空间以绿色、蓝色开放空间要素为主，是城市建成区进一步发展和外拓的空间依托、生态容器和环境平台，与主体圈层、内里圈层的开放空间密切联系、浑然一体，对城市的可持续发展起到极其重要的基底支撑作用。外围圈层的开放空间受城市建设过程中的人为干扰影响最小，其分布形态在现有市区自然地理条件下，主要受主体圈层建成区的外部轮廓空间形状的限制，二者的结合状况决定着外围圈层开放空间分布形态的基本样式。绿色、灰色、蓝色等不同类型的开放空间大多连片集中分布，开放空间之间以及开放空间与其他空间要素的组合样式包括外围环绕式、楔形嵌合式、双边贴并式、中心环绕分散式和分散环绕式等（王发曾，2005）。

3. 主体圈层的布局形态

主体圈层的开放空间是指与城市居民关系最为密切的城市建成区中的各类绿地、园林、水域、道路和广场等。这一圈层的开放空间是外围圈层开放空间向城市内部的延伸和细化，又是内里圈层开放空间的空间依托。主体圈层汇集了城市中大量的开放空间要素，数量多、比重大、类型多样、组合丰富，是市区开放空间最重要的组成部分，担负着城市发展的多重功能，其布局形态在很大程度上决定了整个市区开放空间系统的功能发挥。其中园林、绿地一般采用点状、片状、线状、块状、条带状、圆环状、楔入状等有机组合的布局形态（王发曾，2005）；水体景观一般采用直线条带状、弯曲条带状和不规则片状等布局形态；市区路网根据实际情况一般采用棋盘式、放射加环式、方格网加放射式、自由式、综合式等布局形态；广场一般采用与路网各级节点密切配合的，或集中或分散的，点状或小片状的，分级、分类布置的布局形态。主体圈层的开放空间受城市规划与设计的影响最为明显，绿色、灰色、蓝色等不同类型的开放空间要素之间，或两两组合，或三者嵌合，以不同的构成形式布局在城市地域空间内部，发挥着巨大的空间调节作用和生态调控功能。

4. 内里圈层的组织形态

内里圈层的开放空间是指建成区核心区域及市区局部地段内未被建筑和设施占据的类型丰富、大小不一、形态各异、功能多样的开放空间。内里圈层的开放空间要素数量众多、组合多样，大多面积较小，以零星、细碎的空间形态散落于城市内部的核心区域及其他局部地段，多以绿色、灰色、蓝色等不同类型开放空间要素的单独组织和两两相间为主。内里圈层的开放空间既是外围圈层、主体圈层的开放空间在局部地段的进一步延伸和细化，也是城市开放空间形态结构最底层的具体表现形式。由于内里圈层开放空间的形成有较大的人为扰动和干预，所受的影响因素非常复杂、空间式样繁杂多样，其空间结构的组织形态很难用统一的模式加以规范和固化，可以通过城市的控制性详细规划和工程设计创造出丰富多样的内里圈层开放空间的空间结构形态。

二、理论基础

开放空间系统的调控是将地域空间范围内的各种类型的开放空间要素纳入统一体系，以系统论为最根本的理论依托，以城市生态学理论、城市发展理论等为理论支撑，通过剖析开放空间系统的要素组成、空间形态、功能表现等，凝练出开放空间系统理论。遵循开放空间系统的调控依据，设计开放空间系统的调控内容，构建开放空间系统调控的基本框架，作为面向具体案例区对象开展实证研究的理论指导。

（一）城市开放空间系统调控的理论支撑

1. 系统论

系统论（System Theory）是研究系统一般模式、结构和规律的科学。它研究各种系统的共同特征，用数学方法定量地描述其功能，寻求并确立适用于一切系统的原理、原则和数学模型，是具有逻辑和数学性质的一门科学。

系统论最早由美籍奥地利人 L. V. 贝塔朗菲（L. Von. Bertalanffy）于 1952 年创立，并于 1973 年提出了一般系统论原理。系统论的核心思想是系统的整体性原理，指明任何系统都是一个有机的整体，不是各组成部分的机械组合或简单相加，系统的整体功能是各要素在孤立状态下所没有的新质，整体功能大于部分要素质的代数和；系统中各要素不是孤立地存在着，每个要素在系统中都处于一定的位置上，起着特定的作用，要素之间相互关联，构成了一个不可分割的整体，要素是整体中的要素，如果将要素从系统整体中割离出来，它将失去要素的作用。一般系统论是把所研究和处理的对象，当作一个系统，分析系统的结构和功能，研究系统、要素、环境三者之间的相互关系和变动的规律性，认为无论各种具体系统的性质和种类多么不同，都具有某些共同的属性，如整体性、开放性、层次性、目的性、稳定性、动态性等，强调有序才能使系统稳定，系统走向最稳定的结构就是走向自己的目的，把系统的稳定性和目的性同其有序性联系在一起。认识系统的特点和规律，更重要的还在于利用这些特点和规律去控制、管理、改造或创造该系统，使它的存在与发展合乎人的目的需要。也就是说，研究系统的目的在于调整系统结构，协调各要素之间的关系，使系统达到调控目的。

城市开放空间系统由城市的绿地园林、道路广场、水体景观等多种要素共同组成，按照组成要素自身性质的不同，分别构成了绿色开放空间子系统、灰色开放空间子系统和蓝色开放空间子系统；城市开放空间系统的调控是在系统论的指导下，理清城市开放空间系统内部的要素与要素、要素与子系统、子系统与子系统、子系统与系统、系统与城市地域环境等诸多方面的关系；分析开放空间系统的结构和功能，研究不同层次的要素、系统、环境三者之间的相互关系、作用机理和变动的规律，认识系统的整体特点和作用规律；强调城市开放空间系统的整体性，建立科学合理的城市开放空间系统、各类型开放空间要素系统内部和开放空间各个要素系统之间的结构。通过协调各类型要素之间关系、调整要素系统内部结构、调控各开放空间要素系统之间的组成关系以达到整体功能大于部分功能之和的目的，实现其整体功能的最优化，达到开放空间系统的最终调控目的。

2. 城市生态学理论

城市生态学是从生态角度研究城市居民与城市环境之间的相互关系，即城市生态系统，以及它的结构、功能与平衡调控（汪菊渊，1992）。城市生态学理论衍生出城市生态系统调控理论和生态城市建设理论（王发曾，2005）等两个组成部分。城市开放空间系统是城市生态系统的重要组成部分，其要素组建、结构调整、功能优化须遵从城市生态系统的理论和方法论指导；城市开放空间系统调控的目的是调控城市生态系统功能、建设生态城市、实现城市的可持续发展，其调控必须符合生态协调原则，必须按生态规律运作。

首先，城市生态系统调控理论。城市生态系统是以城市人群为主体，以城市次生自然要素、自然资源和人工物质要素、精神要素为环境，并与一定范围的区域保持密切联系的复杂人类生态系统（王发曾，1997）。从生态系统观点看，城市是人类的高级栖息地，是人类进行物质生产与消费，从事社会与文化活动的高效场所，城镇化进程实际上是人类的栖息环境从自然向乡村、向集镇，再向城市景观演变的生态演替过程。城市生态系统调控理论是通过施加有效的人为诱因，影响系统要素的构成关系、调控系统结构的组成方式、引导系统功能的高效发挥，从而实现城市生态系统有序、协调、稳定的循环运行。城市开放空间系统的调控应在城市生态系统调控理论的指导下，调配城市开放空间的要素组成、组建开放空间的合理结构、促进开放空间的功能发挥，通过调控城市的开放空间达到适度调控城市生态系统整体功效的目的，实现发展中城市结构形态的最佳化、城市功能的最优化，进而逐步实现建设生态城市的目标。

其次，生态城市建设理论。生态城市是以现代生态学的科学理论为指导，以生态系统的科学调控为手段建立起来的一种能够促使城市人口、资源、环境和谐共处，社会、经济、自然协调发展，物质、能量、信息高效利用的城镇型人类聚落地（王发曾，2006）。生态城市建设是通过人类活动，在城市自然生态系统基础上改造和营建结构完善、功能明确的城市生态系统。该系统是以城市居民为主体，以城市地域空间、次生自然要素、自然资源和人工物质要素、精神要素为环境，并与一定范围的区域保持密切联系的复杂的人类生态系统，是生态城市的内核与主旨（董宪军，2002）。城市地域范围内的空间弹性主要蕴含在城市生态系统的开放空间环境之中，开放空间要素之间以及开放空间与非开放空间之间的用地置换是实施空间弹性调控的重要手段，城市的开放空间系统是保证城市地域内的人与环境协调共处的空间前提，是改善城市生态系统结构和功能的空间调节器，以建设生态城市为目的，最终实现城市发展进入可持续状态是城市开放空间系统调控必须遵循的前提。

3. 城市发展理论

发展是城市社会文明进步的动力，城市是一个自然调节能力较弱的、完全开放的、复杂的人工巨系统，快速城镇化进程中，我国城市的现代化发展面临着一些前所未有的问题。"可持续发展"既是城市发展的理想状态，更是城市发展的必然诉求。城市发展理论是城市可持续发展理论、城市空间结构理论和城市规划与设计理论等三个理论的集合体，遵循城市可持续发展理论的原则，依托城市空间结构理论的指导，运用城市规划与设计理论提供的综合技术手段，将是克服我国城市发展中的各种困难、实现生态城市建设目标、达到城市可持续发展的必需。

（1）城市可持续发展理论。

城市可持续发展理论强调城市人口与资源、环境、经济、社会之间的相互协调，围绕人口这个"城市之本"，资源可持续发展是基础，环境可持续发展是保障，经济可持续发展是实质，社会可持续发展是目的（Hildebrand F.，1999）。对于现代城市来说，只有集约化经营有限的自然资源，深入开发市域内的人文资源，珍惜现存的开放空间资源，挖掘开放空间资源的利用效益和潜力，才能为可持续发展奠定坚实基础；强调保持自然环境因素的生态平衡，做到城市土地使用的合理分区、科学布局，严密监控环境质量、严格治理环境污染、尽量扩增开放空间的环境容量；科学调整产业结构，在充分发掘市场优势且不损害开放空间资源的基础上高效发展经济，才能真正实现我国城市的可持续发展。

（2）城市空间结构理论。

城市空间结构理论是城市地理学理论体系的一个重要组成部分，是按照属性与分布的差异，从不同的角度将城市空间划分为不同层次的空间单元，并依据系统准则将其有机组合，进而谋求整体结构与功能最优（顾朝林、柴彦威、蔡建明，1999）。城市开放空间系统不同空间尺度的"圈层"和"镶嵌"的空间形态结构就是在城市空间结构理论的基础上构建的，其要素组成、结构联结及功能组合等，亦是该理论的延伸结果；同样，尊重城市地域空间要素的空间分异规律，结合不同案例区实际情况，恰当运用空间置换、空间整合、空间优化等理论精华指导开放空间系统的调控实践，是城市开放空间实现系统功能调控的必需。

（3）城市规划与设计理论。

城市规划是"对一定时期内城市的经济和社会发展、土地利用、空间布局以及各项建设的综合部署、具体安排和实施管理"（城市规划基本术语标准，GB/T50208-98）。现代城市规划与设计理论不仅关注城市的土地利用、各项建设用地的空间配置，为城市建设提供约束性指标，在城市的全面发展与建设中也是加强城市管理、协调城市空间布局、改善城市人居环境、促进城市生活全面可持续发展的必要的调控手段。对于城市开放空间系统的调控，城市规划与设计理论首先将在认识论、方法论的层面上具有重要的指导价值，为制定城市开放空间系统调控的基本框架提供参考；其次在技术手段、调控方案与实施标准的制定等方面均具有广泛而有力的理论支持。

4. 开放空间系统理论

城市开放空间是广泛分布于一定城市地域空间范围内，具有一定结构和多重功能的、存在于城市建筑实体之外的开敞空间体，城市开放空间系统则是具有一定要素构成、结构形态和功能组合的各类开放空间要素的集合体。开放空间系统内部的各类开放空间要素按照不同的属性分为绿色开放空间（包括绿地、园林等）、灰色开放空间（包括道路、广场等）和蓝色开放空间（包括河流、水体等）等三大类；自然或人为地形成了不同的结构形态和功能组合存在于城市地域空间实体内部，城市开放空间系统的空间形态结构主要表现为两种，即较大空间尺度的圈层式结构形态，包括由外及内的外围圈层、主体圈层、内里圈层等三个圈层，较小空间尺度的同一圈层内部的镶嵌式结构形态。城市开放空间系统是城市生态系统物质环境的重要组成部分，受城市空间结构变化的影响，与生态城市建设的关系非常密切，开放空间为生态城市的建设提供了充足的空间资源支持，为现有城市空间进行结构调整、功能优化提供了可能。城市开放空间系统的调控是为了解决城市发展过程中不断出现的人与环境之间的矛盾和问题，实现建设生态城市，进而推进城市迈入可持续发展状态的有效途径，系统调控的实施过程必须符合生态协调原则，遵循生态规律运作，接受城市生态系统的要素组建、结构调整、功能优化的一系列理论和方法论指导。

5. 可持续发展理论

可持续发展理论是指既满足当代人的需要，又不对后代人满足其需要的能力构成危害的发展，以公平性、持续性、共同性为三大基本原则。作为一个具有强大综合性和交叉性的研究领域，可持续发展涉及人口、经济、社会、资源和环境等多个领域。从全球普遍认可的可持续发展概念可以看出，其内涵是共同发展、协调发展、公平发展、高效发展和多维发展，实质是"人—社会—生态"三位一体的综合发展理念。可持续发展系统作为一个高度开放的系统，它不但具有一般系统所拥有的特征，而且系统内部及内部关系拥有更加复杂多样的作用机制，即可持续发展取决于系统内部各要素系统的协调程度（见图2-5）。作为开放的复杂巨系统，影响可持续发展系统的因素也是十分复杂的。

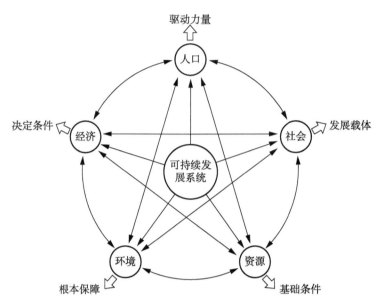

图 2-5 可持续发展系统的要素构成及要素相互关系

区域开放空间系统的可持续发展系统包含人口、社会、经济、环境和资源等五个子系统。系统要素之间的相互作用和联系作为先决条件控制着区域发展的平衡与协调。其中：①人口子系统，是可持续发展系统变化的驱动力量，人所具有的自然属性和社会属性决定了人口与外部环境的关系，直接影响地区经济、环境、资源、土地等系统的功能特性，人口的可持续化发展能够强化地区经济、社会、资源和环境等系统的功能特性。②经济子系统，是可持续发展系统存在的推动力，产业结构的升级与调整决定着可持续发展系统的活力，经济发展水平的提升注重人口、土地、环境和资源等系统的协调发展，这种推动力决定着可持续发展系统的经济效益、生态效益和社会效益。③社会子系统，主要从影响社会发展和稳定的角度入手，着重在就业、医疗、科教三大方面进行模型模拟。资源是空间范畴内一切要素系统的载体和可持续发展系统存在的物质基础，也是人类活动和经济活动的主要场所，强调资源利用与环境维育的平衡性。④资源子系统，具有支撑整个人类社会和经济发展的所有物质基础，是人类生活和生产资源的来源，更是人类活动的基本要素。决定着资源的内部结构和外部关系，是衡量地区可持续发展能力的一个重要指标。⑤环境子系统，是决定可持续发展系统存在的空间支持，一方面为人口、经济、社会等系统要素提供空间支持，另一方面用以处理人口、经济等发展所带来的污染物质，环境系统由承载力和自净能力相互协调，主要受环境污染物、科学技术和经济活动共同影响，其环境综合能力是对可持续发展系统的根本保障。

（二）开放空间系统调控的原则

开放空间系统的调控是在系统论、城市生态学理论、城市发展理论、开放空间系统理论和可持续发展理论等科学理论的指导下逐步推进深化的过程，调控的实施过程必须遵循以人为本、系统一体、突出特色、效益同步、弹性空间等五大原则。

第一，以人为本原则。生态系统的主体是人类活动，开放空间系统调控的根本目的就在于营造良好的城乡人居环境，改善城乡建设与生态维育之间的矛盾冲突。开放空间系统的调控贯彻以人为本原则，是以人类活动为中心，以满足城乡建设发展的"根本利益"为基本目标。开放空间是国土空间开发利用保护过程的公共资源，在开放空间的利用和保护上体现利益公平准则，是贯彻以人为本原则的一个主要精神实质（王发曾，2005）。

第二，系统一体原则。因研究尺度和精度的不同，开放空间所处的系统功能也不同，但开放空间系统在各层次上的内涵具有系统一体化特征。换言之，城市开放空间系统一体化原则有三，分别为各圈层内部一体化、各圈层之间一体化和各要素子系统内部之间的一体化。因此，城市开放空间系统的各个圈层内部、三个圈层之间以及各要素系统，形成纵横交织的开放空间网络体系，坚持系统一体化原则，才能保障调控工作的顺利进行。同时，兼顾系统一体化原则三个层面的内容，才能最终实现开放空间系统的调控目标。另外，区域开放空间系统的一体化原则主要体现为土地景观系统的景观结构、功能和动态过程一体化。区域土地系统的一体化景观格局和区域可持续发展是构成区域开放空间系统一体化的决定条件。

第三，突出特色原则。每一座城市或每一个地区都有其独特之处，开放空间系统的调控要充分考虑城市自身的区位条件、空间形态、职能性质、发展方向和国土空间开发利用保护，放眼区域大环境背景，根据开放空间系统的已有格局和功能特点，创造出符合生态城市建设要求、个性鲜明、特点突出的开放空间系统结构体系和功能体系（周晓娟，2001）。在"突出特色原则"的指导下，开放空间系统的调控要推动区域自身人居环境质量的提升和增强区域可持续化发展的永续性。

第四，效益同步原则。开放空间系统调控的目的在于通过优化配置区域范围内开放空间系统的资源，提升开放系统的功能，增进区域生态系统自主协调运行的能力，通过人为的调控实现系统的谐振。经济效益、社会效益、环境效益的同步提高，是可持续发展的主导思想，也是开放空间系统调控必须遵循的重要准则。目前，我国城市建设面临快步提速、百业待兴的局面，普遍存在资金不足的问题，因此，开放空间系统的调控必须以适当调整系统结构、优质优用开放空间资源为重点。

第五，弹性空间原则。城市环境空间布局的弹性主要蕴含在开放空间系统之中，开放空间与非开放空间之间的用地置换是实施城市地域空间内部弹性调控的重要途径。由于缺乏统一、科学、有效、合理的系统空间控制、空间调度、空间协调、空间设计，很多城市建成区的空间资源相对有限，开放空间系统的调控贯彻弹性空间原则就显得格外重要。区域开放空间系统受国土空间开发利用保护的强度影响，区域范围内城乡土地景观的建设用地拓展和生态安全维育用地拓展需要弹性控制，尤其要注重"源—汇"景观系统的拓展速度和拓展强度，控制各类土地景观要素的弹性流转，充分体现区域可持续发展系统的协调作用。

（三）开放空间系统调控的内容

1. 城乡空间布局结构调控

空间布局结构调控的任务是综合考虑城市现状用地条件、人口分布模式、经济发展水平、区域国土空间开发利用保护等诸多方面因素，结合地区未来的发展趋势，提出城乡空间布局的调整方案，框定开放空间系统调控的总体布局结构，明确系统调控采取的形式，把握系统调控的发展方向，确定系统调控的功能定位。空间布局结构的调控内容分为静态布局、动态扩展、功能定位、土地景观等四个方面。

（1）静态布局调控。

静态布局调控，就是静止状态意义上的城乡空间布局结构优化，包括城市的外部形态和内部联系等两个方面的调控。外部形态优化是从宏观区域层面的整体空间框架功能组织出发，结合自身自然趋势和要素的布局状况，将微观城市层面内部已连成片或未连成片的各地域单元组合成一个机能完善的空间系统；城市区域的内部联系优化是从城市内部用地的功能组织出发，根据城市的职能特点，处理好生活居住空间、商贸服务空间、交通营运空间、行政文化空间、生产仓储空间以及各种开放空间之间的关系。空间布局结构的静止状态优化是为开放空间系统建立一个合理的总体空间框架，理顺区域—城市各个功能地域的区间关系，以及土地景观系统的景观格局剖析。

（2）动态扩展调控。

动态扩展调控，是运动状态层面上的城乡空间布局结构优化，包括城市空间扩展方向、空间扩展形式和土地景观拓展的阻力与引力等三个部分的调控内容。城市空间扩展方向的调控是在保证城市用地功能组织不断提高效率的前提下，尽量避免城市用地诸如"摊大饼"似的盲目"泛方向"漫溢扩展，应在推演和预测城市发展趋势的基础上，根据城市的发展目标，找准城市空间扩展的最佳方位，将城市纳入"定向扩展"的良性轨道；城市空间扩展形式的调控是在保证城市用地功能组织的空间连续性的前提下，尽量避免城市用地扩展中的自我封闭现象，强化城市的开放性运行机制，恰当运用"开敞扩展"或"跳跃扩展"的形式为城市扩展提供较大的空间余地（王发曾，2005）。空间布局结构运动状态的调控将使开放空间的扩展比较顺利地进入到一种可持续的运行状态，自然形成的城市内部的"空间余地"将为开放空间系统的调控提供必要的空间支撑。土地景观拓展的阻力与引力调控指的是通过调控土地景观系统敏感度和适宜度来导引区域内城乡建设发展用地和生态安全维育用地的拓展方向，同一土地景观所表现的城乡建设发展用地扩张和生态安全维育扩张现象实质是受土地景观系统的景观结构、功能和动态过程影响，因此，掌握土地景观系统的敏感度分布和适宜度分布，剖析土地系统的景观格局是调控区域开放空间系统可持续发展的关键所在。

（3）功能定位调控。

功能定位调控，旨在促进从宏观到微观层面开放空间系统的整体功能发挥，包括功能分化调控和功能组合调控等两种方式。空间布局结构的功能分化调控是以空间的地域分异和功能分异规律为准则，科学划分区域范围内部各地域单元的功能分工界限，明确各地域单元的主要功能或特色功能，并找出其功能强化的途径；空间布局结构的功能组合调控是以空间的系统功能组合机制为动力，科学整合区域范围内部各地域单元的整体功能效应，明确各地域单元的主要功能与辅助功能的关系，以及各地域单元之间的功能协作关系，并建立行之有效的功能协调机制（王发曾，2005）。空间布局结构功能定位的调控有利于开放空间系统的功能发挥，并为非开放空间与其周围开放空间之间的功能协调奠定基础。

（4）土地景观调控。

土地系统自身存在的结构与功能关系对应着土地景观的敏感度与适宜度，这种敏感度与适宜度受人口、经济、土地、资源和环境等多重因素共同决定。随着因素因子的变动，土地景观的结构与功能所对应的敏感度与适宜度也随之发生改变。分析土地景观"敏感度与适宜度"和"结构与功能"的关系，从景观生态规划原理和海南生态省建设的要求出发，解析三亚市域土地景观的景观结构和景观功能特点，科学评估三亚市域土地景观的"敏感度与适宜度"，为未来土地景观发展的生态效应提升提供支撑，从而通过调控土地景观的景观结构、功能和动态过程实现土地景观的调控。

2. 城市圈层一体化调控

圈层一体化调控是从外围圈层、主体圈层、内里圈层等各圈层的内部和两两圈层之间的两个层面实施开放空间系统的调控方案，分别考察不同层次的系统调控效果，并以此作为开放空间系统整体优化的调控依据。开放空间系统的圈层一体化分为圈层内部一体化和圈层之间一体化等两个阶段。

（1）圈层内部一体化。

开放空间系统各圈层内部的一体化是针对各圈层的不同特点，确定每个圈层调控的重点，甄选切实可行的调控方案，施以行之有效的调控手法。①外围圈层开放空间内部的一体化应注重各种类型开放空间的统一规划：统一规划建成区向外的空间扩展，严格控制耕地、农林地的建设性开发；统一规划并保护资源性、交通性、防护性绿化林带组成的城市"大环境林网"；统一规划并营建经济林地、生产绿地、水源地和水产养殖基地；统一规划并整治流经市区的河流、湖泊等水体景观；统一规划对外交通路网的连接方式。②主体圈层开放空间内部的一体化应注重各种类型开放空间的统一设计：统一设计并营造公园绿地、生产绿地、防护绿地、附属绿地和其他绿地要素，提高城市绿化覆盖率；依据城市功能分区及人口密度的差异，选取市区内部的适当位置统一设计若干为公众提供开放性服务的小型公园、游园和街旁绿地；统一设计并实施市区内道路网络系统的改造、优化以及街道行道树种的改良更新；广场的开辟、建设要与市区主要道路节点的改造统一设计、统一施工；河流、湖泊等水体的水资源控制、水污染治理、水环境整治等要统筹规划、同步协调进行。③内里圈层开放空间的一体化应主要体现在争取空间和美化环境上：节省建筑基底面积，以市区核心区段为重，提高建筑容积率，拓展小片开放空间，增加圈层开放空间面积；统一部署拆除圈层内部临街、临公共设施、单位内和居民院落内的违章、老旧或不适建筑，变非开放空间为开放空间，增加城市空间弹性容量；积极倡导各级各类的单位庭院、居民社区的小环境绿化，营造花木或建筑小品，改造单位或社区内部的闲置用地，丰富开放空间类型；切实落实城市的整体亮化工程，增强公园绿地、滨河绿地和开放绿地的亲和力，提升它们服务市民的能力，促进其与外部大环境融为一体。

（2）圈层之间一体化。

开放空间系统各圈层之间的一体化是实现开放空间系统效益的关键，是体现开放空间系统整体功能最优化的核心。三个圈层之间的一体化主要通过主体圈层与外围圈层、主体圈层与内里圈层之间的沟通融合来实现，主体圈层位于开放空间系统的中间，是构建圈层一体化结构的中坚，在开放空间系统中起到"上通下达"的枢纽作用，是保障圈层一体化实现的重要环节。①主体圈层与外围圈层的一体化主要体现在二者开放空间的"通达"，即"多方沟通，达地知根"（王发曾，2005）：保护好"内嵌"进建成区周边的农田、菜地、林地、园地，做好建成区与外围单独片的建筑组团间间隔地带的绿化工作；统一部署经过建成区的交通林带与市区内交通干道的行道树，构建内外通畅的城市交通廊道系统；以进出建成区便利为准则，合理安排高速公路、国道、省道与市区内交通干道的多个连接点；适当拓宽、固化境内河流水体穿越建成区河段的两岸过渡地带。②主体圈层与内里圈层的一体化主要体现在二者开放空间的"融通"，即"多方沟通，融为一体"（王发曾，2005）：市内道路交通网络的改造要与改造老旧居民小区、拆除临街、临公共设施的违章或不适建筑的工作密切结合；规范个体绿化行为，补充公共绿地在建成区内部空间布局的不足；结合城市自然地理条件，搬迁旧城区内的污染企业时，腾空的建设用地应尽量以绿化用地配合简单建筑小品、小型人工水景等设施的手法代替；河流岸旁与沟渠周边，应适当增加河岸与周边建设用地的过渡地带宽度，并以小环境绿化或设置简单设施的手法占据闲置地，尽量保持闲置用地的"原生态"。三个圈层的融会贯通使城市的开放空间真正成为一个一体化的有机系统：外围圈层是开放空间系统这棵大树植根的土壤，主体圈层是树干，内里圈层是枝叶；外围圈层绿色大地的生态"营养元素"经由开阔便捷的开放空间通道直达建成区各处，并通过主体圈层、内里圈层的"干—枝—叶"体系浸润城市的每个角落；被建筑和设施所组成的"硬环境"重重包围的整个建成区乃至局部地段，通过开放空间系统的一体化组织，与外围圈层的绿色大地有机相连、包容、沟通、融合，生态城市建设将由此获得强大的空间支持，继而强力推动城市的可持续发展（王发曾，2005）。

3. 开放空间系统要素调控

（1）城市开放空间系统的要素调控。

城市开放空间系统的要素调控是从每种类型开放空间要素自身构成的纵向维度出发，提出各个构成要素系统的具体调控目标、详细实施方案，并分别考察绿色、灰色、蓝色等各要素系统内部一体化的落实情况。第一，绿色开放空间系统调控。绿色开放空间是衡量城市环境质量优劣的标尺，构建圈层间结构完整、利于生态调控功能发挥的绿色开放空间系统，应在完善市区已有绿地园林系统结构的基础上，调动社会各个层面的积极性，尽可能利用暂未开发的闲置用地和弹性置换用地，努力提高市区绿化覆盖率和绿地率；用补缺拾遗和去盈填空的手法，合理调整绿色开放空间的品类构成与布局结构，坚定不移地贯彻系统一体化原则，力争做到绿地与园林浑然天成，点、线、面密切结合。第二，灰色开放空间系统调控。灰色开放空间系统的道路交通网络是城市物质流、能量流、信息流的流通渠道，是城市整体运行效率的保障，构建等级分明、运行高效的灰色开放空间系统，应科学、合理地扩充和廓清道路、广场用地，结合政府行为调动各个路段的积极性，努力提高市区路网密度和人均交通用地面积；用功能专门化和连通疏解的手法，完善灰色开放空间的功能构成与道路网系统的布局结构（唐勇，2002）；坚定不移地贯彻一体化原则，努力做到对内交通、对外交通、广场协调发展，横道、竖道、环道有机结合（梁雪、肖连望，2000）。第三，蓝色开放空间系统调控。蓝色开放空间系统是开放空间系统中最富生命活力的组成部分，构建集资源性廊道、城市生态功能调节、环境美化于一身的蓝色开放空间系统应结合城市自然地理条件、市区功能分区，精心设计市区的水系网络，巧妙组合自然水体和人工水景，充分发挥河流的天然屏障作用，强化合理的市区空间格局；突出河流、湖泊等水体独特的天然调节功效，改善城市居住环境质量。

（2）区域开放空间系统的要素调控。

区域开放空间系统的要素调控实质是对区域土地景观系统的景观格局进行优化。具体通过以下两个方面进行：一是土地景观格局要素调控。其前提是选取并分析能体现区域景观格局特征的指标，剖析现状格局存在的问题所在，通过调控研究划分的几类景观类型斑块的规模和形状，调整不同景观类型在空间的分布；在结构层面，以"基质—廊道—斑块"模式调控土地景观的空间格局；在功能层面，以"三区三线"土地空间管控引导市域土地景观的生态型扩张；在动态过程层面，以降低土地景观斑块密度的方式增强土地景观完整性，从而达到调控区域开放空间系统要素的目的。二是土地系统效用的调控。通过提升区域生态空间景观结构、功能和过程的完整性，对全域生态功能区进行布置，使其构成空间内外部具有生态保障功能的景观基质区域。增强生产、生活和生态三类空间之间的协调关系，研析"三生空间"的土地功能形态，强调人类活动对空间敏感性的感知，以及空间利用与资源开发之间的适宜性，从而达到统筹布局和管制国土空间及土地利用等规划的目的。完善生态空间结构的系统性，构建市域生态保育体系时要强调人类活动与空间利用之间的敏感性，注重结构、功能和过程在国土空间发展过程中的决定性作用，逐步将区域生态体系融入国土空间开发利用保护的总体发展格局之中。

（四）开放空间系统调控的基本框架

1. 基于圈层区划引导的城市开放空间系统调控框架

城市开放空间系统的调控是在城市可持续发展理论及生态城市建设理论的

科学理念指导下，遵循城市发展的客观规律，在一定的系统调控原则约束下，施以相应对策、实践相关内容，通过科学决策和系统反馈机制的调控完成的一项有序、合理的系统工程。城市开放空间系统调控体系的构建是从选取研究对象开始，经过划定研究范围、确定调控内容、遴选调控方案、反馈阶段性调控结果、落实最终调控成果等若干环节，最终完成调控的全过程（见图2-6）。

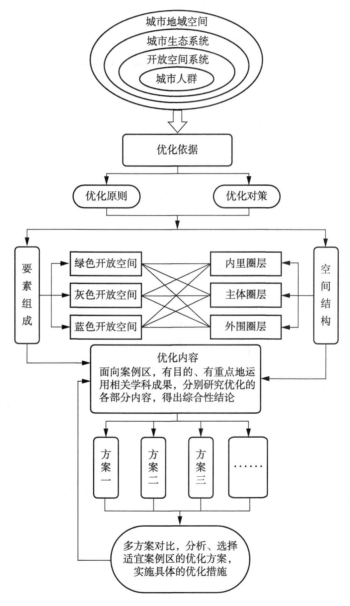

图 2-6 城市开放空间系统的调控体系

（1）研究对象。

城市开放空间系统是城市地域空间内、城市生态系统物质环境的重要组成部分，是城市生态系统的子系统，从属于城市生态系统的环境系统。城市生态系统的物质环境系统有近域、远域之分，城市开放空间系统的调控可以根据不同的研究需要和具体的研究条件，分为市域、市区、建成区等不同的空间研究尺度，以此划分不同的外围圈层、主体圈层、内里圈层的空间范围和界限。

（2）研究范围。

城市开放空间系统由绿色、灰色、蓝色等三个性质相异的要素系统构成，各种类型的开放空间要素分布于内里圈层、主体圈层、外围圈层等城市地域空间实体的不同范围之中，不同的系统要素构成结构与不同的空间形态结构组合在一起，形成了城市开放空间系统纵横交织的网络体系。城市开放空间系统调控的具体范围既包括各种类型要素系统自身组成的复杂网络，也包括了同一圈层内部的镶嵌结构与三个不同圈层结构之间构建起来的综合研究网络，将探讨开放空间系统内部要素与要素、要素与子系统、子系统与子系统、子系统与系统、系统与城市地域环境间的不同层次的要素、系统、环境三者之间的相互关系（见图2-7）。

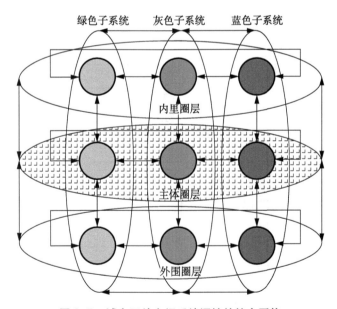

图2-7 城市开放空间系统调控的综合网络

（3）研究内容。

城市开放空间系统调控的内容主要有以下三个方面：第一，空间布局结构调控。空间布局结构优化是全部调控工作的基础，在合理调整城市空间布局结构的前提下，提出城市开放空间系统调控的总体研究框架。第二，圈层一体化调控。圈层一体化调控是系统调控的核心，从每个圈层内部和不同圈层之间的两个层面入手开展调控工作，探讨以不同空间尺度切入的开放空间系统的调控。第三，要素系统一体化调控。要素系统调控是整个系统调控的关键，绿色、灰色、蓝色等不同要素系统内部的调控，是实现城市开放空间系统整体调控的必要前提和必需保障。

（4）研究方案。

结合不同研究案例区的具体情况，开放空间系统的调控可以设计多种备选实施方案，通过多方案的对比、模拟、阶段性结果反馈、调校等步骤，最终确定适用的最佳调控方案。城市开放空间系统的调控是理论探索与实践尝试紧密结合的科学研究工作，构建开放空间系统调控的研究体系，确定调控的对象、范围、内容、方案等是研究工作开展的前提和必需，也是执行调控实践必须遵循的理论依据。

2. 基于土地景观分析的市域开放空间系统调控框架

市域开放空间系统的调控是在全面掌握市域土地景观系统的景观格局和市域土地景观敏感度与适宜度的基础上，结合市域可持续发展系统动力学仿真模型的应用，实现对市域国土空间开发利用保护的生态安全预警评价和景观格局动态演变的特征分析，以及土地景观效应的动态趋势剖析。市域开放空间系统调控体系的构建是在全面解析市域土地系统敏感度与适宜度的基础上，以一个行政区划意义上的市域为研究范围，并结合其可持续发展的评价，制定市域可持续发展系统动力学发展模型，仿真模拟出适合区域可持续发展的模拟方案，结合土地景观敏感度与适宜度的变化强度和变化趋势解析，采用 Idrisi 软件系统模拟土地景观的未来发展趋势，用以实现市域开放空间系统的调控策略制定。

（1）研究对象。

市域开放空间系统是指行政区划内土地系统的生态系统，强调市域范围内生态空间的生态效应的发挥，其研究的实质是市域范围内土地系统的构成。主要包括市域范围内城乡建设用地扩张源和生态安全维育扩张源的生态拓展效应，以及土地系统的土地景观敏感度与适宜度发展特征。因此，市域层面的开放空间系统调控重在对土地系统中景观结构、功能和动态过程进行研究，以及对市域范围内国土空间开发利用保护的可持续发展研究。

（2）研究范围。

从区域开放空间系统调控的要素上看，其主体是土地系统中的林地、耕地、草地（园地）、建设用地、水域和未利用地等 6 类土地景观类型，换言之，区域开放空间系统的研究对象是国土空间。因此，在市域开放空间系统的调控研究中，选取了具有独特区位优势的三亚市域作为研究范围。

（3）研究内容。

三亚市域的开放空间系统调控因循"地区可持续发展现状剖析→土地景观敏感度与适宜度评价→土地景观生态效应趋势模拟→土地景观生态效应提升策略引导"的思路，以遥感技术、景观格局分析和地理信息技术为主要研究方法，结合土地景观自身存在的敏感度与适宜度相互关系，选择国土空间开发利用保护作为研究切入点。一方面，借助系统动力学理论搭建可持续发展 SD 系统动力学仿真模型来模拟和调控三亚市可持续发展的发展趋势，制定提高三亚市域土地景观生态效应的发展战略。另一方面，在 RS、GIS、ENVI 和 IDRISI 等技术的支持下，剖析土地系统过去、现在和未来的景观结构、功能和动态过程，并结合海南 21 世纪的发展条件和机遇①，分析和调控土地景观在 2001—2028 年的空间分布特征和演变趋势，提出三亚市域未来开放空间系统调控的土地景观调控策略（见图 2-8）。

3. 基于景观格局演变的流域开放空间系统调控框架

流域层面的开放空间系统调控研究以海南省万泉河流域的四期遥感影像为基础，利用 GIS、ENVI 和 Fragstats 技术以万泉河流域景观格局变化特征和调控策略为目标对流域进行研究分析，具体研究包括六个方面：一是梳理万泉河流域的基本情况。对万泉河流域的基本情况进行整体概述，然后分别从地形地貌、气候水文和土壤与植被三方面对万泉河流域的自然条件情况进行详细介绍，为流域开放空间系统的分析奠定基础。二是预处理万泉河流域四期遥感数据。运用 GIS、ENVI 和 Fragstats 技术分别对万泉河流域提取的 2010年、2013 年、2016 年、2019 年的遥感影像进行处理，首先对遥感影像进行辐射定标和大气校正、融合裁剪和去云、数据解译等预处理后，根据万泉河流域的用地现状并参考用地分类标准对景观进行分类，以便于对研究区景观格局的分析展开。三是分析万泉河流域土地景观类型的空间分布特征。根据四期遥感影像所得出的流域景观类型用地分布图，解析出流域内各土地景观要素在空间上的分布特征，以及流域土地景观格局的变化趋势和流域整体景观空间分布特征。四是剖析万泉河流域土地景观的格局及其未来变化趋势。运用 Fragstats 技术计算景观格局指数，选取景观水平和斑块类型水平两个层面

---

① 发展机遇指 1988—2018 年改革开放经济特区建设，2010—2018 年国际旅游岛建设发展机遇，2019—2050 年国际自由贸易区（港）建设与发展时代机遇。

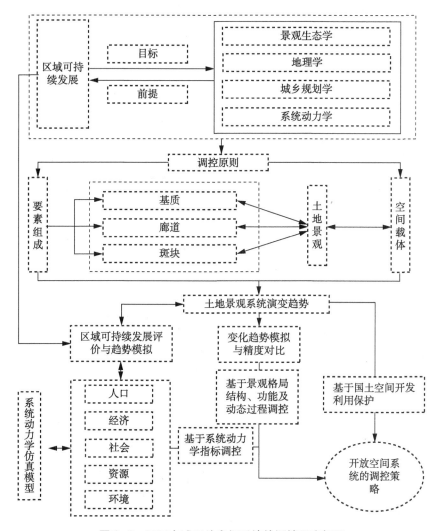

图 2-8　三亚市域开放空间系统的调控研究框架

的 14 个指数对研究区的景观格局进行分析研究，通过对景观格局指数的分析可以明确研究区景观格局的多样性和均匀度、敏感度、斑块破碎化程度和空间异质性等特征，以及在研究时段内各景观类型内部特征的变化趋势，分析流域景观格局存在的问题，以便于针对问题提出调控策略。五是解析万泉河流域的空间结构和空间分布特征。从"斑块、廊道、基质"层面对各景观类型进行分类，分析景观空间结构特征，找出景观空间结构存在的缺陷，为研究区景观空间结构的调控提供基础。六是提出万泉河流域土地景观格局的调控策略。根据万泉河流域景观格局分析结果，针对问题结合景观生态学等理论知识对景观格局进行调控，分别从景观要素、整体景观结构、功能结构方面以及结合国土空间规划来进行景观格局的优化（见图2-9）。

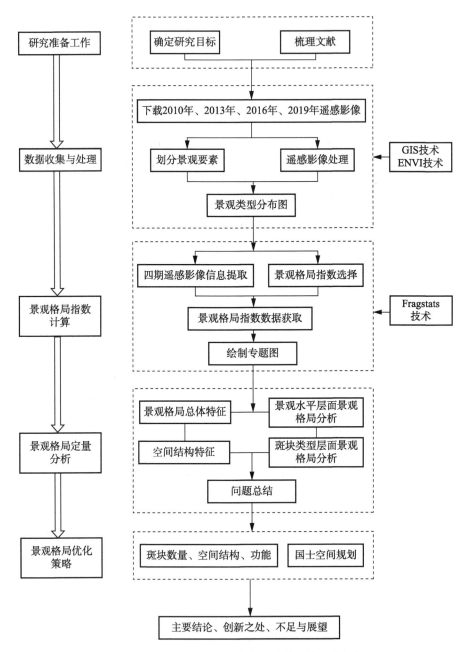

图2-9 万泉河流域开放空间系统的调控研究框架

三、方法论

开放空间系统的调控是理论探索与实证研究高度综合的科研实践，方法论体系的建立包括研究路径、研究方法、模型设计、关键技术等四个方面。开放空间系统的调控是遵循文献述评、推理归纳、定性与定量结合等研究路径，合理运用城市空间扩展分析与评价方法、景观格局分析方法、城市设计与景观生态规划方法等多种基本研究方法，科学设计 OSCE 理论模型、绿心组团模型、网络组团模型、开放空间系统评价模型、Huff 模型、系统动力学模型、最小累积阻力模型等多个定性与定量研究模型，以地理信息技术、遥感信息技术、空间句法技术等多项关键技术为定量支撑平台，循序渐进的研究过程。

（一）开放空间系统调控的研究路径

1. 文献述评

调控是在分析、评价研究对象现状的基础上逐渐深化的过程，也将随着分析、评价工作的逐步开展而不断深入，对以往同类或相似的科研成果的剖析是调控工作开展的必要前提。广泛收集、浏览国内外地理学、生态学、建筑学、城乡规划学等诸多学科领域有关开放空间、土地景观、区域生态发展研究的历史资料和最新成果；通过大量阅读已有的研究资料，梳理学者们的研究思路和学术观点，了解该研究领域的初始发端、发展过程、演进脉络和研究走向，充实对开放空间研究的认识、知识储备，掌握主流学派的学术主张；分析最新的研究进展和学术见解，总结城市开放空间系统研究的新思想、新趋势、新技术以及现存的主要欠缺和薄弱之处……在客观评价同领域内论文、论著等学术成果的基础上，为将要开展的调控寻找出发点、立足点、突破口和落脚点，并为未来的后续研究提供有参考价值的研究成果和科研积累。

2. 推理归纳

推理是由一个或几个已知的判断推出一个未知的结论的思维过程，归纳方法则是建立在从特殊到一般的推理基础上（刘大椿，2000），是从客观世界的个别现象出发，寻求概括事物发展一般定律的步骤。开放空间系统的调控是为了实现城市、区域或流域的生态化建设，达到可持续发展状态的目的。运用推理归纳方法开展的调控，首先要选择最恰当的基本概念，并把各种现象加以妥善分类，使其适用于归纳的运用；其次要制定一个临时的"定律"，作为工作假说，再以进一步的观察及实验加以检验，以期得到合理的最后结论。调控从分析现有中外生态城市建设与规划设计的案例入手，结合已有的或相近的城市开放空间的调控实例，以区域—城市可持续发展理论作为调控的思想指导，建构开放空间系统的概念体系；将开放空间系统内部的诸多组成要素纳入一个统一的体系之中，设计合理的系统结构，以调节、改善系统整体功能为评价准则，探索开放空间系统的调控原则和适用的设计方法；通过开放空间系统结构的调整，协调开放空间系统的空间布局结构，通过开放空间系统功能的调控，提升整个生态系统的总体功效，进而达到区域的生态化建设，逐步实现可持续发展的目标。

3. 定性与定量相结合

定性研究与定量分析是分析事物或现象截然不同的两种方法，定性方法着重探索事物发展的脉络和结构，关键在于把握研究的逻辑运行线索；定量方法则侧重于数据分析对研究过程和结论的有力支撑，强调数据的真实性、可信度，算法和模型的有效性、适用性。定性分析与定量评价相结合是客观剖析事物或现象本质的必要手段，也是搞清研究对象或问题来龙去脉不可或缺的解决过程。开放空间系统的分析与调控当中，一是采用定性分析方法研究洛阳市区在城镇化进程中的空间结构形态的演变特征，剖析城市空间结构的未来演变趋势；二是采用统计分析、异速生长模型等定量方法考察快速城镇化进程中市区人口集聚及用地转变两者之间的关系，并判断其增长的合理性与发展过程的适宜性；三是采用地理信息系统（GIS）技术结合模型的定量方法分析、评测洛阳市区开放空间系统的整体空间格局及各要素系统的构成现状，以及更大区域（市域、流域）国土空间的土地景观敏感度和适宜度，剖析其景观的结构、功能和动态过程；四是依托遥感影像处理技术（ERDAS 8.6）、地理信息系统平台（ArcGIS10.2）、景观格局分析软件（Fragstats 3.3）、计算机辅助设计（AutoCAD）等多项关键性技术实现洛阳中心城区、三亚市域和海南万泉河流域的调控成果展示。定性解析开放空间系统的特征和存在的问题，提出调控的理论基础和方法论，依据制定好的技术路线进行具体案例区的实证研究工作；通过分析、评价等定量环节，设计调控实施方案，对比实施调控措施前后的不同结果，用阶段性的反馈结果指导编制适用的调控执行准则，适度调整调控的研究体系。推理判断研究区空间结构演变及人口集聚与用地变化作用机理时需要进行定性分析，定性分析为定量分析提供研究的思维脉络和进展方向，定量分析结果是调整定性措施的依托，是定性分析的数据支撑和深化依据，二者相互结合才能真正实现研究的科学性。

（二）开放空间系统调控的基本方法

1. 景观格局分析方法

景观格局分析软件是由美国俄勒冈州立大学森林科学系开发的一个计算景观指标的软件，是一个定量分析景观结构组成和空间格局的计算机程序，能够计算包括景观面积（CA）、密度（PD）大小及差异、边缘、形状、核心斑块、最近邻结构（MNN）、多样性结构（PR）、聚集与分散结构（AI）等多项景观格局指标的数值，支持自动生成斑块水平（Patch Metrics）、斑块类型水平（Class Metrics）和景观水平（Landscape Metrics）等三个层次上的一系列景观格局指数（Naveh Z. & Liberman A.，1993；邬建国，2000；肖笃宁、李秀珍等，2003；李秀珍等，2004；余新晓等，2006）。景观格局是由自然或人为形成的一系列大小、形状各异，排列不同的景观要素共同作用的结果，是各种复杂的物理、生物和社会因子相互作用的结果，也是所产生的一定区域生态环境体系的综合反映，其嵌块体的类型、形状、大小、数量和空间组合是各种干扰因素长期相互作用的结果，同时影响着区域空间景观内物种的丰富度、分布、种群的生存能力及抗干扰能力，影响到景观的生态过程和边缘效应。在研究开放空间系统的过程中，需要借助 ENVI 软件平台对研究对象的 RS 遥感影像进行土地利用识别，结合 GIS 的应用将识别结果转换为 Fragstas 能够识别的栅格用地景观类型图，用以从斑块、斑块类型和景观水平三个层面的景观格局指数计算，提取出城市、市域、流域等不同空间层次范围内的土地景观格局指数和确定研究区开放空间系统的总体格局特征以及不同类型要素系统内部格局的变化情况，从而用来评判开放空间系统内部的景观结构、功能和动态过程。获取开放空间系统中各要素结构的组成特征和空间配置关系信息，系统性地揭示斑块、廊道及基质的生态状况及空间变异特征，为调控开放空间系统的结构提供指导，并最终服务于实现系统功能优化的研究目标。

2. 城市设计与景观生态规划方法

城市设计与城市景观生态规划相结合的研究方法，是科学实践城市开放空间系统调控的必然，贯穿调控的模式设计、方案选择、措施执行等全过程。城市设计有很多流派，赫德森（Hudson）将常用的设计流派归纳为大纲式（Synopic）、递增式（Incremental）、交易式（Transactive）、赞同式（Advocacy）、理性式（Radical）等五种，马库斯和马韦尔（Markus and Maver）认为城市设计的方法是一个反复使用包含分析、合成、评价和决策等四个环节的过程（拉斐尔·奎斯塔等，2006）。景观生态规划（Landscape Ecological Planning）是指运用景观生态学原理，以区域景观生态系统整体调控为基本目标，在景观生态分析、综合和评价的基础上，建立区域景观生态系统调控利用的空间结构和模式（俞孔坚，1998；肖笃宁等，2001；肖笃宁等，2003；王云才，2007；骆天庆等，2008）。城市景观生态规划的原理和方法是城市开放空间系统调控设计的总体指导，全局把控城市—区域尺度上的城市开放空间系统的合理、健康构建，协调城市与其腹地的关系，将为最终建立一个结构合理、功能完善、可持续发展的城市生态系统掌舵；城市设计方法的科学、恰当运用，决定了开放空间系统调控方案的设计和落实，是调控实践成败的关键，两种研究方法的完美结合，是城市开放空间系统调控的必需。在可持续发展的框架下，优先考虑市区环境因素的影响，灵活运用各流派的城市设计手法，按照保持高质量的城市生态环境和稳定的城市生态系统的宗旨践行城市开放空间系统的调控设计，才能建立结构合理、功能完善，同时亦使人们感到愉悦舒畅的城市生活环境。

（三）开放空间系统调控的模型

1. OSCE 理论优化模型

OSCE 理论优化模型是在城市开放空间系统调控的基本框架下，综合考虑城市的发展现状、未来的发展趋势、城市现存的空间结构、市区的用地条件等多方面因素，以结构协调、功能高效为主旨，强调突出特色、效益同步、职能更新、集约经营等开放空间系统调控的关键性目标，将空间布局结构、圈层关系影响、要素系统功能等诸多因素的初始状态、调整过程、作用结果纳入统一体系的理论优化模型。在 OSCE 理论优化模型中，O 代表系统的优化结果，S 代表城市的空间结构，C 代表开放空间系统内部的圈层结构，E 代表不同类型的开放空间要素组成的要素系统。OSCE 理论优化模型的表达式为：

$$R_0 = f(S, C, E, t) + \varepsilon \qquad (2-1)$$

式中，R_0 为城市开放空间系统调控结果的因变量集合，S 为表征空间布局结构的自变量集，C 为反映圈层关系影响的自变量集，E 为表现要素系统功能的自变量集，t 为时间变量，ε 为处理开放空间系统不同随机误差而设置的调控预警的自变量集。其中：①空间布局结构自变量集 $S = f(s, t)$，代表不同时期的城市空间结构调整产生的相应作用结果；②圈层关系影响自变量集 $C = f(c, t)$，表示不同圈层内部和各个圈层之间的开放空间要素的空间关联关系随时间变化的响应；③要素自变量集 $E=f(e，t)$，表征绿色、灰色、蓝色等不同类型的要素系统内部的开放空间要素随时间变化的效应。

城市开放空间系统的调控始于系统的空间布局结构调整，空间布局结构自变量集 $S=f(s_1，s_2，s_3，t)$，包括了城市空间的静态布局、动态扩展、功能定位等三方面调控内容，是多个要素变量共同组成的集合体；空间布局结构的调控将为开放空间系统建立合理的总体空间框架，理顺城市地域内各功能分区之间的空间关系，为圈层一体化调控和要素系统调控奠定坚实的空间基础。圈层一体化调控是开放空间系统调控的核心环节，圈层关系影响自变量集 $C=f(c_1，c_2，t)$，涵盖了外围圈层、主体圈层、内里圈层等三个圈层内部以及不同圈层之间的多层次协调关系，是若干因素相互作用的结果；圈层一体化调控将构建城市开放空间系统内部多途径、多渠道的空间连接通道，确立市区各个圈层内部以及不同圈层之间的空间关联结构，为系统生态调控功能的高效发挥提供支持。要素系统的结构和功能优化是实现开放空间系统整体调控的基石，是调控的关键环节，反映要素系统功能的自变量集 $E=f(e_1，e_2，e_3，t)$，包含了绿色、灰色、蓝色等各类开放空间的要素系统内部及系统之间的协同，是多方面因素相互影响的产物；要素子系统的调控将改善开放空间系统网络体系的连接关系，促进要素与要素、要素与子系统、子系统与子系统之间的沟通融合，从最基本的底层出发，切实提升开放空间系统的整体功效。

2. 绿心组团模型

绿心组团模型，是调控城市内部空间结构的模型之一，是在综合分析市区自然环境条件、市内用地条件和社会发展条件的前提下，根据不同城市独特的自然生态环境特点，充分利用市区现有的园林绿地（公园绿地、开放绿地、森林公园、遗址保护地、湿地）设施，在城市中心区适宜位置合理开发建设一块面积较大的永久性绿地或绿地结合自然水体的复合型景观作为城市的绿心，城市开放空间系统的调控将围绕城市绿心呈环状结合放射状进行组织建设（见图2-10）。这种模型一般适于城市市区自然条件优越、开放空间要素丰富、内部用地紧凑度不高的城市。

绿心组团模型，采用大面积绿地（即绿心）取代原有城市中心区拥挤、密集、嘈杂的建设用地，构筑城市开放空间系统的核心生命体，并通过城市中心区用地置换的方式改变城市原有的市区空间布局方式，确定开放空间系统的空间布局为"绿心+环形+放射"的结构形式。在城市现有各行政区、功能组团内适度建设规模较大、低一级层次的区级绿心，城市绿心与低一级的

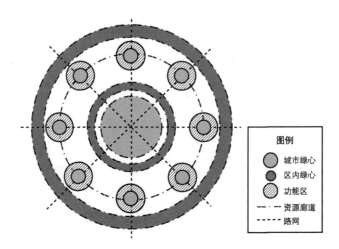

图例

城市绿心
区内绿心
功能区
--- 资源廊道
····· 路网

图 2-10　城市开放空间系统调控的绿心组团模型

区级绿心之间依托市区道路网络实现放射式连接，完成市区开放空间系统网络的基本构建，保证系统内部物质与能量交换及流动的顺畅；城市绿心外围构建一定宽度的绿地或绿地结合水体的环绕型资源廊道，巧妙地连接城市核心区黄金地段的小面积附属绿地、开放绿地、社区广场或小型水景，建立完善、通畅的内里圈层开放空间体系；各个区级绿心之间有赖于自然或人工的绿网、水系实现环状连接，构筑利于发挥系统生态功能、景观功能、调控功能等的主体圈层开放空间体系，基本保障市区的生态环境质量；在现有的城市各行政区、功能组团之间依托道路网络，在保证交通不受影响的前提下，拓宽、新增行道树、绿化带，建构人工水网等资源性廊道，充分发挥市区开放空间的调控功能，保证外围良好的自然环境与人工环境之间的协调平衡；建成区外围与市区之间地带，大力建设以防护绿地为主体的市区绿地体系，疏浚、改道河流、沟渠等自然、人工水体设施，建立绿地结合水体的复合型的外围圈层开放空间系统，切实改善城市人居环境质量。

3. 网络组团模型

网络组团模型，是调控城市内部空间结构的第二种模型。是在已有城市发展条件下，综合分析市区用地条件和社会经济发展条件，依托现有城市道路网络与各行政分区、功能组团的空间布局结构展开的开放空间系统调控模型。通过在城市各行政区、功能组团内的道路网络节点位置上建设较小规模的园林、绿地、广场、水景等设施作为区级城市绿心，构建网络化、相对均衡发展的城市开放空间系统（见图 2-11）。这种模型适用于市区开放空间要素单一、用地紧张、内部紧凑度较高的城市。

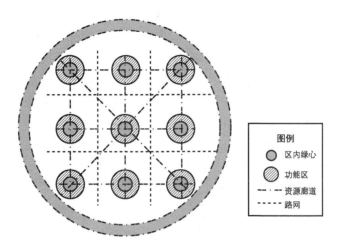

图2-11　城市开放空间系统调控的网络组团模型

图例
- ⊙ 区内绿心
- ⊘ 功能区
- – – 资源廊道
- ⋯⋯ 路网

网络组团模型，开放空间系统的调控将较大程度地依赖城市现有的道路网络等灰色开放空间要素的布置展开，市区空间布局结构的调整以及开放空间系统的生态功能、调控功能、景观功能等多种功能的发挥主要依靠区级绿心与资源性廊道的复合作用完成，开放空间系统内的物质与能量流动有赖于各行政区、功能组团之间的道路网络建设和资源性廊道的完善。采用网络组团模型进行的市区开放空间系统调控，由于城市各行政分区、功能组团之间的发展原已相对均衡，没有绝对的发展中心，城市内部空间的形态结构多呈条带形，其功能组织效应主要依赖于市区道路网络的运行效率，其调控的重点应放在资源性廊道的建设、区级绿心形式的科学设计、资源性廊道的通达度提高等若干方面。在现有的城市中心构建绿地结合水体的复合型绿心景观，统一规划建立结构完善、功能全面的内里圈层开放空间体系；依托发达的市区对内道路网络，组织绿地结合人工水系的资源性廊道，由市中心高密度地出发，逐级向市区外围拓展建设各种类型的开放空间要素，构筑功能强大的主体圈层开放空间体系，保障市区生态环境的良好质量；充分利用建成区与市区之间尚未开发的大量闲置用地，大规模、多层次地建设市区防护绿地体系，形成完整的外围圈层开放空间结构，给予市区居住环境最大限度的生态"给养"，尽可能弥补内里圈层、主体圈层开放空间要素数量较少、面积较小、结构缺失等方面的遗憾。

4. 开放空间系统评价模型

　　开放空间系统的评价模型是由多个系统评价指数模型共同组成的一组指数模型包的总称，它包括开放空间系统的结构均衡性指数测度模型、绿地系统生态服务功能格局测度模型、廊道度量指标测度模型、蓝色开放空间系统生态服务功能的当量测度模型等。①结构均衡性指数测度模型。它是均匀度指数（E）和均匀比指数（ER）等两项指标的组合，用来综合衡量城市开放空间系统的总体格局现状，使用多项指标组合的方式，将尽量避免单一指标带来的误差。②绿地系统生态服务功能格局测度模型。它由绿地均匀度指数 E^*，结合多边形综合指标法共同完成对城市绿地系统的生态服务功能的测度（王如松，2004）。③廊道度量指标测度模型。它由测度网络体系结构特征的连接度和环度等两个指标组成（肖笃宁，2003），实现对市区道路网络结构连接度的测度，借此来综合考察城市道路网络的复杂程度。④蓝色开放空间系统生态服务功能的当量测度模型。它是借鉴生态足迹的算法思路，将水资源占用、水环境净化、水生境保育等多个指标的生态功能折算成相应的水当量（王如松，2004），并以此作为蓝色开放空间系统生态服务功能的评测依据。

5. Huff 模型

Huff 模型是广泛应用于商业地理学领域的城市商业区分割的一个随机重力学模型，于 1963 年由戴维·哈夫（Huff D.）创立。该模型是一个将城市地域空间内部复杂的道路交通网络系统考虑在内的随机重力学模型，它充分考虑了城市服务设施的供应能力与市区居民的实际需求之间的关系和影响，能较为客观地反映出某一项服务设施的空间可达性以及居民的空间行为特征。应用 Huff 模型作为洛阳市区绿地系统区位配置的分析工具，通过计算反映市区绿地服务设施的吸引力、服务供应能力、居民对绿地设施的需求等指标，从供需关系角度出发，建立现有市区绿地系统供应能力与居民实际需求的供需关系模型；并从供应、需求等两个方面评价现有绿地设施的供应能力与市区居民的实际需求之间的协调度，为绿色开放空间系统的调控设计提供依据；提出有针对性的优化措施，输入已建立的绿地系统—居民需求的供需服务关系模型，通过分阶段的结果反馈，验证不同优化措施的可行性，并确定最终的调控实施方案。

6. 系统动力学模型

系统动力学（System Dynamics, SD）是以系统论为基础的一种专门用于研究和解决复杂动态反馈性系统问题的仿真方法。主要吸收了信息论、控制论、系统论等的精髓，通过结构—功能分析和信息反馈分析，结合计算机模拟技术的应用，有"战略与策略实验室"之称（蔡林，2008）。系统动力学是以系统论为基础，以调整系统结构、优化发展政策为目的，探索多种变量与政策因素、外部条件等变化对系统行为特性的影响，借助计算机技术构建仿真系统模型，进而来模拟和分析复杂现实问题的综合性动态发展趋势。从系统论的观点来讲，SD 模型构建是由若干单个基本系统单元和系统结构构成。其中，系统是以实现特定功能为目标，由相互作用和区别的若干基本单元相组合形成的系统性结合体。系统结构由若干基本单元之间的相互关系决定，在构建系统动力学模型时重点强调各个基本单元之间的反馈关系、因果关系等，从而达到洞悉系统基本结构和探究长期行为变化特征的根本目的。

系统动力学从系统方法论层面来讲集合了结构、功能和过程演进的方法。详细地讲其主要有五个基本特征：①SD 是一种综合性较强的研究方法。系统动力学可以进行宏观、微观层次上的复杂多次、多部门大系统综合性研究，集合处理社会、经济、生态、资源等方面的高阶次、多变量、高度非线性、多重反馈等复杂变化的开放性系统问题。②SD 以开放系统为主要研究对象。系统动力学强调系统的观点，系统内部的动态结构和反馈机制由开放系统的行为模式和系统特征为主导，以系统极为开放的特征来反映联系、发展、运动等方面的关系。③SD 采用定性与定量相结合的研究思路。系统动力学模型是"结构与功能"的模拟，其过程充分采用了系统思考、分析、综合、推理等定性分析方法和定量分析方法。④SD 具有一套标准规范的建模流程。系统动力学的模型构建有一套相对标准的建模方法，便于在处理复杂问题时有清晰的沟通思想，能够将复杂的系统问题追索出来，尽可能降低人的言辞含糊、情绪偏颇和直观差错。⑤SD 是一个综合性极强的结构模型。系统动力学在建模过程中，结构模型所涉及的专家、决策者、实际运营管理者等三方的数据、资料、经验等信息实行共享原则，并对信息进行相互吸取和融汇，具有综合性强、结构清晰等特征。

（四）开放空间系统调控的关键技术

1. 地理信息系统技术

地理信息系统（Geographic Information System，GIS）是一种采集、存储、管理、分析、显示与应用地理信息的计算机系统，是分析和处理海量地理数据的通用技术（陈述彭、鲁学军、周成虎，1999）。地理信息系统技术是目前进行空间数据分析和管理最有效、功能最强大的技术支撑和软件平台。开放空间系统调控中的地理信息系统技术主要是用来实现对空间数据的管理和分析，这里的空间数据指不同来源和方式的遥感和非遥感手段所获取的数据（肖笃宁等，2003）。基于 ArcGIS10.2.2 的软件平台进行各种类型数据的输入、编辑、整理、查询、存储，完成研究案例区的地图矢量化；运用内嵌的空间分析（Spatial Analyst Tools）、网络分析（Network Analyst Tools）、栅格分析（Raster analysis）等模块功能，结合 GIS 缓冲区分析、最短路径分析、网络分析、最小累积阻力分析等常用的地理空间分析方法，实现对各层次开放空间系统总体格局和要素系统内部的空间布局结构进行分析，作为下一步系统评价、调控设计的数据基础。基于 ArcGIS10.2.2 软件平台的地理信息系统技术，是进行所有地理空间数据分析的支撑平台，在开放空间系统的分析、评价及调控等不同阶段，分别结合遥感（RS）技术、景观格局分析（Landscape Pattern Analysis）、Huff 模型及空间句法等定量手段，从城市、市域、流域三个层面完成各种类型要素系统内不同需求的空间数据分析，实现开放空间系统的景观格局指数计算、系统结构与功能评测等多项研究。

2. 遥感信息技术

遥感（Remote Sensing，RS）是指在不直接接触研究目标或现象的情况下，利用记录装置观测或获取目标或现象的某些特征信息（Jensen J.，2007），是一种通过任何不接触被观测物体的手段来获取信息的过程和方法。利用遥感技术进行城市空间结构扩展和城市景观格局变化的监测，有赖于遥感信息可以避免研究者对研究对象的直接干扰，同时也由于遥感数据的多尺度性以及空间数据所包含的信息与地理位置的对应性等诸多优点。其中，遥感数据解译是研究区域土地系统的景观要素分类的重要基础，所采用的遥感数据通过 ENVI 5. X 软件平台的应用，可以对原始卫星遥感数据进行辐射校正、几何校正和图像增强，进而采用图像监督分类解译出土地景观类型的空间分布图，其解译结果结合 ArcGIS 和 Fragastas 4.2 的应用，可用以解析不同研究时段内的土地利用动态变化、土地系统内部空间结构变化和开放空间系统的总体格局变化等情况的检测。因此，RS 遥感图像解译在开放空间系统的空间特征分析中具有重要的奠基作用，其图像解译的准确性决定分析成果的准确性。

3. 空间句法技术

空间句法（Space Syntax）于 20 世纪 70 年代末由比尔·希列尔（Hillier B.）及其领导的小组首次提出并使用（Hillier B. & Hansen J.，1984）。空间句法是一种通过对包括建筑、聚落、城市甚至景观在内的人居空间结构的量化描述，来研究空间组织与人类社会之间关系的理论和方法（Bafna，2003）。学者们运用空间句法结合图论的方法，对空间通达性、空间网络格局特征、空间结构与人类活动间的关系等进行了一系列研究，成果被用于城市诸多方面的分析中，如城市交通文明、城市空间与社会文化间的联系、城市土地利用密度等。

空间句法技术在洛阳市区开放空间系统分析与调控中的应用，主要表现在灰色开放空间系统中，对现状道路网络合理性的分析和交通组织效应的评价。借助Arcview 3.2 中 Axwoman 3.0 模块提供的轴线图分析功能，解析洛阳市区现状道路网络系统的布局特征、适用性和合理性，预测市区道路的未来发展趋势，以改善城市内部交通网络通达性、疏导现存的交通压力、解决严重的交通矛盾现象为首要目的，为灰色开放空间系统的调控提供有力指导。

4. 系统动力学仿真技术

系统动力学是一种集结构的方法、功能的方法和历史的方法为一体的数据动态模型，能够较为精准地对近远期的动态发展趋势进行验证、模拟和预测。研究可以通过包含了人口、经济、社会、资源和环境等 5 大子系统的仿真数据模型系统构建，实现对城市可持续发展的发展趋势和发展调控进行模拟，进而为城市土地景观生态效应的充分发挥提供可持续发展策略引导。系统动力学在方法上打破了传统功能模拟法（黑箱模拟法）的局限性，以计算机模拟技术为支撑，结合定性分析与定量分析从系统结构和功能入手模拟和分析系统的动态行为特征和发展趋势（蔡林，2008）。依据系统的性质和特征，在构建 SD 仿真模型时要严格遵循模型建构的基本原则（见表 2-1）和建模流程。

表 2-1　系统动力学仿真模型构建的基本原则

基本原则	确定该原则的原因
系统因果关系原则	因果关系环将系统各部分组合成矛盾统一体
结构决定功能原则	系统的结构是功能的基础，功能在一定条件下反作用于结构
信息反馈原则	反馈回路的特性和连接方式决定系统的行为，它是构成系统的基本结构，反馈结构是导致事物随时间变化的根源
主导结构原则	（系统主要回路所构成的）主导结构决定系统行为的性质和发展变化
参变量敏感性原则	敏感性参变量决定系统反馈回路的极性变化或回路转移
动态定义问题原则	强调用随时间变化的变量图来描述研究对象的发展趋势与轮廓
系统行为与结构互动原则	系统是结构与行为的统一，系统行为是系统整体结构的行为
系统行为反直观性原则	系统的多重反馈性结构需要在足够长的时间跨度内进行考察才能揭示出系统行为的真实性
系统抗干扰性原则	敏感性参数和结构决定系统调控的有效性
系统的同构与相似性原则	结构如同构，功能则相似

基于模型建构基本原则，在构建系统动力学模型时要遵从"提出问题→参

考行为模式分析→提出假设建立模型→模型模拟"的模型构建流程。一是通过任务调研、问题定义、划定边界进行系统分析，明确研究任务的目标。二是通过结构反馈信息确定回路及回路之间的反馈耦合关系，准确处理系统信息和把握系统结构。三是确定系统中状态、速率、辅助变量，建立方程并赋值，完成定量规范模型的构建。四是调试和检验模型的仿真效果，修正模型，丰富并完善模型的构造，并最终用于政策分析与模型使用的实践（见图 2-12、图 2-13）（荣绍辉，2009）。

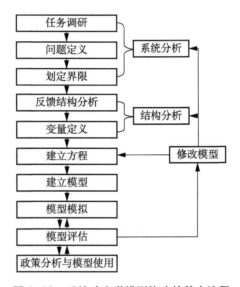

图 2-12 系统动力学模型构建的基本流程

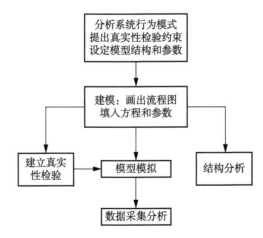

图 2-13 Vensim PLE 软件处理问题的一般过程

5. IDRISI 土地景观模拟技术

土地景观的利用方式改变是地区发展的象征，为了明确未来土地景观的发展趋势和提取海绵体的空间分布趋势，研究要进行土地景观模拟。因此，研究所采用的 IDRISI 土地景观演变模型可以弥补系统动力学模型不能模拟图示化结果的缺点，为土地景观类型的空间分布趋势分析提供了科学有效的技术手段。

IDRISI Selva 是一款集地理信息系统和图像处理功能为一体的应用系统，具有清楚显示、处理和分析各种数字化信息等功能。其自带的 CA-Markov 模型所具有的土地利用变化分析功能既可实现土地利用变化的空间分布预测和数量变化预测，也可用于土地利用监测和管理，为了准确获得土地利用转移矩阵和土地利用变化演变适宜性概率图集，研究特采用了 IDRISI Selva 系统中的 Markov 模块来增强 CA-Markov 模型的可行性（见图 2-14）。

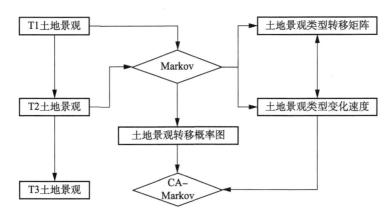

图 2-14　CA-Markov 模型引导的土地景观分布模拟原理

三亚市域土地景观类型分布模拟以 2001 年、2010 年和 2018 年的类型实际分布图为基础，同步三亚市可持续发展系统动力学模拟时间，基于现状发展水平分别完成三亚市 2018 年、2020 年、2022 年、2024 年、2026 年和 2028 年等六个年份的土地景观分布图。其具体步骤如下：①准备底图。提取三亚市 2001 年、2010 年和 2018 年三个年份的实际土地景观分布图，要具有相同空间范围和空间分辨率，保障模拟原始数据的精准性。②转换数据。IDRISI Selva 模型的应用需要特定的数据格式，其自带的数据转换工具能够将准备好的栅格数据转换成自己所识别的 rst 文本格式，其实质是将栅格图的空间数据转换成可计算的文本数据。③制定转换矩阵。由于地区发展主要受人口、经济、社会、资源和环境等因素共同影响，且这些影响的结果是土地转换的根本原因，因此，土地转换过程也是这些影响因素作用地区发展的结果。为了减少人为因子对统计年鉴的影响，降低人为影响结果，研究直接采用模拟底图进行马尔科夫转换矩阵制定。④进行模拟。土地景观在进行模拟时设定了 5×5 的冯诺依曼形状，这为 CA-Markov 模块的使用提供了更加科学的依据。

第三章
城市区开放空间系统的调控实践

一、研究区选择与发展概述

（一）市域自然环境概况

洛阳市位于黄河中下游，地处东经 110°08′至 112°59′，北纬 33°35′至 35°05′之间，东邻郑州、平顶山，西接三门峡，北跨黄河与焦作、济源接壤，南以伏牛山脊为界与南阳相连，东西长约 170.3 千米，南北宽约 166.5 千米。有宛叶之饶，"河山拱戴，形势甲于天下"，有"四面环山六水并流、八关都邑、十省通衢"之称。洛阳市域总面积 15208.6 平方千米，境内山川丘陵交错，地形复杂多样，属暖温带大陆性半湿润季风气候区，四季分明，大陆性气候较明显，年平均气温 12~14.6℃，年降水量 528.7~839.6 毫米，年蒸发量在 1432.1~1887.6 毫米。境内干支流及河渠密布，在秦岭主要分支脉之间都有相对独立的水系分布，山脉和水系一般相间排列；全市多年水资源总量 28.05 亿立方米，地表水资源空间分布不均，南多北少，年际变化大，年内分配不均，地下水主要是水质良好的重碳酸型低矿化淡水。此外，市域内土壤类型复杂多样，矿产蕴藏量丰富，种类齐全，动植物资源丰富，植物种类繁多，以农作物、工业原料、药材、木本油料植物为主，空间分布有较为明显的垂直变化（见图 3-1）。

（二）市域人文社会基础

洛阳市是国务院首批公布的历史文化名城和中国七大古都之一，位于河南省西部，亚欧大陆桥东段，横跨黄河中游两岸，因地处洛河之阳而得名，"居天下之中"素有"九州腹地"之称，是华夏文明的重要发祥地之一。2008 年，洛阳市辖偃师市、孟津、新安、洛宁、宜阳、伊川、嵩县、栾川、汝阳等一市八县和涧西、西工、老城、瀍河、洛龙、吉利等六个城市区，建成区面积 163.95 平方千米。洛阳市经济实力位居全省第二、中西部第七，

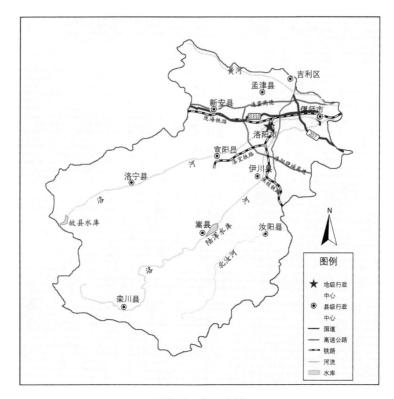

图3-1 洛阳市域

2008年全市生产总值达1919.64亿元,人均生产总值达30084元,三次产业结构比例为8.7∶61.1∶30.2。其中,工业是城市发展的主导力量,以一拖、中信重机、洛玻、洛钼等国家大中型工业企业集中而闻名,拥有机械电子、石油化工、冶金、建材、轻纺、食品等六大支柱产业;科技实力雄厚,有较为集中的科研院所,具有较强的高科技研发力量。基础设施建设方面,日臻完备、交通便利,陇海、焦枝、洛宜三条铁路交会于此,客货运输能力较强,仓储设施良好;境内公路交织成网,2008年实有道路长度507.8千米,道路面积1433万平方千米,国道310线、311线、207线穿城而过,通往三门峡—郑州—开封、济源—平顶山等的高速公路全线贯通;民用机场是国内净空条件最好的二级机场,设施完善(见图3-2)。

洛阳市是中原城市群的次中心、省域副中心城市,是中原城市群的科研开发基地、先进的制造业基地、能源与原材料基地、中西部区域交通物流枢纽,是国家园林城市、国家卫生城市、中国优秀旅游城市、中国十大最佳魅力城市之一,地理位置重要,自然禀赋优越,历史悠长久远,人文要素丰富,经济结构独特,极具鲜明特色和典型意义。

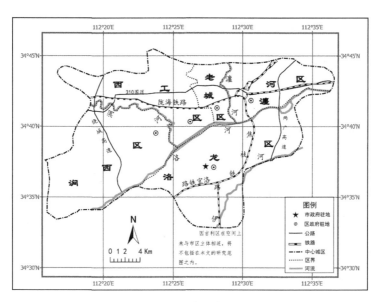

图3-2　洛阳市区

（三）市区开放空间特征

洛阳市区位于伊洛河盆地，面积544平方千米，开放空间面积占60%以上，分布广泛、无处不在。洛阳市内的开放空间构成要素丰富、组成结构复杂，北部邙山、南面龙门山、西面秦岭—周山、东边首阳山是市区的天然屏障，涧河、瀍河、洛河、伊河等四条河流蜿蜒市内，陇海铁路及310国道自西向东横穿市区，焦枝铁路及洛宜铁路自北向南纵贯城中。宏观洛阳市区可以发现，在建成区与近郊区的大环境平台上，有六条由河流、铁路、山林等构成的开放空间带（见图3-3），组成了市区开放空间系统网络化结构的第一层次，这是洛阳市区别于其他城市的最明显的环境特征，也是洛阳建设生态城市、实现城市可持续发展最为宝贵的"天赋资源"（Wang F. Z. & Wang S. N.，2007；王发曾，2008）。城市核心的建成区内，由市区道路交通网络、绿化带及古代遗存等组成了开放空间系统网络化结构的第二层次。建成区的环城绿带、老城区护城河滨河绿带、"棋盘+放射式"的道路交通网络、洛河滨河绿地及隋唐城遗址植物园等楔形绿地共同构成了市区开放空间系统内核的环形圈层—镶嵌式格局，洛河上自西向东架设的五座桥梁，实现并加强了以洛河为轴线的南北城区的贯通与融合。

市区开放空间不同层次的空间组成结构，决定了洛阳市生态城市建设的总体空间格局。第一层次的六条开放空间带是洛阳市组织生态城市建设的空

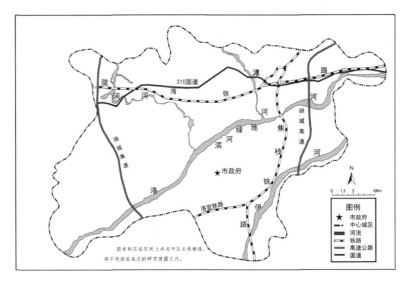

图 3-3　洛阳市区的开放空间格局

间网络格局骨架，通过依自然大势展开的人工规划、设计与营建，形成由天然的开放空间网络隔离而成的城市组团或建设条带。各城市组团、建设条带处于天然水域、沟渠及绿地等开放空间要素的环绕之中，彼此之间通过快速干道联系，既能规范组团、条带的开发建设行为，为各建成地块提供优良的生态环境基础，也能使涧瀍洛伊诸河、邙山、秦岭—周山、龙门、东周王城、隋唐城遗址等自然屏障得到保护利用，更使整个市区各类开放空间形成了一张息息相通的"网络系统"。第二层次的开放空间要素是洛阳市生态城市建设的脉络，建成区内的绿地、道路及水体的空间格局和配置关系，影响着城市生态系统的结构组织和功能发挥，决定了城市生态环境的质量，是城市可持续发展的"试金石"。不同层次开放空间的协同有序，将使自然景观和人文景观、历史遗存和现代文明、开放空间和非开放空间，在洛阳市区生态城市的空间组织框架中得到最完美的组合。

二、洛阳市区开放空间系统的分析与调控

（一）市区开放空间系统的分析

1. 要素分类与分析方法

城市开放空间系统是城市生态系统的人工物质环境的重要组成部分，由

绿色、灰色、蓝色等诸多要素系统共同构成。研究从城市开放空间的生态服务功能出发，结合我国的《城市绿地分类标准（CJJ/T85—2002）》（Standard for Classification of Urban Open Space）和《城市道路设计规范（CJJ37-90）》（Standard for Urban Road Design），构建了洛阳市区开放空间系统要素的分类体系（见表3-1）。此外，选择景观格局分析方法作为探讨洛阳市区开放空间系统的格局变化的基本研究方法，以RS和GIS等相关分析手段作为技术支撑，实现对洛阳市区开放空间系统不同时期、不同方向、不同梯度上的总体格局的变化监测。具体实施步骤如下（见图3-4）。

表3-1　洛阳市区开放空间系统要素的分类体系

开放空间要素系统	开放空间要素		功能与特征
	编码	名称	
洛阳市区开放空间系统	11	生产绿地	以经济功能为主，兼具生态、调控功能。为城市绿化提供苗木、花草、种子的苗圃、花圃、草圃等圃地
绿色开放空间（Ⅰ）	12	农林地	以经济功能为主，兼具生态、调控功能。包括耕地、园地、林地及牧草地等
	13	滨河绿地	以游憩功能为主，兼具生态、景观、调控功能。位于河、湖等附近的狭长形绿地
	14	公园绿地	向公众开放，以游憩功能为主，兼具生态、美化、景观、防灾等功能。包括综合公园、社区公园、专类公园等
	15	开放绿地	以游憩功能为主，兼具景观、生态功能。向公众开放，有一定游憩设施的公共绿地
	16	附属绿地	具有生态、景观功能。各类城市用地中的附属绿化用地，包括居住用地、公共设施用地、工业用地、仓储用地、对外交通用地、道路广场用地、市政设施用地和特殊用地中的绿地
灰色开放空间（Ⅱ）	21	广场	以游憩功能为主，兼具景观、防灾功能。向公众开放，有相应的服务设施，适合开展各类户外活动，植被覆盖率一般在30%以上
	22	道路	以通行服务功能为主，兼具生态、景观、防护功能。包括对外铁路公路交通，对内的主干路、次干路、支路等
蓝色开放空间（Ⅲ）	31	水体	以生态、调控功能为主，兼具减灾、防护功能。包括河流、湖泊、沟渠等
	32	滨水区	以游憩为主要目的，兼具生态、调控功能。向公众开放，有相应服务设施的水体景观

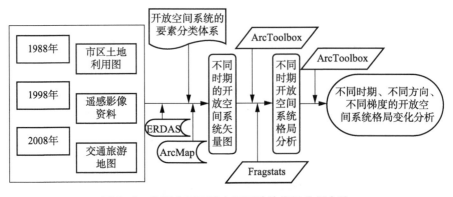

图 3-4　洛阳市区开放空间系统的格局分析方法

　　分别选取 1988 年、1998 年、2008 年三个时间点的洛阳市区土地利用图、洛阳市交通旅游地图、2006 年洛阳市区分辨率 1 米的遥感影像作为基础数据，基于 ERDAS IMAGINE 8.6 和 ArcGIS 9.3 软件平台，完成三个时期洛阳市区开放空间系统要素的矢量分布图（见图 3-5）。

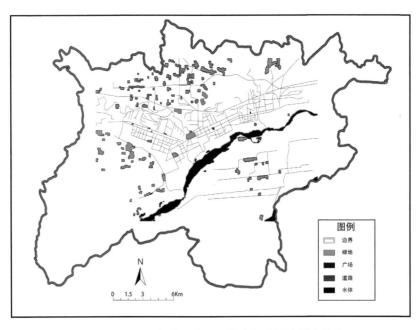

图 3-5a　1988 年洛阳市区开放空间系统的要素分布

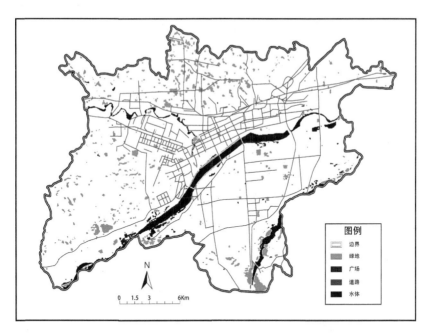

图 3-5b 1998 年洛阳市区开放空间系统的要素分布

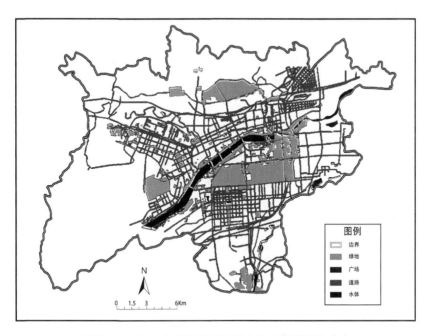

图 3-5c 2008 年洛阳市区开放空间系统的要素分布

基于 Fragstats 3.3 软件平台，以 ArcGIS 9.3 为技术支撑，采用景观格局分析方法，完成不同时期市区开放空间系统的总体格局变化的定量分析。

选取洛北城区的市级中心广场，即位于洛河以北西工行政区的东周王城广场作为市区中心点参照；基于 ArcGIS 9.3 软件平台，自市区中心点到市区边界，分别从八个方向上（以选定中心点为原点，与垂直方向 45°夹角为第一象限，之后按顺时针方向旋转，每 45°为一个象限）以及 1 千米间隔为采样区间（见图 3-6），进行开放空间系统在不同方向与不同梯度上的对比分析，完成不同时期的开放空间系统在不同方向与不同梯度上格局变化的定量分析。

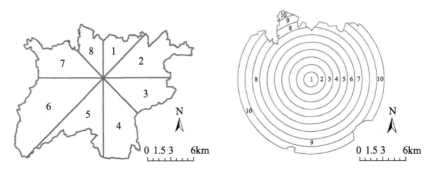

图 3-6　洛阳市区开放空间系统的 45°扇形方位和半径 1 千米的环形圈层

2. 不同时期的格局变化

（1）不同要素系统的构成变化。

经过 20 年（1988—2008 年）的发展建设，洛阳市区开放空间系统总体格局的变化趋势是：构成洛阳市区开放空间系统的各种类型要素的数量均有所增加（见表 3-2）。

表 3-2　1988—2008 年洛阳市区开放空间的面积变化　　　　　单位：hm²

年份	绿色开放空间（Ⅰ）						灰色开放空间（Ⅱ）		蓝色开放空间（Ⅲ）		合计
	11	12	13	14	15	16	21	22	31	32	
1988	814.67	3.89	0.00	53.87	0.00	0.00	15.41	311.13	990.98	227.80	2417.74
1998	1222.95	578.31	69.56	68.92	37.18	29.39	63.75	505.19	2049.03	709.89	5334.17
2008	115.77	166.52	633.38	2268.16	106.58	696.29	68.21	1994.22	1200.46	458.63	7708.23
1988—1998	408.28	574.42	69.56	15.05	37.18	29.39	48.35	194.06	1058.05	482.09	2916.43
小计	1133.88						242.41		1540.14		
1998—2008	-1107.17	-411.79	563.82	2199.24	69.40	666.90	4.46	1489.03	-848.57	-251.26	2374.06
小计	1980.40						1493.49		-1099.83		
1988—2008	-698.89	162.63	633.38	2214.29	106.58	696.29	52.80	1683.09	209.48	230.83	5290.48
小计	3114.28						1735.89		440.31		

注：开放空间要素编码与洛阳市区开放空间系统要素分类体系一致。

①绿色开放空间数量的增加居市区各类开放空间要素之首，农林地、滨河绿地、公园、开放绿地、附属绿地等各项绿地面积有所增加，其中公园面积的增加位列绿色开放空间系统内要素面积增加量的第一；但生产绿地的面积却大幅度减少，与城镇化进程中市区空间的环境建设对绿地类型和规模的需求基本一致，反映出在不同发展时期的城市建设伴随其功能的不断转变所做出的适应性调整。②灰色开放空间系统中的广场、道路面积均有所增加，其中道路面积的增加量是广场面积增加量的 30 余倍。快速城镇化进程中的人口聚集带来了市区居住用地面积的激增，同时也带动了与之相关的城市基础设施建设用地规模的迅速增加；20 多年来洛阳市区广场面积的增加量始终非常小，充分说明城市广场作为城市交通集散、居民交往游憩的主要场所，其建设严重滞后的问题。③蓝色开放空间系统中的河流、滨水区的面积均有所增加，但与其他开放空间要素面积的增加量相比，增加幅度较小，仅为市区绿色开放空间面积增量的 14.14%，灰色开放空间增量的 25.37%。建成区内部的水系工程建设明显落后，未能充分利用洛河、伊河、涧河、瀍河等四条河流贯通市区的有利条件，做好市区水系的连通融汇、有效增加水面面积、净化地表水水质、优化水环境，提升河流、滨水区等水体景观功能的建设工作。

（2）系统格局的阶段性变化。

纵观洛阳市区开放空间系统各种类型的要素系统 20 多年的变化情况，也并非稳步的上升趋势，而是呈现出较明显的阶段性特征。

1988—1998 年，洛阳市的城镇化水平处于平稳的缓慢增加阶段，市区人口增量不大，年均增加 2.5 万人，同期建成区却扩大了一倍多，且实现了在各个方向上向市区边界的渐进式蔓延拓展。绿色、灰色、蓝色等各类型要素系统的面积均有不同程度的增加，各要素系统内部的不同构成要素亦表现出相同的增加趋势。此阶段，蓝色开放空间系统的增量最大，主要是河道疏通、河面拓宽带来的河流、滨水区面积增加，同时，这一阶段的城市发展主要集中在洛河以北的旧城区，与洛河市区段的水体尚有一定的距离间隔，洛河周边（以洛河南岸为主）不断增加的水产养殖作业区也相应增加了市区内的滨水区面积。绿色开放空间系统内，面积增加最多的是农林地，其次为生产绿地，受市区内部西北、西南丘陵、山地等用地条件的限制，建成区面积迅速扩大，这是一定时期内建成区周边用地变化的必然响应；灰色开放空间系统内部的广场要素和道路要素均有所增加，但道路要素的增加面积并不突出，增幅基本与洛阳市城镇化水平的提高同步，变化趋势也与城市人口聚集对各项基础设施的需求趋近一致。

1998—2008 年，洛阳市的城镇化水平有了较大幅度的提高，且表现出较明显的跳跃性特征，城市建成区面积的增幅较大，并且带有显著的方向性特点，由于蓝色开放空间要素主要富集于洛阳市内的南部和东南部，城市建设明确的方位取向带来的剧烈人为扰动，导致这一阶段市区绿色、蓝色、灰色等各种类型开放空间要素系统的数量变化情况比较复杂。其中，绿色开放空间系统数量明显增加，但变化最为突出的分别是公园绿地、附属绿地以及滨河绿地，这些变化较大程度上有赖于洛阳争取国家园林城市、改善建成区居住环境的各项政策措施的调动作用；但开放绿地的增加幅度仍旧非常小，在城市进一步发展过程中必须给予足够的重视；受城镇化水平快速提高的影响，建成区周边的生产绿地、农林地面积则大幅度减少。灰色开放空间系统的面积明显增加，与城市经济、社会、生活活动密切相关的道路面积增加幅度较大，城镇化水平的提高拉动了相关用地面积及其所占比例的增加；但广场要素面积的增加始终微乎其微，映衬出高速发展的各项城市建设事业中的一个短板，即忽视了广场在城市生活中重要的功能调节作用，折射出城市建设过分强调开放空间要素短期的实用功能的问题。蓝色开放空间系统构成要素的面积呈现大规模缩减，河流及其周围滨水区面积的减少与市区城镇化发展的不断深入密切相关；建成区面积的不断扩大、新时期城市建设部署重点的调整、洛南新区的开发建设、南北城区的对接连通，不断填占河流两岸用地；对河流市区段周边水环境的不断整治、沿河近域的滨水区面积受人为干扰被绿地等其他用地类型代替等诸多方面的原因，导致了市区内河流面积的急剧缩减。

3. 不同方位的格局变化

城市的形成与发展是一个自然历史过程，是长时期积累的结果，城镇化进程中洛阳市区的开放空间格局在不同的方向上也各有不同（见表 3-3）。因此，特别以市中心为原点将洛阳市区平均分割为八个象限，分别考察不同方向的开放空间变化情况（见图 3-7）。结果表明：1988—2008 年，洛阳市区的开放空间面积在各个方向都有增加，第三、第四、第五象限的增量尤为突出，城镇化进程的不断深入带来了洛南新区的大规模迅速发展，城市向外扩展改变了市区内部原有的用地模式，开放空间系统内部的各种类型要素的数量明显增加、面积不断增大，只是在不同方向上的具体变化情况不尽相同（见表 3-4）。

表3-3　不同方向的洛阳市区开放空间特征

象限编码	区位特征	开放空间特征
1	西工区（行政文化区）	路网较稀疏；绿地面积较大；水体以沟渠为主
2	老城瀍河区（生活区）	路网密集，广场很少；小面积绿地数量较多；水体要素稀缺
3	洛龙区（新中心区）	路网稀疏，广场数量较多；绿地、水体面积大
4	洛龙区（新中心区）	棋盘式路网面积较大；绿地、水体面积较大
5	洛龙区（新中心区）	绿地面积较小；水体要素丰富
6	涧西区（工业区）	广场数量较多；绿地数量多、面积较大
7	涧西区（工业区）	绿地数量较多；水体面积不大
8	西工区（行政文化区）	路网较稀疏；绿地面积较大；水体以沟渠为主

注：象限的区位特征是根据研究需要的示意性说明。

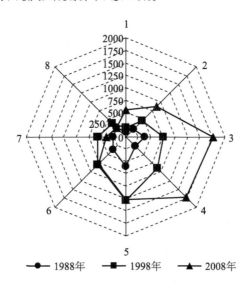

图3-7　不同方向的洛阳市区开放空间格局变化（单位：hm²）

表3-4　不同方向的洛阳市区开放空间面积变化　　单位：hm²

象限	年份	绿色开放空间（Ⅰ）						灰色开放空间（Ⅱ）		蓝色开放空间（Ⅲ）		小计
		11	12	13	14	15	16	21	22	31	32	
1	1988	92.04	0.00	0.00	0.00	0.00	0.00	0.19	11.82	0.00	3.88	107.90
	1998	133.60	27.98	0.00	0.00	0.00	0.19	0.30	26.91	0.00	0.20	189.10
	2008	0.00	42.90	22.20	417.90	0.00	2.53	1.23	48.68	0.00	14.39	549.80
	变化量	-92.00	42.90	22.20	417.90	0.00	2.53	1.04	36.85	0.00	10.51	441.90

象限	年份	绿色开放空间（Ⅰ）						灰色开放空间（Ⅱ）		蓝色开放空间（Ⅲ）		小计
		11	12	13	14	15	16	21	22	31	32	
2	1988	23.46	0.00	0.00	2.79	0.00	0.00	1.39	91.40	77.60	18.54	215.20
	1998	51.65	6.99	0.00	16.65	7.01	1.38	9.59	117.60	156.40	90.14	457.40
	2008	0.00	0.00	167.20	8.61	2.16	32.20	3.92	530.50	64.87	64.67	874.00
	变化量	-23.50	0.00	167.20	5.82	2.16	32.20	2.53	439.10	-12.70	46.13	658.90
3	1988	68.65	0.00	0.00	0.00	0.00	0.00	0.50	3.09	227.30	78.56	378.10
	1998	74.31	37.83	4.66	0.00	9.73	0.35	2.78	32.54	469.10	114.30	745.60
	2008	0.00	0.00	168.40	954.60	3.59	15.33	7.14	240.20	250.50	118.70	1758.00
	变化量	-68.60	0.00	168.40	954.60	3.59	15.33	6.64	237.10	23.19	40.16	1380.00
4	1988	47.14	0.00	0.00	0.00	0.00	0.00	1.18	1.80	160.90	45.99	257.00
	1998	52.08	274.50	16.67	0.00	9.15	3.17	7.13	57.32	380.90	97.52	898.40
	2008	0.00	0.00	79.67	505.80	66.75	299.40	33.39	478.00	192.50	76.90	1732.00
	变化量	-47.10	0.00	79.67	505.80	66.75	299.40	32.21	476.20	31.59	30.91	1475.00
5	1988	33.93	1.90	0.00	0.00	0.00	0.00	0.70	7.02	485.10	63.58	592.20
	1998	97.46	31.47	37.11	0.00	2.18	0.64	5.07	60.98	759.40	293.10	1287.00
	2008	0.00	0.00	158.80	82.95	18.12	102.10	0.16	249.10	533.10	122.50	1267.00
	变化量	-33.90	-1.90	158.80	82.95	18.12	102.10	-0.54	242.10	48.00	58.88	674.60
6	1988	165.70	1.99	0.00	51.08	0.00	0.00	5.71	114.30	8.80	15.45	363.10
	1998	358.80	108.30	11.12	41.82	6.47	8.71	29.72	86.51	73.17	85.94	810.60
	2008	0.00	0.00	34.24	293.60	15.95	140.20	20.48	238.20	12.53	21.21	776.40
	变化量	-166.00	-1.99	34.24	242.50	15.95	140.20	14.77	123.90	3.74	5.76	413.30
7	1988	150.60	0.00	0.00	0.00	0.00	0.00	5.43	59.75	31.31	1.81	248.90
	1998	177.50	64.20	0.00	0.00	2.65	6.55	1.92	82.89	210.10	25.98	571.80
	2008	55.33	0.00	2.97	0.00	0.00	84.07	0.32	167.70	47.00	33.27	390.70
	变化量	-95.30	0.00	2.97	0.00	0.00	84.07	-5.11	108.00	15.69	31.46	141.80
8	1988	233.10	0.00	0.00	0.00	0.00	0.00	0.31	21.91	0.00	0.00	255.30
	1998	277.50	26.99	0.00	10.45	0.00	8.40	7.26	40.39	0.00	2.78	373.80
	2008	60.44	123.60	0.00	4.74	0.00	20.49	1.58	41.91	0.00	7.01	259.80
	变化量	-173.00	123.60	0.00	4.74	0.00	20.49	1.27	20.00	0.00	7.01	4.46

注：开放空间要素编码与洛阳市区开放空间系统要素分类体系一致。

①第一象限。开放空间的面积增加较大，1998—2008 年，增幅明显大于

前十年，其中增加比重最大的是公园绿地（上清宫森林公园），生产绿地面积有较大规模的减少。②第二象限。开放空间的面积增量大，1988—2008 年持续明显增加，后十年的速度略快，增加面积最大的是道路用地，主要是市区东出口和瀍河区内机车工厂等单位的道路建设，生产绿地和河流面积有小幅度减少。③第三象限。开放空间面积增加非常大，位列第二，1988—2008 年持续快速增加，后十年增幅更大，公园绿地面积增加最大，隋唐城遗址植物园的全面绿化建设对市区生态环境的改善起到了至关重要的拉动作用。④第四象限。开放空间的面积增量在八个方向中位列第一，每十年的增幅都远高于城市在其他各个方向上的变化，足以证明城市建设中心向洛南新区的调整带动了市区内部开放空间系统的显著变化。隋唐城遗址植物园、龙门山复绿以及洛南新区的绿化拉动了公园绿地面积数量急剧上升，洛南新区路网的进一步完善使道路交通用地的面积不断增加。⑤第五象限。开放空间的面积增加较大，1988—1998 年，增幅非常大，1998—2008 年以来，基本没有太大变化，体现出城市建设引起的市区空间结构变化必然导致开放空间系统内部结构的调整和重组。1992 年 11 月，洛阳高新技术产业开发区的投入建设，带动了该地区的开放空间系统内部构成的显著变化，使道路面积明显增加，开发区的建设加大了河流周围环境的整治，河面拓宽以及周边滨水区面积亦相应增加。⑥第六象限。开放空间变化不大，周山森林公园的建设致使区内的公园绿地面积有一定数量增加，洛阳市高新技术产业开发区的建设对其也产生了一定的影响，道路面积的增加次之，生产绿地则大规模减少。⑦第七象限。开放空间增加缓慢且数量较小，该区域主要由一些大型工业企业厂区和邙山乡的一部分构成，20 世纪 50 年代后期建设起来的大型工厂区的布局已经成熟定型；20 多年来，开放空间的增加主要表现为城市西出口的外拓引起的道路面积增加，道路占地又导致了生产绿地面积较大幅度减少。⑧第八象限。从总量上看，开放空间的数量并没有明显变化；从系统内的要素构成角度来看，生产绿地面积大规模缩减，农林地的面积却有较大规模的增加，尤其在1998—2008 年，这种变化非常明显，是城市结合其自然地理条件，对国家退耕还林政策响应的结果。

4. 不同梯度的格局变化

从城市中心逐级向外，以选取的市中心为原点，以 1 千米为间隔，将洛阳市区划分为 11 个圈层，随着圈层面积的不断扩大，开放空间的面积亦相应增加。分别考察不同梯度的开放空间的变化情况，可以发现，随着与市中心距离的不断拉大，每个圈层内开放空间的要素构成结构千差万别。首先，由于市中心向外围的不断拓展延伸，圈层自身面积的变化将导致每个圈层内的开放空间总量差异明显（见图3-8）并且，其变化量从中心向外逐渐增大，达到第七圈层的最大值后，缓慢减少（见表3-5）。其次，不同圈层内形成的开放空间系统的各种类型要素之间的构成关系也存在着明显的不同。

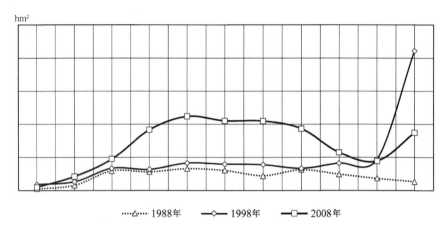

图 3-8　不同梯度的洛阳市区开放空间格局变化

表 3-5　不同梯度的洛阳市区开放空间面积变化　　　　单位：hm²

圈层	年份	绿色开放空间（Ⅰ）						灰色开放空间（Ⅱ）		蓝色开放空间（Ⅲ）		小计
		11	12	13	14	15	16	21	22	31	32	
1	1988	0.00	0.00	0.00	0.00	0.00	0.00	3.62	18.89	0.00	3.33	25.8
	1998	0.00	0.00	0.00	0.00	0.00	5.06	1.44	13.52	71.27	0.13	91.4
	2008	0.00	0.00	0.00	0.00	0.54	3.89	7.75	35.86	0.00	2.14	50.2
	变化量	0	0	0	0	0.54	3.89	4.13	16.97	0	-1.19	24.3
2	1988	0.00	0.00	0.00	7.78	0.00	0.00	0.00	32.09	34.04	6.36	80.3
	1998	0.00	0.00	10.05	5.92	0.00	0.00	6.76	33.06	71.27	5.56	132.6
	2008	0.00	0.00	25.78	0.69	4.35	19.59	0.25	90.57	63.47	7.87	212.6
	变化量	0	0	25.78	-7.09	4.35	19.59	0.25	58.48	29.43	1.51	132.3
3	1988	44.45	0.00	0.00	25.03	0.00	0.00	0.00	23.77	188.22	15.69	297.2
	1998	6.11	8.37	8.29	18.74	0.00	3.23	1.56	34.58	203.22	50.08	334.2
	2008	0.00	11.63	131.10	9.98	0.05	24.05	7.17	98.82	178.36	14.34	475.5
	变化量	-44.45	11.63	131.10	-15.05	0.05	24.05	7.17	75.05	-9.86	-1.35	178.3

续表

圈层	年份	绿色开放空间（Ⅰ）						灰色开放空间（Ⅱ）		蓝色开放空间（Ⅲ）		小计
		11	12	13	14	15	16	21	22	31	32	
4	1988	63.39	0.00	0.00	2.79	0.00	0.00	1.38	37.28	152.99	22.83	280.7
	1998	33.55	2.08	14.35	0.00	3.26	4.86	9.11	43.26	179.59	26.72	316.8
	2008	0.00	141.59	111.07	303.39	5.17	38.27	16.01	127.23	150.86	22.41	916.0
	变化量	−63.39	141.59	111.07	300.60	5.17	38.27	14.63	89.95	−2.13	−0.42	635.3
5	1988	113.13	0.00	0.00	12.69	0.00	0.00	2.46	56.52	108.51	36.07	329.4
	1998	118.35	9.90	9.05	21.62	8.21	0.12	17.05	56.19	146.68	25.78	413.0
	2008	30.58	13.30	59.76	646.92	12.94	35.67	6.90	176.93	102.69	34.29	1120.0
	变化量	−82.55	13.30	59.76	634.23	12.94	35.67	4.44	120.41	−5.82	−1.78	790.6
6	1988	150.01	0.00	0.00	4.81	0.00	0.00	3.72	46.99	63.17	33.59	302.3
	1998	148.04	21.58	4.69	5.17	2.86	3.91	8.55	57.23	129.35	15.83	397.2
	2008	84.88	0.00	100.18	420.71	30.44	71.82	0.00	239.49	69.52	37.36	1054.4
	变化量	−65.13	0	100.18	415.90	30.44	71.82	−3.72	192.50	6.35	3.77	752.1
7	1988	102.68	0.00	0.00	0.77	0.00	0.00	0.47	41.30	42.70	36.00	223.9
	1998	126.50	30.42	0.00	0.82	9.73	0.00	0.00	62.87	141.43	16.41	388.2
	2008	0.32	0.00	89.00	440.62	26.20	84.30	14.66	266.89	90.62	37.52	1050.1
	变化量	−102.40	0	89.00	439.85	26.20	84.30	14.19	225.59	47.92	1.52	826.2
8	1988	159.25	0.00	0.00	0.00	0.00	0.00	3.76	27.10	95.01	27.98	313.1
	1998	101.38	6.60	0.00	0.00	2.08	2.22	8.54	60.15	123.73	29.64	334.3
	2008	0.00	0.00	96.28	376.35	22.58	55.19	4.77	257.14	93.05	29.32	934.7
	变化量	−159.30	0	96.28	376.35	22.58	55.19	1.01	230.04	−1.96	1.34	621.6
9	1988	96.69	1.99	0.00	0.00	0.00	0.00	0.00	15.75	106.57	25.01	246.0
	1998	107.79	20.79	0.00	0.00	7.06	9.52	0.00	53.73	141.31	71.80	412.0
	2008	0.00	0.00	17.82	69.51	4.31	55.56	10.69	283.43	91.38	42.76	575.5
	变化量	−96.69	−1.99	17.82	69.51	4.31	55.56	10.69	267.68	−15.19	17.75	329.5
10	1988	28.17	1.90	0.00	0.00	0.00	0.00	0.00	7.45	132.75	13.71	184.0
	1998	102.51	24.42	0.00	0.00	0.01	0.47	0.00	34.77	189.88	115.57	467.6
	2008	0.00	0.00	2.39	0.00	0.00	48.08	0.00	214.51	99.23	81.42	445.6
	变化量	−28.17	−1.90	2.39	0	0	48.08	0	207.06	−33.52	67.71	261.7

续表

圈层	年份	绿色开放空间（Ⅰ）						灰色开放空间（Ⅱ）		蓝色开放空间（Ⅲ）		小计
		11	12	13	14	15	16	21	22	31	32	
10以外	1988	56.89	0.00	0.00	0.00	0.00	0.00	0.00	3.98	67.02	7.23	135.1
	1998	478.72	454.15	23.13	16.65	3.96	0.00	7.96	51.68	722.57	352.32	2111.1
	2008	0.00	0.00	0.00	0.00	0.00	259.87	0.00	203.35	261.27	149.21	873.7
	变化量	-56.89	0	0	0	0	259.87	0	199.37	194.25	141.98	738.6

注：开放空间要素编码与洛阳市区开放空间系统要素分类体系一致。

归纳起来，有以下特点：

（1）1988年以来，伴随城市各项建设事业的开展，由市区中心点向外，各个圈层开放空间的总量均有所增加，但增加量差别较大，具有较明显的随距离递增的规律。圈层面积的增加势必带来开放空间面积总量的相应增加，但增幅较大的圈层集中在第四至第八圈层，更重要的原因在于这些圈层基本涵盖了洛阳市区发展的重点地区，说明城市的发展建设不仅影响了城市内部空间结构的变化，更决定了城市开放空间系统内部的结构变化。

（2）城市中心区所处的第一、第二圈层，开放空间总量变化不大，且与市区核心的距离越近，变化量越小。这些地区发展建设的成熟度较高，土地利用率极高，"寸土寸金"的现状阻碍了不同用地方式之间的转变，土地的存量低更限制了该地区开放空间的变化。

（3）开放空间的总量变化并非一个持续增加的过程，各个圈层的变化情况各不相同。普遍存在的规律是：绿色开放空间系统中的公园绿地、滨河绿地大面积增加，生产绿地面积持续缩减；灰色开放空间系统中的道路用地伴随人口的集聚大幅度增加，广场用地仅略有增加，但增幅很小；蓝色开放空间系统中的各种类型要素持续减少，仅在第二、第七圈层稍有增加，是近年来对涧河、瀍河加大整治力度显现的效果。

（4）考察市区开放空间系统内的要素在各圈层的构成关系，可以看出：第一、第二圈层，开放空间系统内的要素构成关系20多年基本没有变化，仅表现在圈层内道路面积的少许增加；第三圈层内洛浦公园两岸绿地的建设，使滨河绿地的面积大幅度增加；第四圈层内现有上清宫森林公园、隋唐城遗址植物园的一部分以及洛浦公园的一段，使滨河绿地、公园绿地面积增幅较大，同时由于邙山乡一部分的退耕还林，使农林地面积也有一定增加；第五至第八圈层包含了现有洛南新区的大部分地区、隋唐城遗址植物园的大部分，公园绿地及道路两项指标提高较快，充分印证了城镇化进程中的各项城市建设举措对洛阳市区开放空间系统内的要素构成变化起到的绝对主导作用；第九圈层及其以外的地区，涵盖了洛阳市向东、西、南、北四个方向上的对外出口，道路用地及其附属绿地面积快速增加是最突出的特点，同时洛河上游以及伊河水资源的大幅度开发利用使蓝色开放空间系统的河流、滨水区面积增加较多。

（二）市区开放空间系统的评价

1. 总体格局的均匀度评价

采用结构均衡度指数测度模型中的均匀度指数模型，考察洛阳市区开放空间系统总体格局的分异特征及其变化过程。均匀度指数 E（Evenness Index）的计算公式为：

$$E = \frac{\sum\limits_{j=1}^{n} x_{ij} \cdot \log_2 x_{ij}}{\log_2(1/n)} \tag{3-1}$$

式中，x_{ij} 为第 i 类开放空间在第 j 象限或圈层内分布面积占其总面积的比例，n 为象限或圈层的总个数。鉴于开放空间在市区内不同象限或圈层的分布极不均衡，有些象限或圈层内没有分布，其所占比例为 0，无法做对数运算，故计算时统一用 0.0001 代替 0（尹海伟，2008）。

均匀度指数的值域是 ［0，1］，均匀度指数越接近 1，表明开放空间的分布越趋近均衡。可以看出，在 1988 年、1998 年、2008 年的三个时间点，系统值并非渐进趋近 1（见表 3-6）。说明城镇化进程中的各项城市建设措施导致了洛阳市区开放空间系统格局的重大变化，且系统的格局也并非趋近均衡发展的状态。从 1988 年到 2008 年，以十年为一个周期，从不同方向考察全局，市区开放空间系统内部的总体变化趋势是系统的总体格局先向均衡发展，后又远离均衡状态；从不同梯度的角度考察全局，开放空间系统内部的总体变化趋势是先远离均衡，后逐渐趋近均衡状态，1988 年的指标值最趋近 1，1998 年值偏离度最大，2008 年的均匀度指数值逐渐向 1 趋近，但尚未达到 1988 年的指标值。

表 3-6 洛阳市区开放空间的均匀度指数

		绿色开放空间（Ⅰ）						灰色开放空间（Ⅱ）		蓝色开放空间（Ⅲ）		系统值
		11	12	13	14	15	16	21	22	31	32	
象限	1988 年	0.89	0.33	—	0.10	—	—	0.74	0.73	0.64	0.74	0.95
	1998 年	0.89	0.77	0.55	0.45	0.80	0.77	0.77	0.95	0.75	0.77	0.96
	2008 年	0.33	0.27	0.78	0.69	0.52	0.76	0.63	0.89	0.65	0.86	0.92
圈层	1988 年	0.87	0.29	—	0.59	—	—	0.69	0.93	0.91	0.93	0.70
	1998 年	0.77	0.38	0.70	0.63	0.76	0.73	0.79	0.98	0.89	0.69	0.58
	2008 年	0.25	0.22	0.82	0.70	0.72	0.84	0.79	0.95	0.92	0.84	0.68

注：开放空间要素编码与洛阳市区开放空间系统的要素分类体系一致。

受城镇化的影响，在城市的方方面面，不同的发展方向、不同的发展梯度影响力度各有不同，对不同的开放空间要素系统的影响也是千差万别。考察不同类型的构成要素系统内部的总体变化趋势可以看出：

（1）在不同方向上的均匀度。

绿色开放空间系统中生产绿地的均匀度大幅下降，城镇化导致了其在市区内不同方位的大面积缩减，生产绿地在市区内呈现明显的方向性特征；农林地的均匀度先升后降，受城镇化进程阶段性推进的影响，1998 年以来的快速城镇化侵占了建成区周边大范围的农林地，破坏了市区内部农林地的组成结构；滨河绿地、公园绿地的均匀度有所提高，表明城镇化促进了洛阳市区的发展建设，争取国家园林城市等一系列政策的积极引导，推动了市内滨河绿地、公园绿地的建设；开放绿地的均匀度降幅很大，建成区扩大、新区建设带动了市区灰色开放空间的快速建设，市区内部的道路扩建侵占了原有的开放绿地，破坏了开放绿地的布局结构；附属绿地的均匀度值基本保持原有水平，城市普遍布绿的举措使其不断向均衡发展。灰色开放空间系统中的广场和道路要素的均匀度先升后降，说明在城镇化水平不断提高的过程中，广场的建设未能与城市建设同步；城市基础设施建设力度的不断加强，使道路要素的均匀度指数不断提高，新区开发建设、南北城区之间的路网密度、结构差异致使市区道路要素的均匀度降低。蓝色开放空间系统中的滨水区景观的均匀度正在逐步改善，河流的均匀度却先升后降，均衡水平有下降的趋势，说明在进一步的市区建设过程中，不仅要重视市区内部、河流周边滨水区的建设，更应该重视河流自身功能的恢复和改善（见图 3-9a）。

（2）在不同梯度上的均匀度。

绿地开放空间系统中的生产绿地和农林地的均匀度指数降幅很大，是城

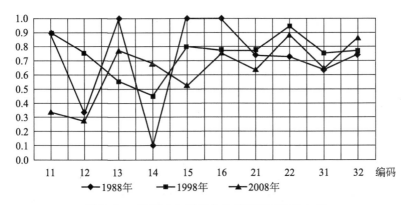

图 3-9a　不同方向的开放空间要素系统均匀度

市用地对城镇化不断推进的响应使然；滨河绿地、公园绿地、附属绿地的均匀度指数有所增加，系统内的均衡性有所加强；开放绿地的均匀度指数略有下降，应予以足够重视。灰色开放空间系统中，广场的均匀度指数有所提高，道路的均匀度则一直较高，一方面在于道路的遍在性，另一方面也说明从其在市区的布局结构来看，洛阳市区内部的道路网络体系建设已经比较成熟，设计相对合理。蓝色开放空间系统中河流的均衡性指数比较趋近 1，充分显示出洛阳市内的河流贯通市区、分布广泛的优势，滨水区的均衡性也在降低后有所提高，在今后的城市发展中仍应重视水环境的建设和优化。对比不同方向上的开放空间系统与各类型要素系统的均匀度指数，不难发现，考察包括开放空间各种类型要素在内的系统值往往高于各单一类型要素系统的均匀度指标值，说明在不同的研究时间点上，由绿色、灰色、蓝色等不同类型要素镶嵌而成的市区开放空间系统的总体格局总是优于单一要素系统的格局，而从不同梯度的研究角度出发，却无法得到相同或近似的验证（见图 3-9b）。

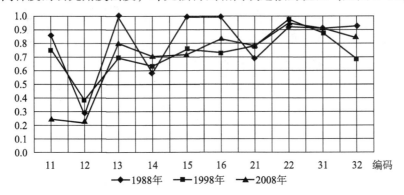

图 3-9b　不同梯度的开放空间要素系统均匀度

2. 总体格局的均匀比评价

采用结构均衡度指数测度模型中的均匀比指数模型考察开放空间系统的格局分布状况，目的在于降低或消除划分象限或圈层等研究若干区域可能出现的人为误差，更加客观地认识洛阳市区开放空间系统总体格局的分异特征及其变化过程。均匀比指数 ER 的计算公式为：

$$ER = \sum_{j=1}^{n} |R_{ij}| = \sum_{j=1}^{n} \left| \log_2 \left(\frac{a_{ij}}{a_i} \middle/ \frac{A_j}{A} \right) \right| \tag{3-2}$$

式中，ER 为均匀比指数，R_{ij} 为第 i 类开放空间在第 j 象限或圈层的均匀比，a_{ij} 为第 i 类开放空间在第 j 象限或圈层内的分布面积，a_i 为第 i 类开放空间的总面积，A_j 为第 j 象限或圈层的面积，A 为所有象限或圈层的总面积，n 为象限或圈层的总个数。

根据研究需要划分的象限和圈层，自身存在一定的不均衡性，尤其是各圈层自身的面积之间存在较大的差值，导致均匀度指数的评价结果有一定程度的误差，均匀比指数指标的引入，旨在降低或消除此项误差。若市区开放空间系统内的各类开放空间要素的分布均衡，其均匀比指数均为 0，则开放空间均匀比总指数为 0，即开放空间系统的总体格局均衡，均匀比总指数越接近 0，表明城市内部开放空间的分布越均衡（尹海伟，2008）。

应用均匀比指数指标，判读洛阳市区开放空间的总体分布结构随时间的变化趋势以及开放空间系统内在不同方向和不同梯度上的分布差异（见表 3-7）。可以看出，1988 年、1998 年、2008 年的三个不同时间点，开放空间系统的均匀比总指数与均衡值都有较大程度的偏离，说明洛阳市区开放空间系统内的不同类型要素的分布是极不均衡的。

表 3-7　洛阳市区开放空间的均匀比指数

| | | 绿色开放空间（Ⅰ） | | | | | | 灰色开放空间（Ⅱ） | | 蓝色开放空间（Ⅲ） | | 系统值 |
		11	12	13	14	15	16	21	22	31	32	
象限	1988 年	10.61	156.17	—	178.69	—	—	14.36	15.35	75.74	42.06	4.94
	1998 年	9.83	10.96	121.61	148.59	60.17	15.83	9.44	4.00	75.59	16.91	4.54
	2008 年	187.74	190.44	41.32	51.24	97.02	14.53	18.47	5.75	75.74	9.26	6.07
圈层	1988 年	69.27	223.50	—	154.34	—	—	145.93	18.99	39.49	11.54	6.83
	1998 年	66.57	74.02	150.75	152.62	93.88	101.34	80.60	10.28	7.64	14.90	4.62
	2008 年	244.23	245.59	78.09	118.82	76.14	3.13	103.02	8.32	37.19	3.21	5.73

注：开放空间要素编码与洛阳市区开放空间系统要素分类体系一致。

①考察不同方向上的变化，系统的均衡性在 1998 年有所提升，2008 年又呈下降趋势，反映出城镇化发展对市区内不同区位的影响有所不同。②考察不同梯度上的变化，与不同方向上的变化趋势完全一致，亦表现出市区开放空间系统内部的结构均衡性在不断被削弱的现象。因此，在城镇化水平不断提高、城市面向未来的深入发展过程中，热点、重点地区的开放空间结构组织以及不同类型要素系统的格局安排应与城市的各项建设同步；同时，开放空间系统内部结构的均衡性更是一个亟待关注的命题。

3. 总体格局的结构均衡度评价

城市开放空间系统评价模型的结构均衡度测度模型包括均匀度指数（E）和均匀比指数（ER）等两项指数指标。均匀度指数反映了开放空间要素在不同象限或圈层中的分布格局，均匀比指数反映了不同象限或圈层中的开放空间要素相对于市区整体的分布格局关系。为了更好地消除研究中的人为误差，尽可能客观地评价洛阳市区开放空间系统的总体格局的均衡性，综合考虑均匀度指数和均匀比指数等两项指标，从不同方向、不同梯度以及不同类型要素系统等三个方面评测市区开放空间系统的总体格局状况。

（1）不同方向的系统格局评价。

结合八个象限的均匀度指数和均匀比总指数等两项指标，并参照相应的系统值考察洛阳市区开放空间系统内的不同方向上的系统格局状况（见表 3-8、图 3-10）。可以看出：①不同方向上的均匀度和均匀比指数值差异很大，但两项指标显示的市区开放空间系统内部的均衡性趋势是一致的。1988 年和 1998 年，第六象限的开放空间格局最均衡，而且均衡性在逐步改善；2008 年，第四象限的开放空间格局最均衡，均匀度指数值较趋近 1，但均匀比总指数却逐渐偏离，表明目前洛阳市区开放空间系统的格局不均衡，且不均衡的程度在逐渐加强。②分别考察 1988—1998 年与 1998—2008 年的两项均衡性指标，不难看出，前一个时段市区开放空间系统的格局逐步向均衡变化，后一个时段则相反。说明城镇化进程可以促进开放空间系统格局向均衡状态发展，快速城镇化进程亦使洛阳市区开放空间系统格局的不均衡程度加重。③纵观不同时间点各个方向上的开放空间系统的均匀比总指数，与理想的均匀比总指数值 0 的差距越来越大，说明洛阳市区开放空间系统内部的各要素系统的结构以及各类型要素系统之间的相互组成关系是开放空间系统分布整体均衡性的决定性因素。

表 3-8　不同方向的洛阳市区开放空间系统均衡性指标

象限		1	2	3	4	5	6	7	8	系统值
均匀度指数	1988 年	0.24	0.61	0.48	0.47	0.31	0.63	0.49	0.15	0.95
	1998 年	0.46	0.57	0.65	0.75	0.66	0.79	0.66	0.52	0.96
	2008 年	0.43	0.58	0.66	0.84	0.78	0.73	0.71	0.67	0.92
均匀比指数	1988 年	94.03	39.50	63.37	63.40	40.37	13.48	65.71	124.42	4.94
	1998 年	134.36	43.50	40.60	36.44	40.73	9.20	65.58	102.51	4.54
	2008 年	103.69	80.37	70.79	69.32	74.06	70.49	105.34	117.43	6.07

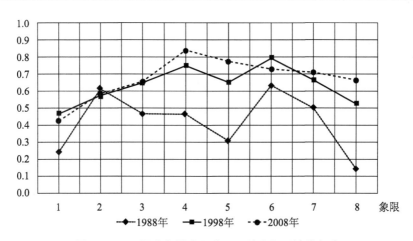

图 3-10　不同方向的洛阳市区开放空间系统均匀度

（2）不同梯度的系统格局评价。

结合 11 个圈层的均匀度指数和均匀比总指数等两项指标，并参照相应的系统值考察洛阳市区开放空间系统内的不同梯度的系统格局状况（见表 3-9、图 3-11）。可以看出：①不同梯度上的均匀度和均匀比指数值差异略小于不同方向上的差值，但两项指标显示的市区开放空间系统内部的均衡性趋势是基本一致的。1988 年和 1998 年，第五圈层的开放空间格局最均衡，而且均衡性在逐步改善；2008 年，第四圈层的开放空间格局最均衡。②在三个不同的时间点上，开放空间分布格局均衡性较好的圈层集中在第四至第六圈层。这里距离市中心有一定的距离，圈层内的绿色、蓝色等类型的开放空间要素富集，所占比例较高，灰色开放空间要素的比例相对较低；同时，快速城镇化进程对这些圈层的辐射影响与市中心相比略有减弱，这个宽度约为 2 千米的环形地带是洛阳市区开放空间系统内部主体圈层的中坚，是实施开放空间系统调控、优化措施的重点地区。

表 3-9　不同梯度的洛阳市区开放空间系统均衡性指标

圈层		1	2	3	4	5	6	7	8	9	10	11	系统值
均匀度指数	1988 年	0.32	0.48	0.48	0.50	0.60	0.55	0.55	0.49	0.49	0.37	0.41	0.70
	1998 年	0.36	0.43	0.56	0.56	0.64	0.59	0.55	0.54	0.62	0.61	0.60	0.58
	2008 年	0.38	0.60	0.64	0.75	0.60	0.71	0.67	0.66	0.64	0.53	0.57	0.68
均匀比指数	1988 年	125.40	91.23	62.59	32.67	34.39	31.02	32.28	57.14	60.36	63.21	106.70	6.83
	1998 年	149.80	124.50	41.36	41.26	15.64	6.27	76.35	65.61	92.82	101.30	37.76	4.62
	2008 年	148.60	69.93	45.62	40.85	8.50	68.34	41.42	65.21	67.31	160.5	201.5	5.73

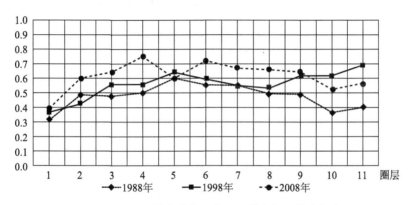

图 3-11　不同梯度的洛阳市区开放空间系统均匀度

（3）不同类型要素系统的格局评价。

结合不同方向、不同梯度的市区开放空间系统不同类型要素系统的均匀度和均匀比指数等两项指标，考察不同类型要素系统内部的分布格局变化趋势，可以看出：①从不同方向出发，绿色开放空间系统中，滨河绿地、公园绿地和附属绿地的两项指标均趋向均衡值，表明作为城市生活环境中最主要的三种绿地随城市的发展建设，在面积逐渐增加的同时，其布局结构也相应得到了一定程度的改善；生产绿地、农林地随着城镇化水平的不断提高，面积急速缩减，且受自然条件限制，在市区内的分布均衡程度较差；开放绿地的建设则被严重忽视，均衡程度有所下降。灰色开放空间系统中广场和道路要素的变化趋势一致，均匀度指数和均匀比总指数都是趋向平衡后再逐渐偏离，表明快速城镇化进程对其有一定程度的影响；其均衡性有所降低，急需在今后的建设中给予足够的重视和必要的调整。蓝色开放空间系统中的滨水区景观的均匀度和均匀比指数都在逐步趋向均衡值，今后应更加重视不同形式的滨水区景观在调节城市开放空间系统功能和改善城市人居环境中起到的重要作用。②从不同梯度的视角，均匀度指数和均匀比总指数都反映出洛阳市区开放空间系统内部的结构不够协调、总体格局不够均衡的问题。绿色开放空间系统中，滨河绿地、公园绿地、开放绿地、附属绿地等四种类型绿地的两项指标都在向均衡值趋近，说明创建国家园林城市、建设宜居城市等一系列举措对洛阳市区开放空间系统的建设有积极的引导和促进作用。灰色开放空间系统中，道路的建设比较合理，而广场要素的建设却不容乐观。③从不同时间点的数据变化来看，1998年以来，广场作为体现城市交流、游憩功能的重要场所，在以往的建设中已被严重忽视，不均衡程度加重；蓝色开放空间系统中的河流、滨水区景观等各种类型组分也应在今后的建设中进一步加强与深化，逐渐提升其在开放空间系统内的调节作用，改善其格局的均衡性。

4. 系统的功能效应评价

城市是一个完全开放的复杂巨系统，市区开放空间系统作为城市生态系统最重要的物质环境组分，决定着城市生态系统物质、能量循环的效率，是城市人居环境质量的体现，反映了一个城市的生活质量。快速的城镇化进程促进了洛阳市区内部空间结构的快速调整，改变了市区内部开放空间系统的总体格局，进而影响了开放空间系统的整体功能发挥。人口的快速集聚是城镇化进程最显著的标志，国外的大量实证研究表明，市区开放空间的布局形态影响着市内人口的迁移，市区不同区位人口集聚程度的变化，与相应的人居环境质量密切相关。市区不同区位开放空间功能的优劣，决定了与其密切相关的微观城市生态环境的好坏，进而影响着市区内部不同区位的人口集聚变化。为此，分别计算洛阳市内各行政区不同时期的结构均衡度测度模型中的均匀度指数和均匀比指数的指标值，以市区不同行政区内部开放空间的分布情况为研究背景（见图3-12），结合快速城镇化进程中（2002—2007年）的行政区人口变化情况（见表3-10），评测洛阳市区开放空间系统的功能效应。

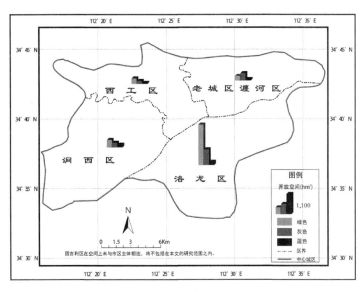

图 3-12　洛阳市区不同行政区的开放空间分布量

表 3-10　洛阳市区不同行政区的人口数量与开放空间面积变化

行政区	人口变化（万人）							开放空间变化量（hm²）				均衡性指数		
	小计	2002年	2003年	2004年	2005年	2006年	2007年	小计	绿色开放空间（Ⅰ）	灰色开放空间（Ⅱ）	蓝色开放空间（Ⅲ）	年份	均匀度	均匀比
老城瀍河	0.4	0.1	-0.2	0.1	0.1	0.2	0.1	753	259	410	84	1988	0.61	39.50
												1998	0.57	43.50
												2008	0.58	80.37
西工	1.4	0.2	0.3	0.3	0.2	0.1	0.3	549	311	173	65	1988	0.20	109.20
												1998	0.49	119.50
												2008	0.55	110.60
涧西	7.0	0.7	0.4	0.3	0.3	4.6	0.7	872	432	272	168	1988	0.56	39.60
												1998	0.73	37.39
												2008	0.72	87.90
洛龙	0.7	0.6	0.5	0.3	0.1	-1.4	0.6	3356	2277	885	194	1988	0.42	55.71
												1998	0.69	39.26
												2008	0.76	71.39
市区	9.7	1.6	1.0	0.9	0.8	3.6	1.8	—	—	—	—	—	—	—

注：市区人口总量变化包括吉利区。

首先，洛阳市迈入快速城镇化进程以来，老城瀍河区的人口增量最小，与其所处区位的开放空间系统的基础和变化密切相关。1988—2008 年，区内开放空间分布的均衡性逐年降低，近期的起色也不大，老城瀍河区的开放空间增加量尽管不小，但灰色开放空间的要素生长占据了绝对主导地位，其比例高达 54.4%；区内瀍河水质改善和两岸滨水地带的发展缓慢，公园绿地、开放绿地、附属绿地的面积增加较少，滨河绿地的建设刚刚起步，面积不大，开放空间系统的生态、景观、文化功能无法充分体现，道路用地的增加与绿地、水体的增量对比强烈，开放空间对局部生态环境的调控作用甚微；老城瀍河区是洛北城区的副中心，是洛阳市内最密集的居民生活区，区内开放空间系统的布局结构不合理、发展失衡，人居环境多年来改善不明显，是城镇化进程中人口增加缓慢的主因。

其次，西工区所处区内开放空间增量不大，居各行政区末席，人口增量却位列各行政区第二，主要得益于绿色开放要素的增加；同时，开放空间要素分布均衡性的逐渐提高，促进了系统内部结构的不断改善。西工行政区是洛北城区的中心，有成熟便捷的交通条件及生活配套设施，区内绿地覆盖面积较大，上清宫森林公园、国家牡丹园及其邻近洛浦公园的良好区位条件，是吸引市民流入的主要原因。

再次，涧西区的开放空间增量位于第二，开放空间的均衡性较好，始终位于各行政区前列，2002 年以来的人口增量为 7 万人，高居各行政区之首，占全市人口增量的 72.2%，较合理的开放空间结构促进了系统调控功能的有效发挥，营造了良好的城市生活环境。涧西工业区是洛北城区的副中心，区内开放空间资源较丰富，20 世纪 50 年代后期开发建设起来的城区交通布局合理，广场要素丰富；涧西区内集中了洛阳市区主要的生产绿地、农林地，快速的城镇化进程又加速了城市西出口地带的建设，附属绿地面积增加较多；高新技术产业开发区的建设带动了洛河滨水地带的整治，涧河水质改善、河流两岸滨水地带的美化、周山森林公园的复绿等多项开放空间优化措施的施行，较大提升了区内的生态环境质量；绿地面积增加、河流水质改善、滨水地带整治、道路网络疏通的复合作用较好地发挥了开放空间系统的生态调节功能，改善了局部的生态环境质量，吸引了大量市民迁入。

最后，洛龙区的开放空间增量最大，且以绿色、蓝色开放空间要素的增加为主，开放空间的均衡性处于较快的提升阶段，新城区生活服务设施相对滞后的弱势，影响了人口的大规模流动，但近期的人口数量逐年增加。洛龙区是 2000 年建立的洛南新区所在地，洛阳市区内的优质开放空间资源集聚于此；绿地覆盖面积大，滨河绿地、隋唐城遗址植物园、外围的龙门山、洛河、伊河贯通全区；道路网络是规则的棋盘式路网，系统内的各类开放空间分布格局良好；开放空间的增量最大，是其他行政区增量和的 1.54 倍，绿地增量占总量的 69.4%，水体增量则为 38%；绿地、道路、水体要素因地制宜的镶嵌组合，隋唐城遗址植物园的绿心作用，伊河水系网络的构建，发挥了强大的生态调控作用，构建了良好的城市居住环境，将成为未来市区人口迁移的首选。

（三）市区开放空间系统的调控

1. 市区空间布局结构调控

（1）静态布局调控。

市区空间布局结构的静态布局优化应从外部形态优化和内部结构优化等两个方面入手，是理顺市区内部各功能地域分区的空间关系、科学设计城市开放空间系统整体布局框架的前提。

其一，外部形态优化。洛阳市区现有人口 155.1 万人，建成区面积 163.95 平方千米，2008 年的人口密度 6315 人/平方千米，城镇化水平为 42.57%，现有市区空间已不足以承载未来城镇人口的快速涌入，也不足以支撑城市功能的进一步提升。城镇化进程中，市区人口规模快速增加，预计到 2020 年前后洛阳市区的人口规模约为 300 万，城镇化水平将达到 65%[①]，市区向外部扩展已成为城市发展的必然趋势。为把洛阳市建设成为科技、教育比较发达的现代化工业城市，先进的制造业基地，以历史文化名城为依托的国际性旅游城市，我国中西部地区经济比较发达、生态环境优美、基础设施完备、有较强辐射带动能力的区域中心城市和最佳人居环境城市，中原城市群经济隆起带上的西部支撑点，应为市区开放空间的优化创造更大的空间弹性，设计未来洛阳市区空间布局结构为"一个核心，两个圈层"的多圈层复合式城镇群（见图 3-13）。

---

① 洛阳市区 2020 年的城镇化水平和人口规模数据来源于第四期洛阳市城市总体规划。

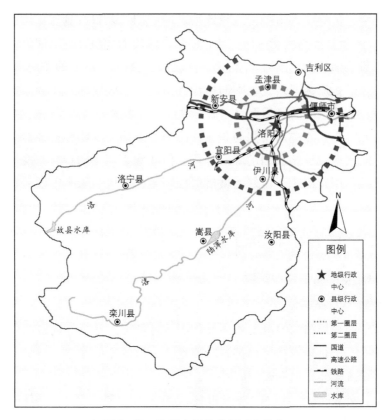

图 3-13　洛阳市区的外部形态优化

　　其二，内部结构优化。洛阳市区内部的开放空间要素富集，绿色开放空间的覆盖面积较大、比例较高，外围有周山森林公园、上清宫森林公园，市中心既有隋唐城遗址植物园、洛浦公园等大型公共绿地，各行政区内也有数量不同的公园绿地分布；蓝色开放空间要素密集，天然水道、人工沟渠交织，洛河、伊河自东向西横贯市区，涧河、瀍河自北向南流过洛北城区，中州渠、新大明渠等人工水系建立了市区段河流间的有效连接，共同构筑了市区的水体网络。市区开放空间系统内部空间结构的优化调控秉承景观生态学理念的指导，强调市区开放空间系统的生态功能发挥，在逐步深入的城市发展建设中突出体现生态格局优于功能结构、生态模式重于城市形态的思想（袁大昌、赵博阳，2007），构建有利于自然生态系统引入的市区空间框架。

　　综合考虑洛阳市内不同行政区的人口分布模式差异，鉴于城市行政、文化中心所在的洛龙区人口密度较低、市区开放空间要素丰富、建成区用地紧凑度不高等城市发展现状，结合洛阳市国家级历史文化名城的城市性质，在突出大遗址保护特色的建设背景下，选择绿心组团模型作为洛阳市区开放空间系统的优化途径，确定市区内部结构的组织方式，构建有利于生态城市建设、支撑洛阳市可持续发展的市区开放空间系统格局。市区内部的生活居住、生产仓储、交通营运、商贸服务、行政文化等多种类型的城市空间的拓展则围绕开放空间系统的总体格局逐步展开（见图 3-14）。

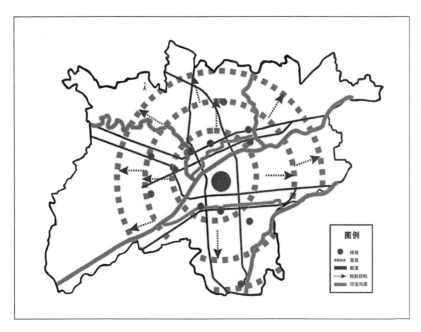

图 3-14　洛阳市区的内部结构优化

（2）动态扩展调控。

市区空间布局结构的动态扩展优化包括空间扩展方向和空间扩展形式等两方面内容，是根据城市的发展现状和未来的拓展趋势，确定城市未来的空间扩展方向，选择适宜的空间扩展形式。

其一，空间扩展方向优化。洛阳市区以交通干线为依托，形成纵横两条发展轴线，东西向的陇海线、310 国道和南北向的焦枝线是城市发展的"大十字"命脉。快速城镇化进程中，市区人口的高速集聚带来了城市的基础设施、生态环境等诸多方面的压力，必然导致城市发展空间向外部的大幅度拓展，城市的进一步发展建设急需足够的生态环境存量支撑。为了避免洛阳建成区用地盲目地"泛方向"扩展，体现集中与分散相结合原则，强化中心城，发展卫星城，建立都市圈，形成都市区；洛阳市区应采用由中心城区向外围卫星镇、卫星城逐级跨越式的推进方式，逐步完善核心圈—卫星镇—卫星城的多圈层复合式的城市总体空间布局结构。借助综合交通运输通道展开的两条发展主轴完成市区在不同方向上的扩展，分别是以焦枝线为依托的南北方向的吉利—核心圈—伊川的纵向发展轴，突出炼油、化工、化纤为主的高科技能源产业发展；以陇海线为依托的东西方向的新安—核心圈—偃师的横向发展轴，培育城市未来的经济增长活力带（见图3-15）。

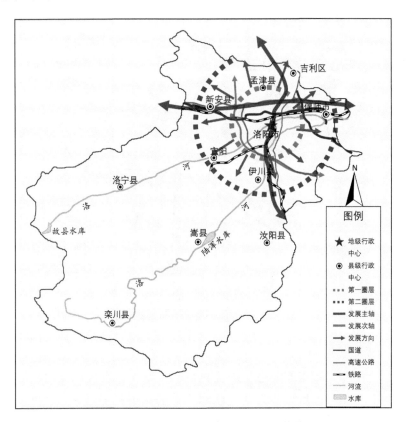

图3-15 洛阳市区的空间扩展方向优化

其二，空间扩展形式优化。洛阳市区开放空间要素储量非常丰富，市内不同功能分区之间多以陇海铁路、涧河、瀍河、洛河等天然屏障作为划分界线。为了疏解城镇化进程中的洛北旧城区的基础设施与环境等方面的巨大压力，开拓新的城市发展空间，遵照洛阳市城市总体规划（2000—2010年）制定的城市发展方针，2003年投入建设洛南新区。洛南新区向南跨过洛河开发了洛河与伊河之间的冲积地带，跳跃式的扩展大幅度拉伸了城市的整体框架，市区核心圈边界突破了原有的建成区范围，改变了城市内部的空间布局形态，为洛阳市的发展提供了较大的开放空间余量。洛阳市区内部的空间扩展应以外围的周山—邙山—龙门山—香山等为天然屏障，结合洛河—伊河—涧河—瀍河等自然廊道等形成的开放空间系统总格局，以外延式的渐进蔓延扩展为主，采取大分散、小集中的分片组团式空间布局结构，兼顾各功能分区过渡地带的适度开敞扩展。市区内红山、涧西、高新、洛龙等地的厂矿、产业区调整至沿城市交通走廊环绕市区西南外围布局，生活区主要布局在伊河与洛河之间、隋唐城遗址区周围、涧河与瀍河之间的地区，各片区的功能结构相对完整，不同分区之间通过绿带结合快速交通走廊的复合通道连接，形成从市区中心到外围的"绿心—生活—绿带—生产—绿环"城市功能区的分层次圈层式架构。根据市区现有人口的居住模式和人口规模的扩展趋势，恰当结合渐进扩展与跳跃扩展等不同扩展方式，为市区的向外拓展提供较大的生态空间余量；市区内部的内里圈层、主体圈层、外围圈层之间利用河流廊道、交通绿带、楔形绿地等不同要素，配置不同的开放空间组合方式，增加市区的生态环境存量；在"大洛阳都市圈"的核心圈、向外拓展的第一圈层和第二圈层之间设置一定宽度的绿色与蓝色开放空间组成的复合型间隔带，为城市进一步的发展建设预留充足的空间余量。

（3）功能定位调控。

市区空间布局结构的功能定位优化分为功能分工优化和功能整合优化等两个部分，以合理划分市区内部各地域单元的功能分工界限为基础，以强化各部分之间的功能联系，优化开放空间系统的结构，提高开放空间系统的整体功效为最终目标。

其一，功能分工优化。市区空间布局结构的功能分工优化，是科学划分洛阳市区各地域单元的功能分工界限、明确不同功能区的主要功能、寻求各地域单元功能强化的途径。洛阳市区以洛河为界，可分为洛北城区和洛南城区等，现有涧西组团、西工组团、老城组团、邙山组团等七个功能组团，七个组团各具特色，职能互补。

其二，功能整合优化。市区空间布局的功能整合优化，是以洛阳市区空间的系统功能组合机制为动力，科学整合各地域单元的整体功效及功能协作关系，建立行之有效的功能协调机制，强化系统整体功能的发挥。依照洛阳市区内部由一系列天然屏障自然形成的开放空间系统格局大势来看，城市内部空间的组织较适宜采用大分散、小集中的分片组团式的空间布局形式。结合洛阳市的城市建设发展历程，市区现有的分区状况，洛河、涧河、伊河、陇海铁路等天然屏障的位置布局关系，可将未来的市区分为四个更高等级的主要功能分区，即道北区、高新区、涧东区、洛南区等（见图3-16）。

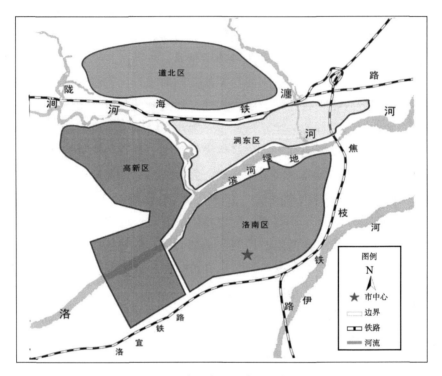

图3-16　洛阳市区的功能整合优化

2. 圈层一体化调控

（1）不同圈层范围的划分。

依据对洛阳市区开放空间系统在不同梯度上的总体格局变化的分析与评价结果，综合不同方向上的景观格局特征，结合外围圈层、主体圈层、内里圈层等开放空间系统内部不同圈层的空间分布形态、要素组成方式和功能发挥特点，划分出洛阳市区开放空间系统的不同圈层范围（见图3-17、表3-11）。

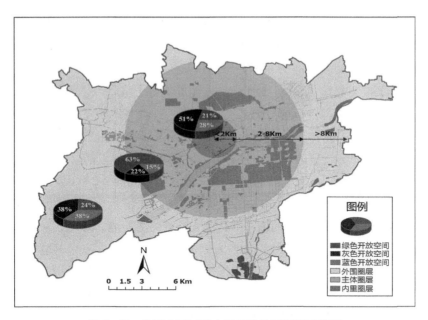

图 3-17　洛阳市区开放空间系统的不同圈层范围

表 3-11　洛阳市区开放空间系统的圈层范围划分

圈层名称	与市中心距离（km）	范围	面积（hm²）	比重（%）	21 年的变化量（hm²）	构成特点
外围圈层	R>8	第八圈以外	1894.8	24.6	1329.8	要素丰富，以蓝色开放空间要素为主，多以连片、大面积出现
主体圈层	R=2~8	第三至第八圈	5550.7	72.0	3804.1	比重较大，要素构成集中且丰富，绿色开放空间要素占主导地位
内里圈层	R=0~2	第一至第二圈	262.8	3.4	156.6	灰色开放空间量占绝对比重，一般要素面积较小、形态多样

注：不同圈层开放空间的面积依据 2008 年数据计算。

①外围圈层。外围圈层的范围是第八圈层以外至市区边界，自第八圈层以外，每个 1 千米范围小圈层的开放空间面积缩减明显，外围圈层开放空间要素的总面积仅为 1894.8 平方百米，占市区总量的 24.6%；20 多年的面积变化为 1329.8 平方百米，绿色、灰色、蓝色等不同开放空间要素的构成比例分别为 24%、38%、38%；多以连片集中的生产绿地、附属绿地、面积较大的河流、滨水区景观为主。②主体圈层。主体圈层的范围是第三圈层至第八圈层，

其中，第四至第八圈层的每个 1 千米范围小圈层开放空间面积均超过 900 平方百米，开放空间要素总面积为 5550.7 平方百米，占市区总量的 72%；20 多年的面积变化为 3804.1 平方百米，绿色、灰色、蓝色等不同开放空间要素的构成比例分别为 63%、22%、15%；主体圈层集中了洛阳市区大量的开放空间资源，各类开放空间的布局形态丰富，绿色、灰色、蓝色等不同类型的开放空间要素组成形式多样，是城市开放空间系统最重要的组成部分，很大程度上决定了市区大系统整体功能的发挥。③内里圈层。内里圈层的范围大致为自市中心至第二圈层，所包含的两个 1 千米范围小圈层，2008 年的开放空间面积分别为 50.2 平方百米、212.6 平方百米，总面积是 262.8 平方百米，占市区总量的 3.4%；20 多年的面积变化为 156.6 平方百米，绿色、灰色、蓝色等不同开放空间要素的构成比例分别为 21%、51%、28%，灰色开放空间比例高达 51%；开放空间主要由面积较小、形状各异的不同类型的要素组织而成，路网密度较高，节点较多，道路分割细密，绿色开放空间主要的空间形态为零散的附属绿地，蓝色开放空间要素在圈层内的比重较大，洛河水体是其主要成分，洛浦公园北岸的滨水区进入点较多，滨水区景观由多个小型水景组合而成。④市区开放空间系统的外围、主体、内里等不同圈层范围的划分，以不同圈层组成要素的主要空间形态特征为依据，目的在于制订更为有效、明确、便于实施的圈层优化方案。市区内部的开放空间要素的空间形态多种多样、纷繁复杂，不同圈层的范围划分并非相互之间绝对的分隔界线，个别散落在某一圈层内部的从属于其他圈层形态的开放空间要素仍可以区别对待，施以相应的、有针对性的优化措施。

（2）圈层内部一体化调控。

其一，外围圈层一体化。外围圈层开放空间一体化的核心是构建绿色、灰色、蓝色等各种类型开放空间要素的完整结构，依据洛阳市区龙门山、周山、邙山、涧河、瀍河、伊河、洛河等天然屏障的山水大势，统一规划市区开放空间系统的布局轮廓。严格控制建成区外围的耕地、农林地的建设性开发，加大北部的邙山古墓葬群、南部高铁洛阳龙门站与龙门山之间的监管力度，为城市框架的进一步拉大留出足够的空间余量；大力建设防护绿地、对外交通附属绿地、滨河绿地，科学设计其配置组合方式，构建市区生态防护性的"大环境绿网"；有选择地开辟经济林地作为市区外围的区级绿心，统一制订河流水源地的养护方案，配合市区河流注入地的地域特点，设计以保护水源地为目的的绿地、水体复合结构的楔形绿地，加强绿色、蓝色开放空间之间的联系，增加外围绿地斑块密度，完善市区绿地的脚踏石系统。适当加宽外围环形交通廊道网络的道路防护绿地宽度，有计划地添加洛阳绕城高速公路、连霍高速公路、二广高速公路等的进入点，引导市区人工廊道和自然廊道的有机结合，促进内里圈层、主体圈层开放空间的物流、能流向外围圈层的有效流动，增进市区开放空间系统的生态调控能力。全面整治市内河流、沟渠、人工水体景观的水质，疏浚河道，兴建人工水道、水景，加强河流、湖泊、小面积水景、河流周边滨水区的联系，充分发挥蓝色开放空间穿针引线的流通带动作用，统一调配市区水资源，有效串联市内大小不一、形态各异的绿色、灰色、蓝色开放空间，构建外围圈层流动的开放空间生态保护带。

其二，主体圈层一体化。主体圈层开放空间一体化的重点是加强圈层内各种类型开放空间要素之间的联系，协调绿色、灰色、蓝色等不同性质开放空间要素的结构关系，突出各类开放空间要素的统一设计。以现有灰色开放空间的网络为基础，借助新区规划、旧城更新等途径，调整公园绿地、开放绿地、滨河绿地、附属绿地的布局，选择适当的道路节点或大型商业网点门前广场（如万达广场等）增设以绿地为主的服务性小游园，提高城市绿地率；统一设计市内道路网络系统的改造、优化，改善人工廊道的连接度，提高市区路网的通达性，改良道路附属绿地的绿色结构，适当拓宽市区主要枢纽道路（如中州路、九都路、王城大道、龙门大道）两侧的绿化带，促进人工廊道的生态服务功能发挥，加强绿色开放空间与灰色开放空间的有效结合；选取主要道路节点位置改造、建设，开辟不同等级、不同性质的城市广场，统一设计、统一施工，紧密不同类型灰色开放空间的配置关系，提升市区路网系统的运行效率；统一部署、同步协调河流、沟渠、人工水体景观等蓝色开放空间要素的污染治理、环境整治，丰富水景两岸的绿化植被、建筑小品等的设计手法，促进绿色开放空间与蓝色开放空间的有机融合；利用新建道路、人工资源廊道等多种手段，加强绿色、灰色、蓝色等开放空间要素的多方面、深层次、网络化的连接、沟通、吸收、融合，更大限度地调控城市生态系统结构，提高市区开放空间系统的生态服务功能。

其三，内里圈层一体化。内里圈层开放空间的一体化主要体现在通过政策导引、规划设计等手段，依托现有市区路网，丰富绿色、蓝色开放空间的要素类型和组合方式，突出开放空间争取空间和美化环境的功能，改善绿色、灰色、蓝色等多种类型开放要素之间的镶嵌结构。洛阳市区内里圈层的开放空间要素绝大部分集中在洛北城区，洛南城区仅包括洛河北岸洛浦公园的极小部分。该圈层开放空间的一体化关键在于洛北城区的西工区、老城区的绿色、灰色、蓝色开放空间要素镶嵌式结构的合理营建；在成片开发、改造现有使用年限已久的老旧居民小区时，根据所处地段的工程地质状况，新修建的居民住宅楼以20~30层的高层建筑以及12层的小高层建筑为主；节省建筑基地面积，腾出更多的居民生活小区内部、周边的小片开放空间，建设社区级绿心或小型绿地、水体复合型景观；统一部署拆除临街、紧邻公共设施的违章或不适建筑物，对分布在市区中心的如汉屯路、西小屯局部地段等尚未改造的小片"乡村岛""城乡接合部"、老旧单位型居民小区内的不适建筑，要动员其拆除或重新布局，改善市区内开放空间与非开放空间之间的构成关系；鼓励市民个人的绿化行为，以宣传美化市容和开办大众花卉市场为引导，有组织地搞好单位庭院、居民院落等附属绿地乃至阳台、屋顶、室内的小环境绿化；在闲置空地上营造以花木、小型水景为主体的社区级城市绿心，设置简单的娱乐、健身设施，拓展小片开放空间用地，增强开放空间的景观功能和实用功能；清除市内道路网的不合理障碍物，科学设计交通管理方案，增强主要交通干道的通行能力，适当拓宽道路两旁的交通绿带，提升其作为生态廊道的可能性；降低居民小区旁边的道路等级，弱化生活小区内部道路的交通功能，提倡社区内"零机动车"的通行方案，积极引导社区内道路发展成为自然资源廊道的"细枝末节"。

（3）圈层之间一体化调控。

市区开放空间系统的圈层一体化着重在协调外围圈层、主体圈层、内里圈层等不同圈层之间开放空间要素的联结关系，改善较大空间尺度上的圈层式空间结构，增强开放空间系统对城市生态系统乃至市区空间结构的调控功能。圈层之间的一体化以主体圈层为中心，分为主体圈层与外围圈层之间的一体化和主体圈层与内里圈层之间的一体化两方面。

其一，主体圈层与外围圈层之间的一体化。主体圈层与外围圈层的一体化要以主体圈层开放空间的布局结构为依托，把控好城市进一步生长扩展的脉络和趋势，结合城市固有的自然山水屏障大势，突出两个圈层开放空间的通畅和顺达，为城市的发展建设提供更广阔的环境平台和更大的生态容量支撑。西工区的发展应强化邙山古墓葬群的保护，新增的区域性基础设施均采用绕行方案，大力发展特色牡丹种植产业，丰富市区绿地类型，加大经济林的种植力度，做好城市绿地系统的外围呼应。涧西区的绿色开放空间建设应在已有的相对完善的结构基础上，适当加宽西南环绕城高速路的道路附属绿地，并选择适当位置（遇驾沟、小所）建设面积较大的楔形区级绿心，建立以市区外围公路绿带为廊道，配合对内交通道路绿地（高新技术产业开发区、涧西大厂区），以大小不一、形状各异的绿地为斑块的完整绿色开放空间系统；加强灰色开放空间廊道的流通作用，促进绿色、灰色开放空间的有效结合；加强不同类型的开放空间要素组合的生态服务功能，蓝色开放空间要素的优化实施要重点净化水源地周边环境、涵养涧河水源。瀍河区过渡地段的优化应着眼于绿色、灰色、蓝色等各种类型开放空间要素的立体网络设计，通过不同类型开放空间要素的多种组合，增进开放空间对城市生态系统的调控作用；加大厂区与市内路网连接的交通干道行道树的宽度和密度，引邙山渠水、瀍河河水修建人工水道环绕厂区，在区内核心地段增设主题水景，选择厂区内主要道路节点设计以绿植为主要景观的交通环岛。洛龙区是城市现阶段建设的重点地区，消除快速增加的道路等基础设施带来的负面环境影响是当务之急；在开拓新的市区道路网络的同时，增设人工水道、水景、小面积社区绿心，加密市区内部南北方向道路两旁的行道树数量，借助已有的灰色开放空间网络，建立多条洛河与伊河之间的联系通道；构建丰富多彩的蓝色和绿色开放空间要素组合，在对外交通线路两侧设立 50～100 米的防护绿带，控制高速铁路沿线的负面环境影响程度，担当建成区向龙门山蔓延扩展的生态隔离带。

其二，主体圈层与内里圈层之间的一体化。主体圈层与内里圈层的一体化应在现有空间布局结构基础上，以主体圈层开放空间为根基，兼顾不同行政区的功能特点，充分体现两个圈层开放空间的沟通和融合，遵从不同方向上市区内部自然地理条件的约束，赋予特色鲜明的优化措施。西工区的邙山组团是洛阳市需要大力开发的热点地区，开放空间的结构设计要综合考虑该地区的现有基础和城市的拓展需求，通过兴建和拓宽对内的主干道、次干道确定开放空间的总体架构；设计合理的交通绿地宽度，强化道路的生态廊道作用；选择恰当位置的道路节点和居民小区内部建设社区绿心，依托道路交通网络实现原有楔形绿地与小型绿地斑块的串联关系；沿王城大道引邙山渠水，在史家屯或五女冢设置人工水景，建立以灰色开放空间为基，绿色、蓝色开放空间为点的立体结构。涧西区已有的绿色、灰色、蓝色开放空间的结构相对完整，优化设计要围绕涧河这个主题，加宽涧河两岸的滨河绿地宽度，调整沿岸种植的绿色结构；以王城公园为中心，恢复并扩建中州桥头广场，通过雕塑或喷泉等设计手法加强广场中蓝色开放空间要素的影响力，建设以王城公园为核心的涧河游览区。老城区的优化重点在于迅速增加小面积的社区绿地斑块和道路节点绿地斑块的数量，提高已有附属绿地品质；改善环绕老城区核心区域水网的水质，拓宽沿河滨水地带，两岸种植兼有灌、木、草等多种类型的绿植复合结构绿带，增强内里圈层接纳主体圈层开放空间要素渗透的能力。洛龙区在现有开放空间结构基础上，构建多条通道，增强接纳作为市区绿心的隋唐城遗址植物园生态辐射的能力，选用特色的绿植配合人工水景的方法改造龙门大道进入隋唐城遗址的区段；降低交通廊道对城市绿心的分割影响，适当拓宽胜利渠，并辅助一定宽度的滨河绿地，借助绿色、灰色、蓝色开放空间立体结构的功效，提升开放空间系统对城市生态系统的调控作用。

三、绿色开放空间系统的分析与调控

（一）绿色开放空间系统的分析

1. 不同方向、梯度的格局变化

1988—2008 年，洛阳市区绿色开放空间的增量为 3114.28 平方百米，位居市区开放空间系统内部各类要素的首位，绿色开放空间系统内各项绿地面积在城镇化的不同发展阶段均发生了显著的变化（见图 3-18），城镇化进程主导了绿色开放空间系统中各种类型要素的面积变化，其总的趋势是生产绿地的大面积缩减，滨河绿地、公园绿地、附属绿地的面积有较快增长。1998 年，城镇化处于常规阶段，建成区沿东西向渐进式扩展延伸，绿色开放空间面积的增加以建成区外围北部丘陵、山地的生产绿地、农林地为主，滨河绿地、公园绿地等的面积和布局都没有明显改观。1998—2008 年，城镇化进入快速发展阶段，建成区核心地段沿洛河及周边水域的整治，隋唐城遗址植物园的绿化工程以及邙山、周山乃至龙门山的山体复绿，带来了洛阳市区主体圈层绿化面积的大幅度增加，改善了市区的生态环境，在一定程度上缓解了城市人口集聚带来的环境压力。

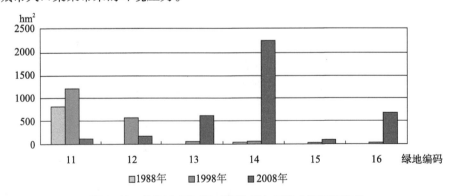

图3-18 洛阳市区不同时期的绿色开放空间面积变化

注：图中绿色开放空间编码与洛阳市区开放空间系统要素分类体系一致。

（1）不同方向的格局变化。

1988—1998 年，洛阳市建成区外围西北、西南的生产绿地、南部农林地的面积增加占绿色开放空间增量的 86.7%，1998—2008 年，绿色开放空间系统内部的主要变化在于市区内大量滨河绿地、公园绿地和附属绿地的出现，公园绿地增量是绿色开放空间增量的 1.11 倍，市区内部的居住环境相应得到了较大改善，但建成区外围生产绿地、农林地的大面积缩减，削弱了市区外围圈层绿地系统的防护调控能力。城镇化进程中绿色开放空间系统的各类组成要素在不同方向上的变化不尽相同（见图 3-19）。

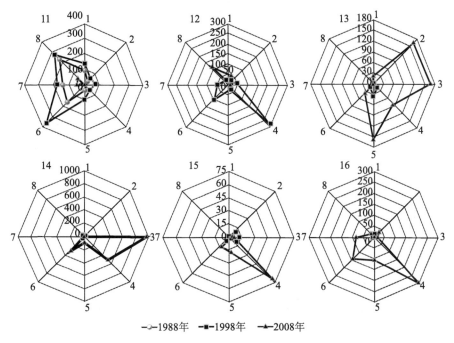

图 3-19　洛阳市区各类绿色开放空间在不同方向的分布变化（单位：hm²）

可以看出，1988—2008 年，城镇化进程对洛阳市区绿色开放空间系统内部的格局影响非常大，系统内各种类型的组成要素在不同方向上的变化十分明显。①生产绿地。生产绿地的变化主要集中在建成区外围的西部，在西北和西南两个方向上的变化基本一致。1988—1998 年，面积有较大幅度增加，随着建成区的逐渐外扩，生产绿地不断被侵占。②农林地。农林地的面积先是有一定幅度增加，之后迅速减少。③滨河绿地。滨河绿地的变化在后一个十年内表现极为显著，主要集中在城市的东部和南部；一方面由于滨河绿地的开发受市区自然地理条件的约束，另一方面也反映出洛阳市内该项绿地建设的重点是紧紧围绕洛河及伊河进行的。④公园绿地。一方面，争创国家园林城市的各项举措的积极导引，大大增加了市区内部的公园绿地面积。另一方面，洛阳市区公园绿地的等级尚不完整，市级—区级—居住区的公园绿地体系尚未完全形成，公园绿地的布局结构还不够合理，市区内主体圈层的区级公园绿地、内里圈层的居住区游园绿地的建设应予以加强。⑤开放绿地。现有的开放绿地主要集中在洛南新区的中心区，沿中轴线两侧展开，分布集中且面积不大。市区内原有为数不多、面积不大的开放绿地由于旧城更新、道路拓宽的原因或被侵占、或被交通环岛附属绿地取代；洛北城区现有的开放绿地无法满足市民休闲游憩的生活需求。⑥附属绿地。1998 年以来，洛阳市区附属绿地的增量较大，占绿色开放空间增量的 33.7%，城市普遍"布绿""透绿"措施的大力推行，促进了附属绿地面积的增加，与市政公共设施、工厂用地、交通用地等相关的附属绿地建设都得到了大力加强，但市内居住用地的附属绿地比例较小。

（2）不同梯度的格局变化。

1988—2008 年，公园绿地的面积变化最为显著，生产绿地的不断缩减也不容小视。位于不同圈层、不同类型的绿色开放空间要素因其所处的位置、区位特征的不同，在系统内部的结构本已差别明显，加之城镇化对其施加的影响强度差异迥然，造成了绿色开放空间系统内部不同梯度上的要素结构变化的阶段性特征，滨河绿地面积的增长在后十年内速度更快，内里圈层的公园绿地缓慢减少，主体圈层的变化相对复杂；同时，城镇化的影响还表现在绿色开放空间系统内部不同圈层的各种类型要素之间的构成关系上，内里圈层以附属绿地、滨河绿地为主，主体圈层以公园绿地为主，外围圈层的公园绿地、滨河绿地是其主要绿地组分。在城镇化的不同阶段，绿色开放空间系统内部的不同类型要素在不同梯度上的布局变化也各具特色（见图 3-20）。

①生产绿地。生产绿地的主要变化时期在 1988—1998 年的第四至第十圈层，处于当时建成区与市区之间的过渡地带，第五至第八圈层的变化最为显著，城镇化进程中，建成区外扩导致洛阳市区生产绿地的大面积缩减，到 2008 年，除第六圈层和第十圈层以外，市区内部基本已无生产绿地。②农林地。农林地是洛阳市区绿色开放空间系统内所占比例最小的要素类型，在城镇化发展的不同时期，变化均不明显，即使在面积数量最大的 1998 年，农林地也仅在外围圈层稍有分布。③滨河绿地。滨河绿地的面积变化主要在 1998—2008 年的第三至第九圈层，变化曲线呈连绵的"山峰"

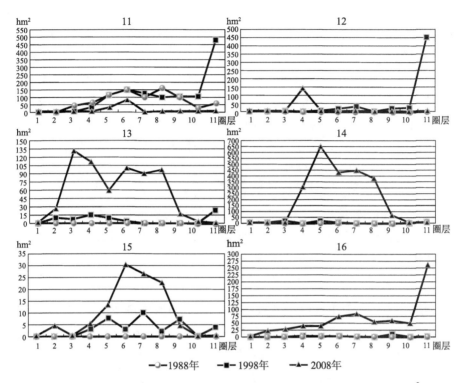

图 3-20　洛阳市区各类绿色开放空间在不同梯度的分布变化（单位：hm²）

形，原因在于第五圈层出现峰谷，第五圈层内有洛浦公园、涧河滨河绿地的一段，表明洛浦公园老城段以及涧河的滨河绿地建设亟待加强。第三圈层是滨河绿地变化曲线上的峰顶，圈层内洛河南岸的洛浦公园、涧河的王城公园段滨河绿地的覆盖面积大，对市区环境的生态调控作用很大，能够充分体现绿色开放空间的生态、景观等功能。④公园绿地。公园绿地的变化集中在 1998—2008 年的第四至第八圈层，变化曲线呈"单峰"形。第五圈层是峰顶，这一圈层内有上清宫森林公园的大部分、隋唐城遗址植物园、西苑公园、国家牡丹园的一部分等多处公园绿地。第四、第六至第八圈层公园绿地面积也较大，洛阳市区大多数的公园绿地均分布在这个区域，其也是市内公园绿地过于集中的体现。⑤开放绿地。开放绿地在洛阳市区绿色开放空间系统中的比重很小，是城镇化进程中市区绿地建设的短板。至2008 年，开放绿地的总面积仅有 106.58 平方百米，不足公园绿地的 5%，变化曲线呈倒"U"形，最大值为 30.44 平方百米，集中在洛南新区所在的第六至第八圈层。从不同时期的变化趋势来看，各圈层的面积均有增加，第六圈层增加幅度最大。⑥附属绿地。附属绿地在洛阳市区各圈层的分布相对均衡，1998 年以来，附属绿地的建设面积稳步增加，且各圈层之间的差异不大，在绿色开放空间要素富集的第六至第八圈层略高；2008 年，附属绿地面积为绿色开放空间面积的 22.4%，十年来的增幅较大，增速较快，尤其是在其他绿色开放空间要素稀少的第二圈层也有一定的增量。结合公园绿地、开放绿地、附属绿地的分布梯度情况，可以充分反映出洛阳市区绿色开放空间系统的布局特点：绿地要素的集中度过高，市区内的现有绿地系统已经形成了一定宽度的绿色隔离带，但在不同方向上的分布尚不均衡，并未形成完整的闭环网络。现有的绿色开放空间系统的内里圈层的绿地多表现为面积较小的附属绿地形式，覆盖率低、覆盖面积小，是市区绿地系统建设的最薄弱环节，人口聚集度最高的内里圈层，绿色开放空间系统的生态调控能力反而最弱，内里圈层的绿色开放空间系统内部的结构优化是改善居民生活居住环境的关键。

2. 斑块类型水平上的梯度变化

为综合考察洛阳市区绿色开放空间系统中的绿地斑块的分布格局情况，将其纳入同一体系，通过计算斑块类型水平指数（Class-level Index）的方法，分析洛阳市区绿色开放空间系统的分布格局特征。自选取的市中心原点出发，以选取的八个象限分割轴为放射轴线，从中心向市区边界每隔 1 千米设置半径为 1 千米的圆形空间采样区间，在 11 个圈层共得到 71 个样本点。选择景观格局指数中的斑块密度（PD）、景观形状指数（LSI）和最大斑块指数（LPI）等三个指标，通过计算 71 个样本点的各项景观指数值，判读不同时期洛阳市区绿色开放空间系统斑块类型水平上的格局梯度变化特征。

（1）斑块密度。

通过对比 1988 年、1998 年、2008 年三个时期获取的采样点内的信息，可以看出市区核心区域的绿地斑块密度（PD）在逐渐增大。1988 年，市区绿地斑块密度值均较低，1998 年，市区内部斑块密度增加，并逐渐向市区核心区域蔓延，洛河北岸沿河地带的绿地斑块密度的指标值较大，2008 年，采样点上获取的绿地斑块信息增多，且绿地斑块密度值也在逐渐增大，洛河沿岸及市区西出口地带的绿地斑块密度指标较大。绿地斑块密度指标值的变化折射出洛阳市区内部绿地组成结构的更替，绿地要素主要布局在洛河沿岸，滨河绿地、公园绿地、附属绿地逐渐发展成为市区绿地系统的主要组分（见图 3-21）。

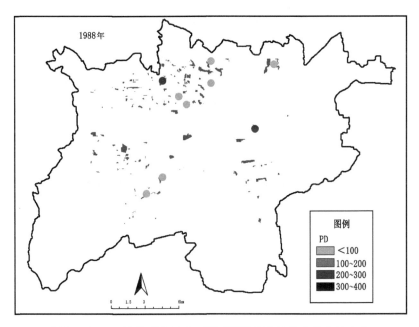

图 3-21a　斑块类型水平上不同时期的绿色开放空间斑块密度

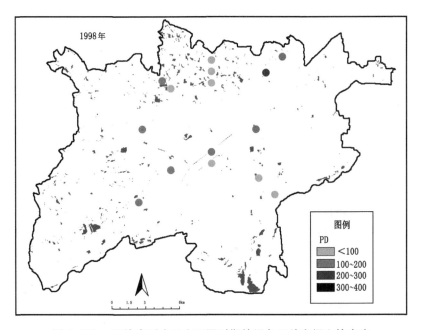

图 3-21b　斑块类型水平上不同时期的绿色开放空间斑块密度

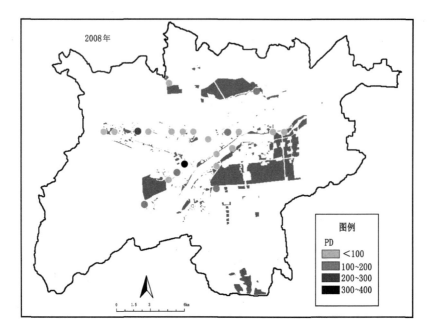

图 3-21c　斑块类型水平上不同时期的绿色开放空间斑块密度

（2）斑块形状指数。

随着城镇化水平的不断提高，采样点获取的洛阳市区内部的绿色开放空间斑块形状指数值呈现逐渐增大的趋势。在城镇化发展的不同时期，绿地斑块形状指数的变化略有不同，1988—1998 年，绿地斑块形状指数变化不大，少数采样点的指数值还有下降，人为因素的影响致使绿地斑块形状逐渐规则，斑块形状指数值降低；1998—2008 年，大多数绿地斑块形状指数值较低，主要缘于人为因素的作用，人为规划的绿地较自然绿地的形状更加规则，导致斑块形状指数值降低；涧河个别地段的滨河绿地、洛河个别地段的滨河绿地、城市西出口部分附属绿地斑块形状指数值较高，是受局部发展条件限制，因地制宜、普遍布绿的结果。综观 20 多年的情况，洛阳市区内部的绿地斑块形状指数一直不高，2008 年，采样点获取的绿地斑块信息较丰富，但斑块形状指数的指标值多在 1~1.3 或 1.3~1.6 的值域，说明洛阳市区绿色开放空间系统的整体格局受城市规划影响较大，绿地一般呈现出较为规则的几何形状（见图 3-22）。

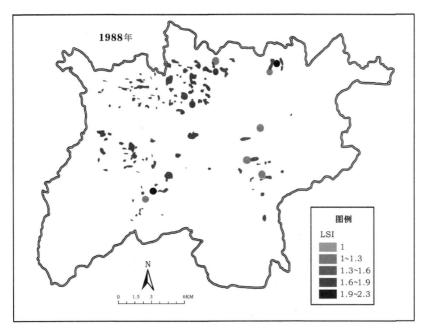

图 3-22a 斑块类型水平上不同时期的绿色开放空间斑块形状指数

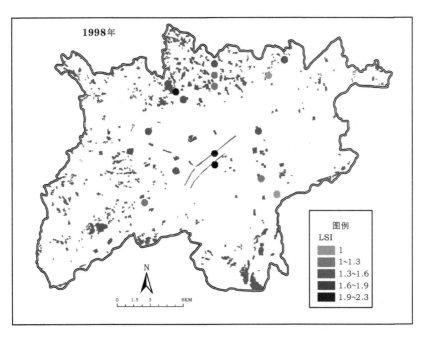

图 3-22b 斑块类型水平上不同时期的绿色开放空间斑块形状指数

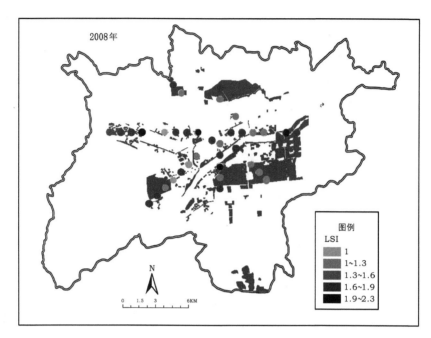

图 3-22c   斑块类型水平上不同时期的绿色开放空间斑块形状指数

（3）最大斑块指数。

洛阳市区内部的绿地斑块面积普遍较大，且与周边其他类型斑块的联系并不紧密。1988年，为数不多的采样点内的绿地斑块面积均占采样点面积的90%以上；1998年，获取绿地信息的采样点增多，反映出生产绿地的面积、数量都在不断增加，但在市区西北、东北两个方向上获取的生产绿地采样点的最大斑块指数值有所降低，说明该区域的生产绿地单体斑块有缩小的趋势；2008年，市区内部的生产绿地、农林地大面积缩减，其他类型绿地则较多地集中在与市中心有一定距离的地带，采样点获取的绿地最大斑块指数较高，仅在西部、西南部有减小的趋势，说明洛阳市区绿色开放空间系统的布局受城市规划影响较大，城镇化进程中的政策导引作用突出（见图3-23）。

（二）绿色开放空间系统的评价

1. 系统结构评价

（1）不同方向的结构测度。

综观洛阳市区绿色开放空间系统在各个方向上的结构变化，城镇化带来了城市内部景观的快速转变，城镇化水平的提高是绿色开放空间系统内部各

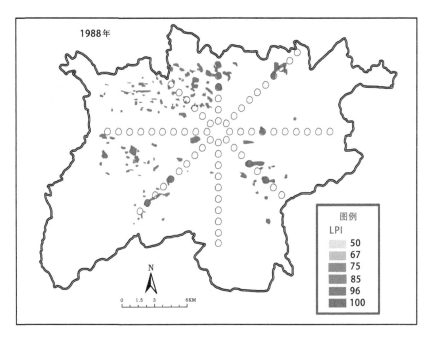

图 3-23a　斑块类型水平上不同时期的绿色开放空间最大斑块指数

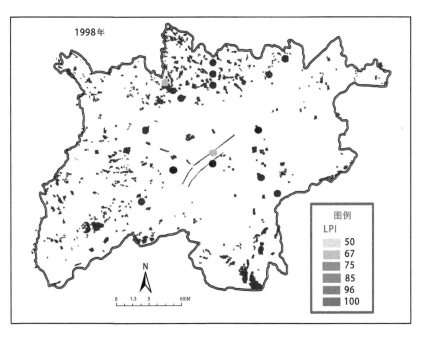

图 3-23b　斑块类型水平上不同时期的绿色开放空间最大斑块指数

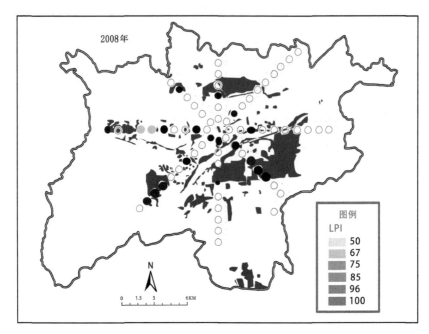

图 3-23c　斑块类型水平上不同时期的绿色开放空间最大斑块指数

种类型要素间构成变化的主要动力。伴随建成区的逐渐外扩，生产绿地、农林地被大规模侵占，并且割裂了市区绿色开放系统结构的整体性，降低了绿色开放空间对市区生态系统的调控能力；滨河绿地、公园绿地、开放绿地、附属绿地等类型绿地的面积有不同程度的增加，但结构的均衡性还亟待进一步提高；绿色开放空间系统内各种类型要素之间在空间形态结构上的协调配置应是城市绿色开放空间系统未来建设的核心和重点（见图 3-24）。其中：
①生产绿地。1988—1998 年，生产绿地的均匀比指数在各个方向上差异不大，说明此阶段的洛阳市处于城镇化发展的初期，城镇化水平提高速度较慢，城市发展对生产绿地的分布影响不大；1998—2008 年，城镇化水平的快速提高，迅速打破了生产绿地原有的布局结构，生产绿地在城市绿地系统中所占的比重已经非常小，仅在第七、第八象限略有分布。②农林地。农林地的布局随城镇化进程的不断深入，变化非常显著。表明城镇化进程的推进导致建成区与市区之间的大量农林地不复存在，破坏了城市绿色开放空间系统结构的完整性。③滨河绿地。1998—2008 年，洛阳市区滨河绿地布局结构的均衡性有所提高。其中，1998 年，滨河绿地仅在第三至第六象限有所分布，且分布的均衡性不高；2008 年，洛阳市内的第一至第七象限均有滨河绿地分布，且整体布局的均衡性略有提高。④公园绿地。城镇化进程对公园绿地的布局结构

的影响非常大，城镇化水平的快速提高，促进了洛阳市区公园绿地的均衡性不断提高。⑤开放绿地。洛阳市区开放绿地的布局始终不理想，分布较少，且布局的均衡性较差。1998年，开放绿地在第二至第七象限均有分布，布局均衡性不高；城市的进一步发展，开放绿地的均衡性非升反降，降低了市区绿色开放空间系统整体结构的协调性，削弱了洛阳市区绿色开放空间系统的生态服务功能。⑥附属绿地。1998年以来，洛阳市区绿色开放空间系统内部附属绿地的均衡性在逐渐提高，与1998年相比，2008年市区附属绿地在各个方向上的均衡程度都有所加强，第五、第六象限附属绿地的均衡性最高。

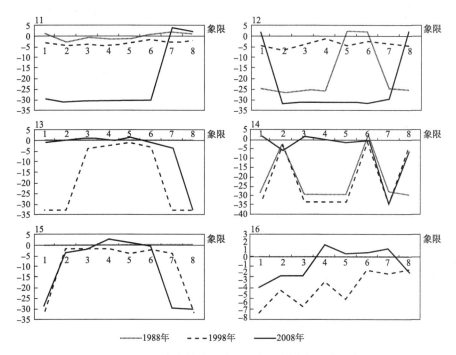

图3-24 不同方向的洛阳市区绿色开放空间要素均衡性

（2）不同梯度的结构测度。

运用结构均衡性指数测度模型中的均匀比指数模型，通过对比不同时期的均匀比指数的指标值变化，判读城镇化发展在不同梯度上对各种类型绿地要素的影响（见图3-25）。可以看出，与市中心距离的远近对各种类型绿地要素的空间布局结构影响很大，同时也在一定程度上决定了其对城镇化发展的响应程度。

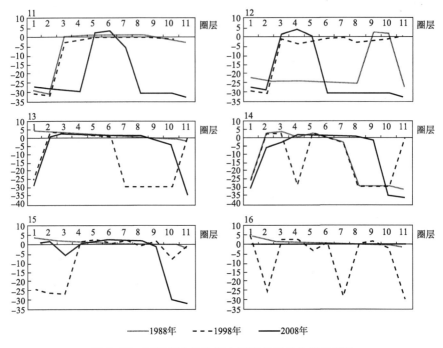

图 3-25　不同梯度的洛阳市区绿色开放空间均衡性

①生产绿地。生产绿地在不同梯度上的分布格局比不同方向上更加均衡，且受城镇化发展的影响稍弱。1988—1998 年，城镇化发展初期，城镇化发展基础薄弱，发展速度较慢，生产绿地的布局基本未受影响，在各个圈层的分布比较均衡；1998—2008 年，城镇化进程快速推进，建成区面积扩展迅速，且城市景观更替较快，生产绿地基本仅存于第五至第七圈层，均衡程度随之降低。②农林地。不同梯度上农林地的布局变化与城镇化进程中的洛阳市区内部空间结构的变化完全一致。1988 年，洛阳市是东西向狭长的带状城市结构，农林地主要分布在第九、第十圈层，布局相对均衡；1998 年，市区在南北方向上的发展逐渐加强，城市在东西方向上被继续缓慢拉长，自第三圈层就出现了农林地类型，且各个圈层的分布基本均衡；2008 年，洛南新区的建设已经非常成熟，市区内部的空间结构从东西向狭长形带状布局转变为以洛河为轴的南北对称的布局结构，城镇化水平快速提高，市区内部的用地类型快速转换，农林地仅少量存在于第三至第五圈层，且以林地为主，农林地的均衡程度也有所下降。③滨河绿地。1998 年，滨河绿地要素富集在第二至第六圈层，且均衡程度较高，涧河、洛河、瀍河的滨河绿地资源均分布于此，由于当时的建成区主要是洛北城区，第六圈层以外几乎没有滨河绿地要素存在，随着建成区的逐渐外扩，洛南新区的建设成熟，至 2008 年，滨河绿地在

各圈层的分布面积不断增加，且布局结构比较合理，但第十圈层以外滨河绿地分布的均衡程度较差，说明伊河沿岸滨河绿地的建设急需加强。④公园绿地。公园绿地是洛阳市区绿色开放空间系统中占有比例最大的一类组成要素，其均衡程度的变化也最为复杂。1988—1998年，公园绿地在各个梯度上的均衡程度几乎没有太大变化，最为明显的变化区间在第三至第五圈层，第四圈层的均衡程度明显下降，建成区的逐渐外扩，原有圈层内的公园绿地被其他地代替，导致了同期公园绿地均衡程度的下降；1998年以来，城市的各项建设措施促进了公园绿地的建设，市区公园绿地面积不断增加，在不同梯度上的均衡程度也有所改善，但第九圈层以外的公园绿地明显缺少，表明周山森林公园以及龙门山的山体绿化工程应进一步加大力度，构建市区内部完整的公园绿地体系。⑤开放绿地。1998年，市区内部的开放绿地存在于第四圈层以外，均衡程度较好，不同梯度内均有开放绿地，但面积不大，主要存在于涧西区、西工区；到了2008年，各圈层几乎均有开放绿地要素存在，说明城镇化进程的不断推进，城市居民对生活环境质量要求的逐渐提高，内里圈层的绿色开放空间建设得到了一定程度的加强，但均衡程度明显低于其他圈层，城市中心区用地紧张是内里圈层开放绿地均衡程度较低的主要原因，如何调控内里圈层绿色开放空间系统的均衡性是未来城市建设必须解决的严峻命题；第九圈层以外的开放绿地均衡程度明显降低，表明在建成区不断外扩的同时，忽视了市区绿色开放空间系统内部结构的层次性建设，应保持市区绿地建设与城市整体建设步调的一致性。⑥附属绿地。由于1988年的绿色开放空间基础数据没有附属绿地类型，为了方便进一步研究，数据做了归一处理，只讨论1998—2008年的变化情况。1998—2008年，洛阳市区附属绿地的建设有了明显起色，"城市普遍布绿、单位普遍透绿"的绿化举措使市区附属绿地的建设登上了一个崭新的台阶，附属绿地在各个圈层的分布相对比较均衡。通过对洛阳市区不同圈层的单位、居民区等地的实地踏勘发现，单位附属绿地的建设情况明显好于居民区，主体圈层附属绿地的建设情况明显好于内里圈层；同一圈层不同方向上居民区附属绿地的建设情况差异较大，洛南新区居民区的附属绿地建设情况明显好于市区的其他地区，老城瀍河居民区的绿地建设情况则相对较差。

2. 系统功能效应

（1）指标体系与评估方法。

以系统结构评价为基础，采用绿地系统生态服务功能格局测度模型评价洛阳市区绿色开放空间系统的生态服务功能。选择市区绿地均匀度、建成区绿化覆盖面积、建成区绿化覆盖率、公园绿地面积、人均公园绿地面积等构建评价指标体系，对各类指标的数值进行标准化处理，利用多边形综合指标法（王如松，2004）对结果进行分析与预测。

指标体系构建。建成区绿地率、绿化覆盖面积、建成区绿化覆盖率、人均公园绿地面积等指标在一定程度上反映了一个城市绿地面积的多少，但城市绿色开放空间系统的生态服务功能还与绿地的体量、系统的内部结构以及绿地的均匀度等指标有很大的关系。鉴于此，并结合数据获取的可能性，构建洛阳市绿色开放空间系统生态服务功能的指标体系（见表3-12）。

表 3-12　绿色开放空间系统的生态服务功能评价指标体系

指标编码	指标名称	含义	数据来源
1	绿地均匀度	描述市区内不同绿地分布的均匀程度	计算
2	建成区绿地率	指城市各类绿地总面积占城市面积的比率	计算
3	建成区绿化覆盖面积	城市绿化覆盖面积	《河南统计年鉴》
4	建成区绿化覆盖率	城市绿化覆盖面积占城市面积的比率	《河南统计年鉴》
5	公园绿地面积	城市公园绿地覆盖面积	《河南统计年鉴》
6	人均公园绿地面积	城市中每个居民平均占有公园绿地的面积	《河南统计年鉴》

注：指标含义参照《城市绿化规划建设指标的规定》，建城〔1993〕784号文件。

数据处理。所有计算得到或直接从统计年鉴获取的数据，需经过标准化处理（王如松，2004）。公式为：

$$I_{ij} = \frac{X_{ij}}{R_i} \tag{3-3}$$

式中，I_{ij} 为第 i 个指标在第 j 阶段的指数；X_{ij} 为第 i 个指标在第 j 阶段的值；R_i 为第 i 个指标的参考值，这里统一选用 2020 年的洛阳市远期城市规划指标值。绿地均匀度指数描述市区内不同绿地分布的均匀程度，用相对均匀度 E^* 表示（Forman & Gordon，1986）。

$$E^* = \frac{H}{H_{max}} \times 100\% \tag{3-4}$$

式中，E^* 为相对均匀度指数，H 为修正了的 Simpson 指数，H_{max} 为绿地最大可能均匀度。

$$H = - \lg\left[\sum_{i=1}^{T} P(i)^2 \right] \tag{3-5}$$

$$H_{max} = \lg T \tag{3-6}$$

式中，$P(i)$ 为绿地类型 i 在景观中的面积比例，T 为景观中绿地的类型总数。

评估方法。对洛阳市区绿地开放空间系统生态服务功能的评价，采用多边形综合指标法。以 i 个指标作为 i 条轴，每条轴的长度为 1，画出一个正 i 边形，在每一条轴上标出每一个指标的值，连接代表指标值的所有点，就形成一个新的 i 边形，利用 i 多边形的面积除以边长为 1 的正 i 边形面积，得到洛阳绿地系统生态服务功能的综合指数，数值的取值范围为 $[0，1]$，数值越大表示系统的服务功能越强。公式为：

$$I_{cj} = \frac{S_j}{S_t} \tag{3-7}$$

式中，I_{cj} 为第 j 阶段的综合指数，S_j 为第 j 阶段的多边形面积，S_t 为边长为 1 的正多边形的面积（王如松，2004）。

（2）生态服务功能评价。

分别对上述指标进行标准化处理，得到各项指标的标准化指数值（见表 3-13）。

表 3-13　绿色开放空间系统指标的标准化指数

指标编码	指标名称	指标数值（X_{ij}）	指标参考值（R_i）	指标指数（I_{ij}）
1	绿地均匀度（%）	0.536	1	0.536
2	建成区绿地率（%）	33	40	0.825
3	建成区绿化覆盖面积（hm²）	5638	14750	0.382
4	建成区绿化覆盖率（%）	34.39	50①	0.688
5	公园绿地面积（hm²）	583	3000	0.194
6	人均公园绿地面积（m²）	5.13	17.65	0.291

绿色开放空间的生态服务功能强度可按综合指数的大小分为 4 个等级：I 为优良，≥0.75；II 为较好，0.5~0.75；III 为一般，0.25~0.5；IV 为较差，≤0.25。经计算，洛阳市区绿色开放空间系统的生态服务功能的综合指数 I_{cj}＝0.228，位于第三等级，系统的生态服务功能一般，说明现阶段洛阳市区的绿地覆盖面积尽管不小，但在保护市区生态环境、维持生态系统平衡、保持生物多样性等方面并未发挥应有的保障、支撑、促进作用。考察各项指标的标准化指数值，并结合市区绿色开放空间系统内部的各种类型要素在不同方向和不同梯度的结构变化，可以看出在保持生物多样性等方面未发挥应有的保障、支

---

① 国外学者认为，考虑到热岛效应和碳氧平衡，合理的城市绿化覆盖率应为 50% 左右（王如松，2004）。

撑、促进作用。①建成区快速外扩、重点建设区位转移等因素致使不同类型绿地的均匀比指数值差异较大，空间结构的均衡性不理想，绿地应有的生态服务功能大打折扣。②生产绿地、农林地大面积缩减，尤其外围圈层鲜有分布；滨河绿地、公园绿地、景观绿地和附属绿地等居民生活需求较高的绿地面积虽有大幅增加，但结构逐渐趋向简单，形状规则、斑块丰富度下降，削弱了生态服务功能的整体性。③公园绿地面积及人均公园绿地面积等两项功能强度指标偏低，现有的12个公园几乎全部集中在主体圈层，在人口稠密的西工、涧西、老城瀍河区等洛北旧城区，公园绿地面积比例较小是制约系统生态服务功能发挥的最主要原因。④实践证明，由乔、灌、草组成的绿地综合生态效益最好。洛阳市区各种类型绿地植被构成比较单一，实际生态服务功能受到影响。

（三）基于 Huff 模型的系统分析

1. 系统供需关系分析

研究借助 Huff 模型从绿地系统的供应能力、市区居民的实际需求以及绿地与居民点之间的供需关系等三个方面出发，分析洛阳市区绿色开放空间系统的供需关系现状。具体有三：

其一，绿地的实际供应能力分析（见图 3-26）。绿地受自身面积大小、在路网中的位置及其与路网的结合状况、与居民点的空间位置关系等因素的影响，表现出来的供应能力将有很大差别。一般来讲，绿地面积较大，位于人口密集、居民点较多的市区交通便捷的地点，其供应能力较强，可以吸引更多居民的访问。

以王城公园为例，受自身面积、周边居民点人口规模、路网构成情况等因素的影响，其服务供应能力，即吸引周围居民点的访问概率各不相同（见图 3-27）。访问概率大于50%的居民点有1个，访问概率在40%~50%的居民点有1个，访问概率在30%~40%的居民点有4个，访问概率在20%~30%的居民点有6个，访问概率在10%~20%的居民点有10个，对市区内的其他居民点而言，王城公园的吸引概率均小于10%，也就是说，这些居民点的居民平时访问该绿地的可能性非常小。王城公园所处地理位置极佳，环境优美，公园绿地面积较大，且毗邻涧河滨河绿地，是洛阳市区内非常重要的休闲、游憩场所，但分析的结果表明，其供应能力并不强，访问概率超过20%的居民点仅有6处。考察洛阳市区的绿色开放空间系统内的全部绿地要素，参与模型计算的绿地共192块，居民点126个，从 Huff 模型对所有绿地的统计分析结果来看，洛阳市区绿色开放空间系统内部绿地的供应能力大多不强。绿地面积

图 3-26　洛阳市区绿色开放空间的实际供应能力

以及绿地在市区布局的位置影响了其供应能力的发挥，面积较大的绿地大多远离人口密集的市区核心区域，主体圈层和内里圈层的绿地布局结构亟待优化。

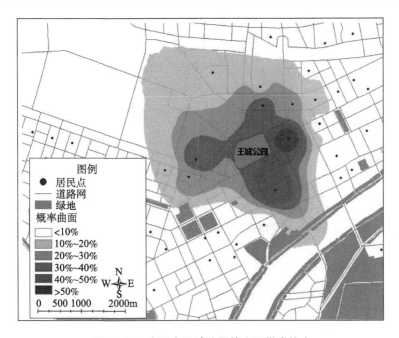

图 3-27　洛阳市王城公园的实际供应能力

其二，市区居民的实际需求状况（见图3-28）。计算洛阳市区的126个居民点访问绿地的出行时间，步行平均时间成本为28.2分钟；出行耗费时间在平均成本值以下的居民点个数为71个，仅占56.35%，市区居民对绿地的访问成本普遍比较大。究其原因，市区绿色开放空间在主体圈层和内里圈层的分布不够均衡、布局不够合理是最大的问题。现阶段洛阳市的人口居住区主要集中在洛北城区，市内的人口密集区为老城瀍河区、西工区、涧西区，这四个行政区内的各种类型绿地面积均不大，尤其是内里圈层的居住区附属绿地，数量少、面积小，根本无法满足居民的日常生活需求。市区居民的出行主要受距离成本和居民点附近的路网通达性影响，目前洛阳市区绿色开放空间与居民点之间的空间配置关系不协调，绿地资源丰富的地区通常居民点较少，居民点密集的地区又往往绿地资源匮乏，且供应能力较差，各种不合理的空间构成关系加大了居民出行的时间成本，影响了市区居民的生活质量。

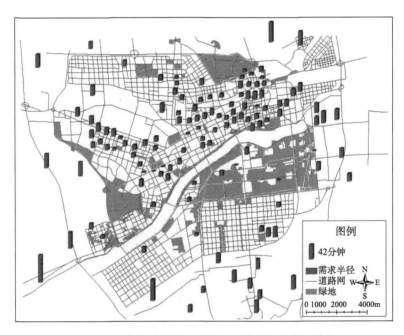

图3-28 洛阳城市居民对绿色开放空间的实际需求

其三，绿地与居民点之间的供需关系。绿地的供应能力与居民点的需求关系决定了市区绿色开放空间系统的服务效益，绿地与居民点的空间位置关系以及现状路网的布局结构是影响绿地供应与居民需求的重要因素。依据Huff模型的计算结果，基于市区现状道路网络，居民访问绿地的最短路径选择因绿地与居民点的空间位置关系而差异显著（见图3-29）。洛北城区的居民点对绿地的需求非常大，但由于大多数居民点周围绿地设施的匮乏，某一块绿地成为众多居民点的最佳选择，如东周王城广场、洛浦公园、王城公园等绿地成为大多数居民点的选择；反观洛南城区，由于居民点较少，居住人口密度较低，洛浦公园南岸的多处绿地均没有对应的服务对象，洛南新区中心地段的开放绿地只能成为驱车游览或节假日出游的选择，完全没有发挥其作为洛南城区中心开放绿地应起到的作用。

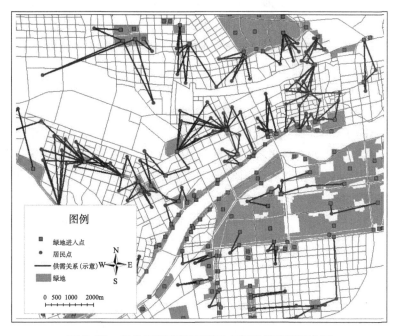

图3-29　绿色开放空间与居民点间的最优路径选择

2. 系统供需关系评价

基于供需关系对洛阳市区绿色开放空间系统的分析，反映出洛阳市区绿色开放空间系统内部的供需现状极不平衡。2008年，洛阳市建成区绿地覆盖面积为5638平方百米，建成区绿化覆盖率达到34.39%，但市区主要绿地大多存在于主体圈层的第三圈层以外，且绝大多数分布在洛南城区；第三圈层内仅有洛浦公园、王城公园以及少量面积较小的开放绿地，居民点最为密集的第一、第二圈层和老城瀍河区根本没有可选择的理想绿地游憩场所，居民的休闲、游憩行为必须付出较多的出行时间和较远的出行距离，市区内部的绿地布局中形成了明显的中心"空洞"；近年来绿地规模的大幅度增加并没有真正提高绿地服务市区居民的供应能力，也未能给市区居民的生活带来实质意义上的便利，逐步增加且相对充足的绿地供应仍无法满足市区居民的生活需求；市区内里圈层的绿地结构得不到有效的改善，绿色开放空间系统的生态服务功能将无法有效发挥，洛北城区的居民对绿地的需求将始终无法得到满足。更为严重的是，老城瀍河区是洛北城区的副中心，居民点分布密度较高，是洛阳市内的主要生活功能区，但1988—2008年，绿色开放空间的容量仅增加了258.58平方百米；尽管瀍河滨河绿地、洛浦公园东段滨河绿地、南关公园绿地对局部小区域生态环境质量的提升有一定的作用，但区内附属绿地数量少、面积小等问题的存在，始终是洛阳市绿色开放空间系统建设发展中的弱项，将从根本上制约市区绿色开放空间系统整体功能的发挥。

城镇化进程中的洛阳市区绿色开放空间系统建设，烙上了国家政策和城市规划导引的深刻印记。争取国家园林城市的努力，促使建成区绿地覆盖率从1998年的15.81%急速上升至2002年的34.12%，公园绿地却仅从4.76%上升至4.97%，说明市区各类绿地的规模增长并非协同不紊的，绿地的建设重点集中在主体圈层的洛河滨河绿地和附属绿地等两个方面；2000年第三次城市总体规划获批建设的洛南新区，将市区绿色开放空间系统建设的重点迅速调整到洛河以南地区，其中隋唐城遗址区占地22.1平方千米，洛河滨河绿地占地4.9平方千米，2003年以来，洛阳市建成区绿地覆盖率从31.63%上升至2007年的38.25%，公园绿地从4.93%升至10.52%，市区内新增的绿色开放空间基本都安排在了洛河以南的洛南新区，公园绿地的增加也主要布局在洛南城区。2000年以来，洛南新区所在的洛龙区的绿色开放空间增量最大，人口的增加幅度亦最大，市区居民对绿地的需求与绿地的供应在一定程度上更加趋于一致；结合2000年以来洛阳市区的人口变化数据，可以发现，洛南城区的建设比较注重同步的生态环境影响。显然，绿色开放空间规模的增加，改善了局部的开放空间结构，提升了小区域的生态环境质量。目前，洛南城区的绿色开放空间系统内部的结构均衡性并不高，绿色开放空间数量、面积的增加是必需的，但确定各种类型绿地要素之间合理的结构配置关系，才是最大限度发挥系统功效的关键，才能使洛阳市区绿色开放空间系统起到最大限度调控城市生态系统功能、改善城市生态环境质量、实现生态城市建设乃至城市可持续发展的最终目标。

（四）绿色开放空间系统的调控

1. 布局结构设计

洛阳市区绿色开放空间系统的总体布局结构设计为"一心三环、四带三轴、三山四楔"模式（见图3-30），形成"遗址为心、绿环围绕，绿带贯穿、绿廊连接，绿轴成网、绿点均布"的"绿心+放射+网络"结构。增加内里圈层的绿地斑块规模，调整主体圈层的绿地系统结构，完善外围圈层的防护绿地体系，构建要素组成结构完整、空间形态结构合理、整体生态功能强大的市区绿色开放空间网络系统。

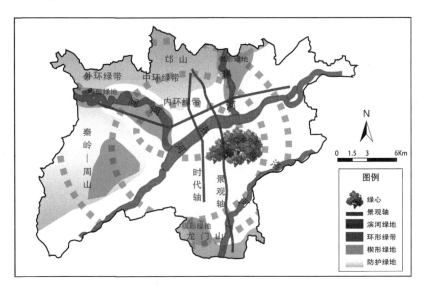

图3-30 洛阳市区绿色开放空间系统的布局结构

"一心"，即作为城市绿心的隋唐城遗址植物园；"三环"，分别指外环、中环、内环等三个椭圆形绿带圈层结构。外环是邙山、秦岭—周山、龙门山生态防护屏障和伊河生态防护林体系构筑的共同体，中环以洛阳市区绕城高速公路、连霍高速、二广高速等环城高速公路防护绿带为主，内环由中州渠、胜利渠及老城区护城河滨河绿地组成。"四带"，指流经市区的涧河、瀍河、洛河、伊河等四条河流两岸的以绿色开放空间要素为主的滨河风光带。"三轴"，是历史轴、景观轴和时代轴。历史轴是由洛河和310国道将多座古代都城串联起来的东西向轴线，自七里河到偃师城，东西30千米内有五座古代都城遗址、金元洛阳旧城、现代洛阳城一字排开，洛河为天然轴线，310国道和中州路为心理轴线。景观轴从邙山上清宫到龙门石窟，是洛阳南北的景观轴线，也是隋唐城的南部轴线，集中了洛阳市区的历史文化遗迹和人文景观内容。时代轴是南北方向的烈士陵园—洛浦公园电视塔—洛南新区行政中心的城市中轴线。"三山"，指环绕市区外围的邙山、秦岭—周山、龙门山。"四楔"，是结合洛阳市区主导风向及大气污染源，形成涧河、涧河水源地楔形绿地，兼作涧西与西工、西工与老城组团的隔离带，周山森林公园、龙门山森林公园依据自然地形地势形成的楔形绿地。

2. 布局层次设计

洛阳市区绿色开放空间系统的总体布局包含四个层次：第一层次为"绿环围绕"，指环绕市区外围的生态防护绿化圈，以邙山、秦岭—周山、龙门山等天然屏障为生态依托，构成市区最外层的生态保护平台，对市区以及整个市域的经济发展和环境建设具有极其重要的保障作用；第二层次是"绿线穿插"，指根据市区山脉、河流、对外交通线路和对内交通主干道网络构建的城市绿色骨架，围绕主要交通轴线（中州路、九都路、古城路、开元大道、王城大道、龙门大道）和城市空间中的重要景观，以人的视觉特征和时空感知为基础，形成市区绿地系统的框架结构；第三层次是"绿点均布"，指市区内均匀分布的公园绿地、开放绿地，由各类公园绿地、开放绿地形成的公共绿地，广泛而均匀地分布在市区内部的不同圈层、不同方向，形成市级、区级、社区等三级等级完备的公共绿地体系；第四层次为"绿色基质"，由市区内部大量存在的附属绿地组成，单位、社区内的小片绿化用地，小面积的街旁绿地和游园，组成市区内无处不在的绿地基质。四个层次的绿地相互融合、打破界限，外围圈层、主体圈层、内里圈层的绿色开放空间实现一体化，全方位、多层次地打造城市生态系统的绿色廊道和大地景观。

3. 基于 Huff 模型的系统调控

（1）改变人口居住模式。

针对洛阳市内绿地供应与居民点需求在洛北与洛南两个城区之间失衡的问题，通过降低洛北城区居民点规模、相应提高洛南城区的居住人口数量，改变现有的市区居住模式，改善市区内绿地设施与居民需求之间的供需关系。经计算对比发现，调整洛阳市区南北城区之间的居民点人口规模，是改善居民需求与绿地供应之间关系的有效途径。此外，鉴于洛北城区人口密度大、绿地供应能力低的现状，此项措施可以有效缓解洛北城区居民对绿地的需求压力（见图3-31）。

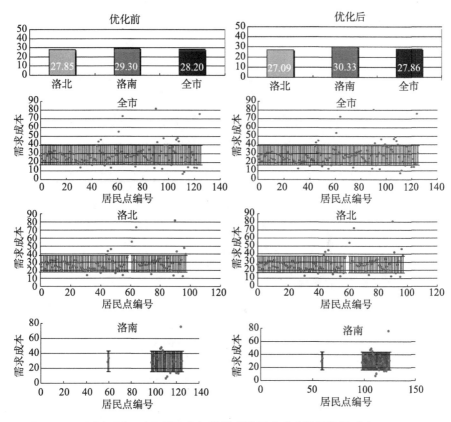

图 3-31　改变居民点规模前后的需求成本结果数据对比

（2）调整绿地布局结构。

结合现场踏勘情况，选择在洛阳市区的内里圈层和主体圈层的适当位置添加一定的绿地斑块，市内绿地斑块数量从 192 块增至 207 块；再次输入交互式 Huff 模型中重新计算，结果说明，通过添加斑块数量、改变各类绿地斑块的分布格局，绿地系统的整体供应能力有了较大幅度的提升。其中，供应能力大于 5 千米的斑块比例达到 39%，远高于优化前的 25%，其他斑块的构成比例维持在 15% 左右，系统内部结构趋于合理，对改善居民与绿地的供需关系有明显的促进作用（见图 3-32）。同时，市区边缘的个别绿地斑块与其所处地区的路网联系不够紧密，降低了居民对其选择的概率，导致其供应能力有一定程度的削弱（见图 3-33）。

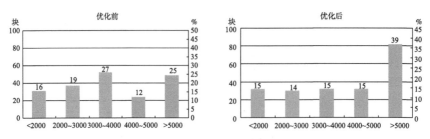

图 3-32　添加绿地斑块前后的绿地供应能力

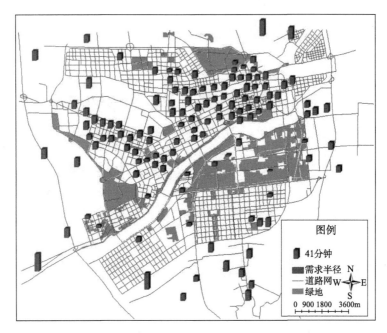

图 3-33　调整绿地布局后的居民需求成本

（3）综合调控结果。

　　分别叠加改变市区内部人口居住模式、调整绿地布局结构等两项调控措施后的优化结果，将相应的市区内部绿色开放空间与居民点供需关系的综合调控结果可视化地表现出来。可以看出，绿色开放空间的供应能力与居民点的实际需求之间的关系有了显著的改善。优化后，洛北居民点对绿地的实际需求成本有了较大幅度降低，增大了其出行访问的概率。洛南的绿地斑块面积较大、数量较多，但现有的居民点大多布局在洛龙区的边缘地带、过渡地带，路网稀疏，与绿地斑块的空间位置关系不够合理，居民对绿地设施的需求成本大多未降反增。因此，洛北居民向洛南的有序搬迁，洛南大量增加小面积的社区绿心、选择适当位置加密居民点、改善路网结构等，应是调控供需关系的关键举措（见图 3-34）。

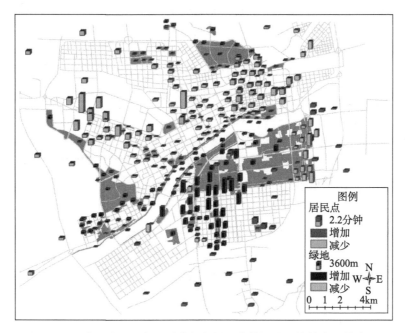

图 3-34　洛阳市区绿色开放空间与居民点供需关系的综合调控结果

4. 构成要素调控

洛阳市区绿色开放空间系统的构成要素分为生产绿地、农林地、滨河绿地、公园绿地、开放绿地、附属绿地等六大类，城镇化进程中城市的发展建设带来了不同类型绿地要素组成规模、分布格局的不同变化过程，不同类型的绿地要素在绿色开放空间系统中所起的作用、发挥的功能各不相同，应施以不同的优化策略和设计手法。①生产绿地。推动园林系统采用合作、租赁等多种方式扩大绿地面积，增加市区外围西部、北部、西北部的丘陵、山地的种植用地量，逐步提高绿化苗的供应能力。突出洛阳牡丹的特色与优势，加快产业化、商品化、专业化，扩大牡丹基因库、国花园等科技含量较高的种植园规模。利用邙山水土肥厚的有利条件，在隋唐城遗址内开辟一定规模的生产绿地，适当开发南部山区的生产绿地种植产业，同时完善市区外围的生态防护体系。②农林地。合理引导充当城市组团隔离带的农林地有序地向防护绿地转变，充分发挥其生态调控功能。在邙山、秦岭—周山、龙门山的外围圈层以及城乡接合部等地建设环形闭合的生态防护林地。在退耕还林用地上大量种植保持林、经济林和风景林，融入市域的防护林体系，形成市区外围森林环抱的优美景观。③滨河绿地。洛河南北两岸在原有洛浦公园基础上修建100~200米绿带，配合洛河水体、周边水域共同组成贯穿市区的绿色廊道。伊河沿岸开发100米绿带，以涵养河流水质为根本，融合市区景观与龙门山色，缓解市区热岛效应。涧河、瀍河岸边营造20~50米的乔、灌、草结合的立体绿带，保护河流堤岸。中州渠、胜利渠等人工渠道两侧建设20米以上的绿带，构建立体化的绿色自然廊道网络。④公园绿地。构建三个层次的公园绿地系统，市级综合公园突出其规模效应和综合性，市级专类公园突出其内容的独特性，社区级公园、游园满足均衡分布的基本要求。因地制宜，挖掘用地潜势，依托道路网络和节点建设带状公园和小型游园，发挥遍在性特色，以更广泛地服务于居民的日常活动。科学设计各类公园绿地间的不同组合形式，按500米的服务半径均匀布置社区公园、带状公园和街旁游园，形成最贴近居民生活的绿色开放空间。⑤开放绿地。在综合专类公园附近，结合局部用地特征，修建雕塑、建筑小品、人工水景等。洛北城区须综合考虑路网、商厦与居民点的关系，尽可能多地增加景观绿地的数量，并通过人工水景与蓝色开放空间呼应。洛南城区应统一规划、设计、建设景观绿地，注重绿色、灰色、蓝色等不同类型开放空间的有机组合。⑥附属绿地。居住附属用地重点处理好建筑与绿地的关系，开辟具有空间认知特征和共生性的居住环境，造景与健身服务相结合。道路附属绿地突出洛阳的自然人文景观特色，保持街道景观的连续性和序列性，形成动静交融的绿色流动空间。单位附属绿地推行绿地开敞化理念，尽可能与非专属绿地融合，严格执行单位绿地率标准。

四、灰色开放空间系统的分析与调控

（一）灰色开放空间系统的分析

1. 市区广场的发展变化

（1）广场建设情况。

洛阳市区的城市广场始建于20世纪50年代，顺应城市发展而逐步修建的城市广场按功能分为三种类型：一是为人们提供宽松舒适的生活娱乐环境，如位于洛阳市区中心的中心广场；二是起集散交通和增添景观的作用，如洛阳市火车站广场、七里河广场、西关花坛广场和东花坛广场；三是为开展集会和集体活动提供方便，如涧西工业区拖拉机厂、轴承厂、矿山厂和铜加工厂厂区大门前的广场。洛阳市区的广场布局在设计之初，即主要布局在洛北城区的涧西工业区，仅在西工行政区中心位置安排了洛阳市的中心广场，以及在市区的主要节点位置设计了交通集散性质的广场，广场最初的布局、功能、性质及类型见表3-14。

表3-14　洛阳市区广场的初期部署

编号	名称		性质	等级	面积（m²）	位置	建设周期
1	市中心广场		公共活动	市级中心	—	西工区	1955—1960年
2	火车站广场		交通集散	市级中心	—	西工区	1954年
3	涧西中心广场		游憩娱乐	区级中心	—	涧西区	
4	中州桥头广场		交通集散 游憩娱乐	区级中心	3267	涧西区	
5	七里河广场		交通集散	区级中心	4682	涧西区	1982年
6	西关花坛广场		交通集散	区级中心	5278	老城区	1963年
7	东花坛广场		交通集散	区级中心	3575	瀍河区	1963年
8	厂前广场	第一拖拉机厂	公共活动	地方性广场	4850	涧西区	—
9		轴承厂			2050		—
10		矿山机器厂			1500		—
11		铜加工厂			2050		—
12		耐火材料厂	交通集散		4650		—
小计	—		—	—	31902	—	—

资料来源：《洛阳市志》（第三卷），王胜男整理。

　　步入快速城镇化发展阶段以来，洛阳市区广场的建设力度有所加强，广场数量、建设面积也有了一定程度的增加。现今最具特色的市区广场既有布局在洛北城区西工行政中心、与周王城车马坑博物馆融为一体的王城广场，也有坐落于洛南城区行政中心的南湖喷泉广场以及位于洛南城区体育中心组团的体育公园广场。洛阳市区广场的建设历程与城市发展的阶段性基本一致，大致可分为以下两个阶段：第一阶段是2002年以前，当时的城市建设主要集中在洛北城区，市区广场的建设突出表现为洛北城区一定广场数量和建设面积的相应增加以及洛南城区极少数城市广场的开工建设（见表3-15）。第二阶段是2003年以来，随着市区建设重点的调整，洛南新区成为洛阳市新的建设热点地区，洛河与伊河之间地域成为市区腹地着力打造的重点地域；市区广场的建设重点也随之发生转移，转向范围广大的洛南城区，南湖喷泉广场、体育公园广场等相继建成（见表3-16）。城市广场的建设也经历了不断跳跃布局发展的过程（见图3-35），规模更大、类型多样的市区广场丰富了城市居民游憩休闲的选择场所，更提高了城市居民的生活环境质量。

表 3-15　洛阳市区广场第一阶段建设情况

编号	名称		性质	等级	面积（m²）	位置	备注
1	王城广场		公共活动	市级中心	27880	西工区	原市中心广场
2	火车站广场		交通集散	市级中心	—	西工区	
3	牡丹广场		游憩娱乐	区级中心	73693	涧西区	原涧西中心广场
4	亚世广场		游憩娱乐	地方性广场	247000	涧西区	
5	七里河广场		交通集散	区级中心	4682	涧西区	
6	西关花坛广场		交通集散	区级中心	5278	老城区	
7	青年宫广场		游憩娱乐	区级中心	14000	老城区	
8	东花坛广场		交通集散	区级中心	3575	瀍河区	
9	龙泉广场		游憩娱乐	地方性广场	6980	瀍河区	
10	东车站广场		交通集散	区级中心	—	瀍河区	
11	白马寺门前广场		游憩娱乐	地方性广场	53333	洛龙区	原郊区
12	关林古代艺术馆广场		游憩娱乐	地方性广场	55600	洛龙区	原郊区
13	厂前广场	第一拖拉机厂	公共活动	地方性广场	4850	涧西区	—
14		轴承厂			2050		—
15		矿山机器厂			1500		—
16		铜加工厂			2050		—
17		耐火材料厂	交通集散		4650		—
小计	—		—	—	507121	—	—

资料来源：洛阳市园林局、洛阳市统计局，王胜男整理。

表 3-16　洛阳市区广场第二阶段建设情况

编号	名称	性质	等级	面积（m²）	位置	备注
1	王城广场	公共活动	市级中心	83000	西工区	原市中心广场
2	火车站广场	交通集散	市级中心	—	西工区	
3	牡丹广场	游憩娱乐	区级中心	78700	涧西区	原涧西中心广场
4	亚世广场	游憩娱乐	地方性广场	247000	涧西区	
5	七里河广场	交通集散	区级中心	4682	涧西区	
6	西关花坛广场	交通集散	区级中心	5278	老城区	

续表

编号	名称		性质	等级	面积（m²）	位置	备注
7	青年宫广场		游憩娱乐	区级中心	14700	老城区	—
8	东花坛广场		交通集散	区级中心	3575	瀍河区	—
9	龙泉广场		游憩娱乐	地方性广场	5700	瀍河区	—
10	东车站广场		交通集散	区级中心	—	瀍河区	—
11	白马寺门前广场		游憩娱乐	地方性广场	53333	洛龙区	—
12	关林古代艺术馆广场		游憩娱乐	地方性广场	55600	洛龙区	—
13	体育公园广场		游憩娱乐 公共活动	市级中心	523600	洛龙区	洛阳市 新体育中心
14	南湖喷泉广场		游憩娱乐	市级中心	298000	洛龙区	洛阳市 新行政中心
15	厂前广场	第一拖拉机厂	公共活动	地方性广场	4850	涧西区	—
16		轴承厂			2050		—
17		矿山机器厂			1500		—
18		铜加工厂			2050		—
19		耐火材料厂	交通集散		4650		—
小计	—				1388268	—	—

　　资料来源：洛阳市园林局、洛阳市统计局，王胜男整理。

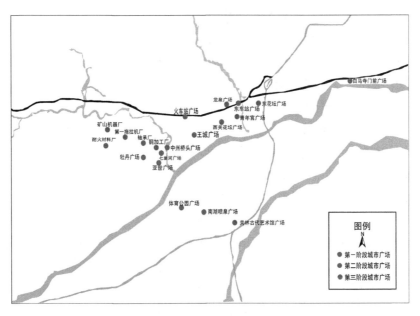

图 3-35　洛阳市区广场的布局变化

　　（2）广场建设特点。

　　综合考察 20 世纪 50 年代设计初期的洛阳市区的城市广场，可以看出以下几个方面特点：①市区广场的数量较少。包括当时尚未完全形成的涧西中心广场，城市广场共有 12 个，其中服务覆盖范围较小的厂前广场有 5 个，比例高达 41.67%，充分体现出当时城市广场的作用更多的是用来辅助城市生产功能的发挥。②规划建设的广场要素性质单一、等级较低、服务能力较弱。从规划设计之初，洛阳市区广场的功能定位就较多地体现在交通集散方面，以交通集散为主要功能的广场占城市广场总数的 50%。尽管受当时城市经济实力的限制，但已步入大城市行列的洛阳市区仅设计一个城市公共中心广场仍不够合理；等级为区级中心的城市广场占 41.67%，全部布局在市区路网的节点位置，旨在突出交通集散的实用功能，欠缺对城市居民生活需求的考虑。③城市广场单体要素的设计合理，较好地协调了广场与周围环境的围合关系。城市广场的选址经过深思熟虑，位置选择通过精心考量，大多选址在城市路网最重要的节点上，满足了城市建设的适时需求；广场单体要素设计时，充分考虑了广场与周围建筑物和环境的围合关系，出于除尘、降噪等生态环境需要的考虑，最初的市区广场中心一般设计有面积较大的中心花坛。④市区广场的空间布局和性质定位不够合理。洛阳市区建设的城市广场主要分布在"一五"期间投入建设的涧西工业区，该区布局的广场数量占全市的 75%；广场的性质定位合理，其中游憩娱乐作用的广场占 66.7%，交通集散作用的广场占 33.3%；等级分配得当，区级中心广场比例为 37.5%，地方性广场比例为 62.5%。反观作为当时城市行政中心的西工区包括火车站广场在内仅有两个城市广场存在，广场性质单一，缺乏与居民生活紧密相关的地方性广场。老城区、瀍河区各自仅有一个定位为区级中心的城市广场，广场性质皆定位为交通集散功能；老城、瀍河两个行政区，是洛阳市区人口最稠密的地区、突出生活功能的城市副中心，却没有规划建设一处提供给市民公共活动的地方性中心广场，一方面是受旧城区用地条件的限制，另一方面也映衬出决策规划部门对旧城更新改造中广场建设的轻视。

　　2003 年至今，洛阳市的建设进入飞速发展的时期，城市广场的建设也随之步入了快速发展的阶段。市区广场的建设有以下几个方面的特点：①广场布局的区位单一，占地面积较大、构成关系复杂的市区广场均落成于洛南城区。伴随洛南新区的开发建设，布局在洛南新区核心区域的广场也成为洛阳市区广场建设的重点。坐落于此的南湖喷泉广场、体育公园广场构成关系复杂，广场等级较高，占地面积较大，两个广场的总面积占洛阳市区广场面积总量的 55.96%，是市区中突出的地标性景观，广场与水体景观的巧妙配合、广场内较高的绿地覆盖比例，既丰富了城市的景观内涵、提升了洛阳市的城市形象，也促进了洛阳市区内部空间布局结构的调整与优化。②洛北城区的广场建设力度不大、改观甚微。洛河以北四个行政区内的广场数量保持不变，广场的基本情况变化不大，仅广场面积略有增加。位于洛北城区中心地域的王城广场，由于较好地实现了与毗邻的周王城车马坑博物馆外部景观的融合，广场面积由 27880 平方米增至 83000 平方米，增加了近两倍，广场容量的增加、突出的交通区位优势增强了其服务市区居民的能力，使其市级中心广场的地位更加巩固，成为洛阳市区居民日常出行的首选。涧西区牡丹广场、亚世广场、老城区青年宫广场等广场的面积随着城市更新、旧城改造力度的加强，因广场周边的环境得到不断清理、整治，广场面积亦有小幅度增加。

2. 市区道路网系统的变化

城市道路网络是市区灰色开放空间系统最主要的组成部分，城镇化为洛阳市区道路网络的建设注入了强大的助推力，市区道路网络体系发展较快。随着市区道路向城市各个方向的延伸，洛阳市内实有道路的长度不断增加、道路的实有占地面积增幅明显，市区道路的建设情况在不同时期、不同方向、不同梯度上均有较大程度的改观。

（1）不同时期市区实有道路占地面积的变化特征。

城镇化进程的推进速度对市区道路网络体系的建设影响很大。1988—2008 年，在洛阳市区道路网络系统不断发展和完善的过程中，城镇化发展水平的增速对市区道路的建设有决定性的影响，市区道路建设面积的增加与城镇化水平的提高趋势完全一致。在城镇化水平提高并不显著的前十年，市区道路建设速度相对缓慢，1988—1998 年，市区道路面积的增幅仅为 63%；1998 年以来，市区人口规模迅速增大，城镇化水平年均增加 1.58%，城市基础设施建设的投入增多、力度加大，1998—2008 年，市区道路面积的增幅接近 300%，说明城镇化水平的不断提高有力地促进了市区道路网络体系的建设（见图 3-36）。

（2）不同方向市区实有道路占地面积变化的特征。

1988—2008 年，市区道路网络在各个方向上的建设发展水平是极不均衡的。1998 年以前，市区道路在各个方向上的延伸表现得均不显著，实有道路长度和道路面积略有增加，但增量很不明显；1998 年以来，市区道路的建设明显提速，道路占地面积增速快且增量较大，主要集中在洛南城区所在的第

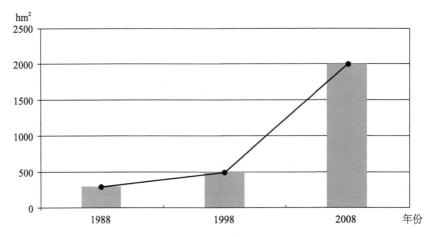

图 3-36　洛阳市区不同时期的道路面积变化

三至第六象限，市区道路的建设区位与城市开发建设重点区位的定位和转移相辅相成，充分说明道路建设是洛阳市新区建设的发端，印证了市区路网在城市内部空间结构的形成过程中发挥着强大的引导作用。同时，在城市道路建设方面，第二象限内市区向东与偃师方向的对接发展也十分明显，缘于构建中原城市群内部便捷发达的城际公路交通网络体系的要求，省会郑州对洛阳市区的发展建设也有相当强的吸引力，市区东出口方向的道路面积增幅较大，是洛阳市区内部扩展顺应中原城市群大区域综合发展、城市—区域联动整合的必然（见图 3-37）。

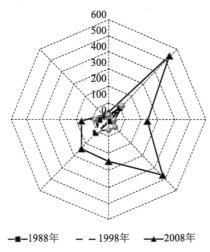

图 3-37　洛阳市区不同方向的道路面积变化（单位：hm²）

（3）不同梯度市区实有道路占地面积的变化特征。

多年来洛阳市区道路网络体系的建设表现出了极强的阶段性和梯度性特征。1988 年，第五圈层以内基本涵盖了市区范围内的所有道路网络，第六、第七圈层内的道路用地主要布局在涧西区的市区西出口；至 1998 年，由于此阶段洛阳市的城镇化水平提高不大，十年来的市区道路网络基本没有太大变化，城市发展主要集中在洛北城区，表现为城市内部建设用地的不断填充，建成区向外扩张的力度不大，道路占地面积增幅尚不明显；到 2008 年，十年间洛阳市的城镇化发展提速较快，城市建设力度非常大，市区道路占地面积增速很快，道路用地的增加主要集中在第六至第九圈层，包括洛阳市当期的主要建设热点地区，洛南新区核心区域的大力度开发和涧西区内的高新技术产业开发区的高强度发展，都有力地带动了洛阳的经济建设和社会发展（见图 3-38）。

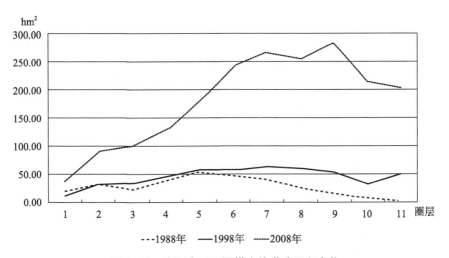

图 3-38　洛阳市区不同梯度的道路面积变化

3. 斑块类型水平上的梯度变化

城市景观镶嵌体中的基质、廊道、斑块之间并没有严格的界线，采用景观格局分析方法测度市区道路的格局梯度变化，是将道路视为市区景观内与绿地、水体等不同类型的斑块，运用与绿地斑块类型水平上格局研究的相同方法，选择景观格局指数中的斑块密度（PD）、景观形状指数（LSI）和最大斑块指数（LPI）等三项指标，通过计算 71 个样本点的各项景观指标的指数值，判读不同时期斑块类型水平上的洛阳市区道路格局的梯度变化特征。

（1）斑块密度。

通过对比 1988 年、1998 年、2008 年三个时期获取的采样点信息，可以看出，不同时期的道路斑块采样点在不同方向上获取的信息在逐渐增多，说明洛阳市区内部的道路密度在不断增大（见图 3-39）。1988—1998 年，在各个方向上采样点获取的信息均有所增加，但洛北城区的信息增量明显多于洛南城区，说明此阶段洛阳市区内部道路的建设重点主要在洛河以北地区；1998—2008 年，采样点获取信息量的变化主要在市区的东部、南部、西南部，反映出此阶段洛阳市区内部的发展主要集中在洛南城区的核心区域及洛北城区内涧西区的高新技术产业开发区。不同方向上采样点获取信息增量的不一致性，说明洛阳市内在各个方向上的建设并非齐头并进的同步发展状态。1988—1998 年，市区内部的道路在各个方向上均不断延伸，道路密度有所提高，但采样点内的斑块密度指数基本小于 30，说明尽管灰色开放空间的变化在市区内部表现为持续增加，道路密度仍处于较低的水平；1998—2008 年，采样点内部的道路斑块密度指数明显增加，斑块密度的指数值基本介于 30～40，说明城镇化进程的推进促进了市区内部开发强度的提高，道路密度随之更进一步增加，灰色开放空间在市区开放空间系统内的比重也在不断加大，作用不断加强。

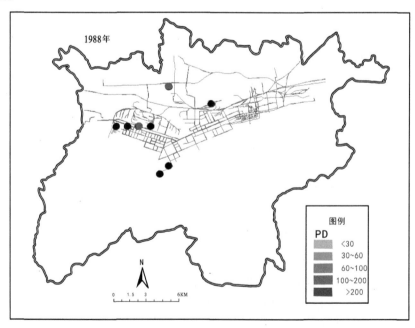

图 3-39a　斑块类型水平上不同时期的道路斑块密度

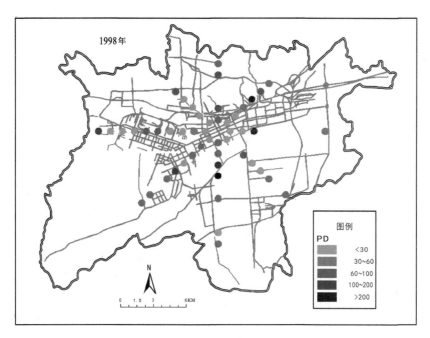

图 3-39b 斑块类型水平上不同时期的道路斑块密度

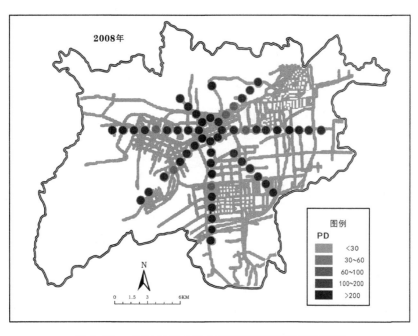

图 3-39c 斑块类型水平上不同时期的道路斑块密度

（2）斑块形状指数。

斑块形状指数是一项描述景观中斑块空间形状特征的指标，可以反映景观镶嵌体的斑块空间配置关系。对比不同时期的道路斑块形状指数值可以发现，洛阳市区道路斑块的形状指数值普遍较高，且呈现出先增加后减少的规律（见图 3-40）。1988—1998 年，采样点信息大量增加，说明市区道路建设力度较大，道路面积大幅增加，市区内道路斑块形状指数值较大，值域大多在 1.6~3.5；距洛北城区中心 1 千米范围的采样点形成了环状的市区道路斑块形状指数的最高数值带，反映出市区中心区域道路形状复杂，洛北旧城区的道路建设受市区原有空间布局结构的影响较大，该区域道路网络构形较为复杂。1998—2008 年，采样点内获取的道路斑块形状指数值有所下降，道路斑块形状指数的值域大多在 1.6~1.9，这是市区道路建设对不断加强的城镇化影响的响应结果。城市发展过程中，伴随城市基础设施建设的加强，市区公共设施用地的布局规划越发受到重视，市区内部大规模的道路拓宽和清整等强烈的人为干预作用导致了道路斑块形状指数值降低。

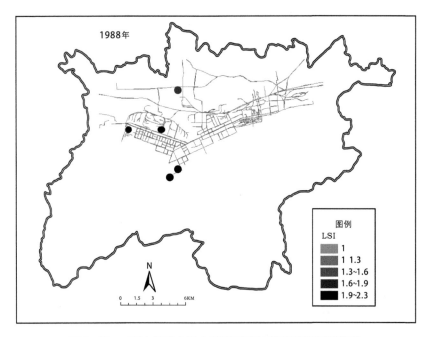

图 3-40a　斑块类型水平上不同时期的道路斑块形状指数

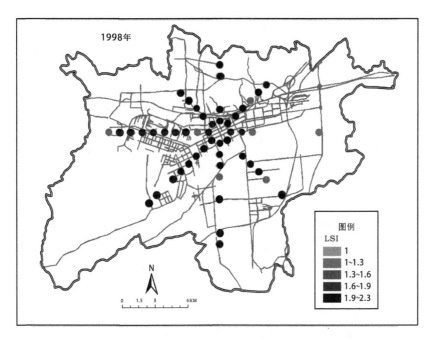

图 3-40b　斑块类型水平上不同时期的道路斑块形状指数

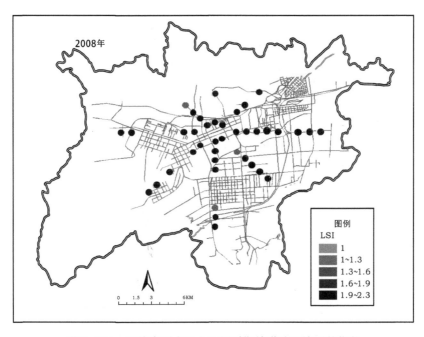

图 3-40c　斑块类型水平上不同时期的道路斑块形状指数

（3）最大斑块指数。

最大斑块指数反映获取数据信息的采样点内的道路斑块面积与采样点面积之间的比例关系，不同时期的市区最大道路斑块指数值反映出洛阳市区道路网络系统的发育情况（见图3-41）。1988年，市区道路只集中在洛河以北的建成区范围内，采样点获取的信息量极少，最大道路斑块指数值不高，说明当期市区内的路网稀疏，道路斑块所占比重不大，且道路等级不高、宽度不大，占采样点的面积比例较小。1998年，市区内部的道路建设迅猛发展，采样点信息量丰富度明显提高，说明道路斑块的连续性增加；大多数采样点获取的最大斑块指数值较高，表明道路斑块占地比重有逐步升高的趋势；获取信息的采样点在洛北城区的增加量明显高于洛南城区，反映出洛河以北道路密度高于其他地区，且路网密度较高的地区主要分布在西工区和涧西区。2008年，采样点获取的信息量进一步增多，市区路网向外部逐渐延伸，道路密度仍在逐渐加强，只是强度较高的地区略有变化，洛南新区的建成带来了洛南城区核心区域采样信息量的增多，局部路网密度增加明显。1998年以来，洛阳市区道路的最大斑块指数值均较高，反映出市区道路斑块集中度高、连续性强，道路斑块占地面积较大，市区开放空间系统内的灰色开放空间要素构成比例非常大等特点。

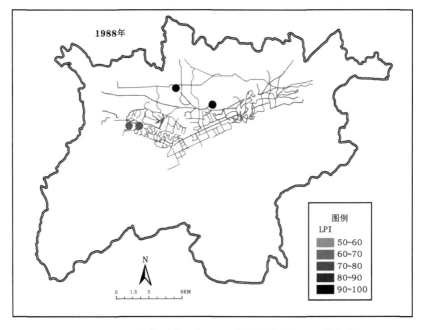

图3-41a　斑块类型水平上不同时期的道路最大斑块指数

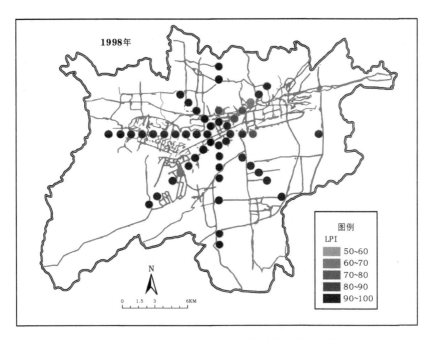

图 3-41b 斑块类型水平上不同时期的道路最大斑块指数

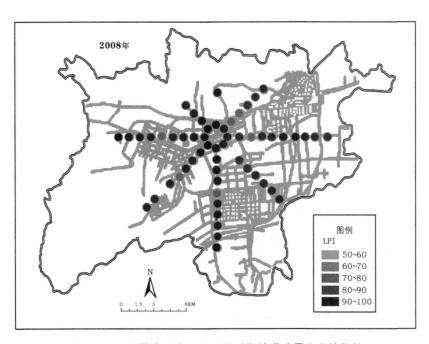

图 3-41c 斑块类型水平上不同时期的道路最大斑块指数

4. 道路网的结构测度

洛阳市区现有的空间布局结构是以洛河为轴线、南北对称发展的格局。市区的道路网系统是呈方格状的网络，且北密南疏；南北两部分城区隔洛河相望，两个城区之间由自东向西依次分布的洛阳桥、牡丹大桥、王城大桥、西苑桥、瀍洲大桥等五座大桥连接（见图3-42）。鉴于市区道路网既要承担城市的交通运输功能，也要发挥其在城市生态系统中的人工廊道作用，对市区道路网络系统结构的分析需从路网的构成特征和廊道的结构特征等两个方面入手。其结果表明，在路网的构成特征方面，综合考察市区的道路网建设、人口变化、建成区面积扩展三者之间的关系，可以发现：洛阳市区道路网的建设增速快于建成区的面积扩展速度，更远快于市区人口的增速。在市区廊道的结构特征方面，对比市区整体、洛北城区、洛南城区三者之间的廊道结构关系发现：洛南城区优于市区整体路网，市区路网的整体结构优于洛北城区，洛南城区的路网建设促进了市区整体路网结构的改善。

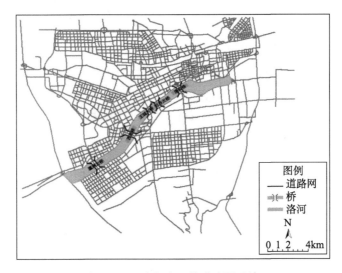

图3-42　洛阳市区的道路网系统

换言之，结合洛阳市不同行政区的功能定位及市区人口分布状况，考察市区现状道路网络系统的结构，合理调控市区人口的空间分布模式是改善市区道路网络系统运行效率的最有效途径，如何调动市区人口的南迁，增加洛南城区的居住人口比重，提高洛南城区的住房入住率是势在必行的紧迫任务。

（二）灰色开放空间系统的评价

1. 广场要素的评价

洛阳市区的广场要素构成层次齐全，但广场总数较少，广场要素体系的等级设置尚不够合理。洛阳市区现有城市广场总计19个，包括市级中心广场4个，区级中心广场6个，地方性广场9个，不同等级广场数量间的比例为1：1.5：2.25，较低等级的广场数量为较高等级数量的1.5倍，不同等级广场的数量自然形成一个斜率为1.5的棱锥（见图3-43），不同等级广场数量之间的比例太小。总体来看，洛阳市的城市广场总量较少，广场建设的投入力度严重不足；各等级广场的构成比例不够合理，市区内尤其缺乏应该大量存在、数量众多的地方性广场，在今后的城市建设过程中，应适度调整广场要素体系中各个等级之间的构成比例关系，着力打造以游憩娱乐功能为主、展示洛阳城市魅力、突出洛阳城市特色的区级中心广场和地方性广场。

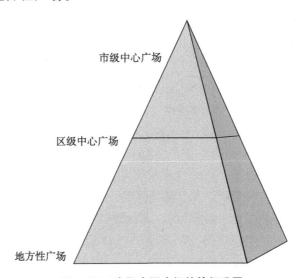

图3-43　洛阳市区广场的等级设置

洛阳市区内各个行政区的广场要素空间配置极不均衡（见图3-44）。洛阳市的城市广场分别布局在西工区、涧西区、老城区、瀍河区、洛龙区等五个行政区，其中涧西区布局8个，所占比例为42.11%，且等级比例比较恰当，区级中心广场与地方性广场的比例为1：4；洛龙区分布4个，所占比例为21.05%；西工区、老城区、瀍河区等三个区的广场累计布局7

个，所占比例仅为 36.84%。2008 年洛阳市区的人口分布比例为：老城区 9.64%、瀍河区 11.53%、涧西区 33.85%、西工区 23.20%、洛龙区 21.85%，人口密度分布规律为老城区>瀍河区>涧西区>西工区>洛龙区，其中居住最密集的老城区人口密度高达 30426 人/平方千米，人口最密集地区的广场分布比例却最低，反映了市内广场空间配置极不合理的现状；洛阳市区内部居住人口较为密集的行政区集中分布在洛北旧城区，老城区、瀍河区、西工区的发展历史悠久、建设周期较长、用地条件紧张、进展步伐缓慢，导致其广场要素的建设相对滞后，亟待在今后的城市更新、旧城改造时给予充分重视和有效改善。

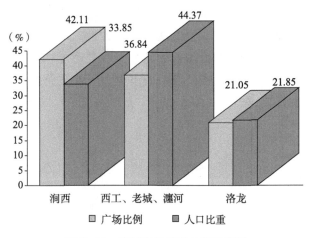

图 3-44　洛阳市区广场的空间布局

　　洛阳市的城市广场大多选址在道路的交叉或会聚点，选取道路网络中一种结构转向另一种结构的转换处，着重发挥广场的交通集散作用。市区广场的功能定位较多地关注于广场作为市区道路网络的重要节点对城市来往交通流的疏导，重视市区广场对提高城市生产活动运行效率所起到的积极作用，忽视广场其他功能的同步建设。洛阳市区内部广场的功能定位在规划建设之初（1990 年以前）确定为三种类型（见图 3-45），即游憩娱乐、交通集散和公共活动，三种不同功能定位的广场设计比例为 2:7:5，遵从当时我国的城市发展方针，突出广场的交通集散作用，强调市区广场要素服务于城市生产活动的实用性；至 2002 年，各种类型的广场比例为 6:6:5，功能定位为游憩娱乐类型的城市广场比例大幅增加，城市广场要素作为市区基础设施的重要组成部分，服务于城市居民生活需求的能力得到了较大程度的提升，正是城镇化进程深入、城市发展走向成熟的标志；至 2008 年，市区广场数量有了一定增加，各种类型的广场比例变化为 4 : 3 : 3，以游憩娱乐为主要功能的市区广场在数量上显现出一定的优势。基于 21 世纪城市深化内涵发展的需要，市区广场服务于城市居民生活的作用理应得到进一步加强；逐渐弱化市区内部分广场要素的交通集散作用，拉近了城市广场与市区居民之间的心理距离；逐步改善的广场与周边环境的围合关系，既美化了城市的局部景观，也丰富了市民日常生活中休闲娱乐场所的选择。

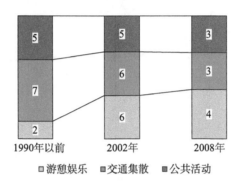

图 3-45　洛阳市区广场的功能定位

2. 市区交通的出行空间分布

洛阳市区现由邙山组团、涧西组团、西工组团、老城瀍河组团、高新技术产业区组团、洛南新区组团（包括洛南中心区、大学城、体育中心）及关林组团等七个组团构成。以洛河为界，总体可分为洛北城区及洛南城区等两大部分，洛河以北共有四个组团，其中涧西、西工、老城瀍河等三个组团是洛阳市区建设发展的基础，邙山组团是市区跨越陇海铁路、疏散工业渐进外拓的基地。纵观 1949 年以来洛阳市的城市空间发展轨迹，跨越式的发展方式是贯穿始终的主线，首先是"一五"期间跨过涧河发展涧西工业区，洛河北岸以西工行政区为中心逐渐向东、西两个方向不断推进融合；20 世纪 90 年代以来的第三期城市总体规划制定了市区跨过洛河、发展洛河以南地区的方针，市区的空间布局拓展仍以洛河以北的三个组团为基础，自北向南逐步推进，尤其是 2005 年以来城市行政中心从西工区转移至洛南中心区，更推动了市区空间布局的跨越—填充—跨越的扩展过程。结合市区内各行政区的功能定位及人口分布情况，市内现在的交通出行空间分布大致是以西工区为核心，在东、西、南、北四个方向上分别与老城瀍河组团、涧西组团、洛南新区组团及邙山组团建立起来的一一对应关系（见图 3-46）。

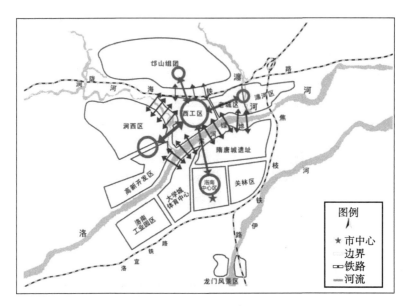

图 3-46　洛阳市区的交通出行空间分布

市区内以陇海铁路、洛河等天然屏障为界，分隔出了邙山、洛北、洛南等三个自然出行空间分区，三大区内的道路网络均是以东西向干路布局为主、南北向干路为辅的格局，南北向干路的主要功能则是建立三大区域之间的联系。洛北城区居住空间比重较大，人口较密集，通勤交通流量较大，涧西—西工—老城瀍河组团间东西方向的交通走廊压力很大。进入 21 世纪以来，城市处于机动化快步提速的阶段，私人汽车保有量逐年增加，导致市区道路网络的交通压力进一步增大；由于洛阳市区内部受特殊自然地理条件的约束，不同行政区之间多以河流等天然屏障分隔，各行政区之间的联系通道多以跨河大桥为主，导致洛北城区内部跨涧河、邙山组团与洛北城区之间跨陇海铁路的过境交通压力很大；城市发展中心逐步向洛南新区的转移，又造成跨洛河南北方向的通道供给严重不足，同时跨洛河通道宽度受限，严重影响了洛河南北两岸城区道路交通网络的有效连接；城市框架的不断拉大，致使市区内部南北方向上跨陇海铁路、跨洛河的繁重过境交通压力成为当前市区灰色开放空间系统内部结构调控、功能优化的最大困扰。

3. 道路交通系统的组织功效

采用空间句法技术定量分析洛阳市区现状路网的空间构形关系，并基于空间句法轴线地图的运算结果评测市区道路网络构成关系的合理性以及道路交通系统存在的问题。为此，研究基于 Arcview 3.2 的 Axwoman 模块软件平台，输入洛阳市区的道路网系统结构图（见图3-47），对生成的轴线地图进行图示分析（见图3-48）；并将得到的市区道路网系统的整合度数值存入相应的数据库文件。可以看出：①市区道路网系统的轴线地图中，整合度值较高的道路集中在洛北城区，尤以西工区最为突出。表明洛北城区的道路承担着洛阳市内的主要交通流量负荷，西工区目前仍是城市发展的核心区域，分担着市区内部较大比重的过境来往交通流量，来自涧西区、老城瀍河区的东西方向较高的交通需求造成西工区东西向交通走廊压力很大。九都西路、凯旋西路—凯旋路—凯旋东路、中州中路、唐宫西路等东西向干路的现状交通承载量非常大，洛北城区的通勤活动主要集中在这几条交通干道上。由于洛阳市不同行政分区的功能定位过于单一，发展不够均衡，涧西区突出工业区的生产功能，老城瀍河区则以较单纯的居住生活功能为主，不同行政区的功能差别较大，产生了市区内部频繁的通勤交通流量，造成了西工区道路网络过境交通流量较大的局面，加重了市区内部跨涧河截面的交通压力。②洛北城区南北方向干路的整合度指标值较高，交通承载量较大。考察轴线地图中市区道路网系统南北方向干路的交通承载情况，发现仍是洛北城区内西工区的道路交通负荷量最重，西工区内的王城大道、解放路、定鼎北路—定鼎南路等干路的交通压力非常大，南北城区之间的过境通勤流量主要集中在这三条干路上；随着洛南城区居住人口密度的增加，这三条南北向干路上的过境通勤压力应该得到适度的缓解。③市区交通系统内部的流量分配极不均衡。与西工区繁重的区内、过境交通压力完全不同，涧西区、老城瀍河区、洛南新区内部道路网连通性较好，道路网的交通压力也不大；通过现场踏勘发现，西工区内的人口密度虽然较高，但区内道路网的交通运输压力较大程度上来自于其他区间的过境交通流，西工区内自身路网连通性较好，能够满足基本通行需求。④横跨洛河的五座桥梁对市内南北方向过境交通量的分流作用各不相同。洛阳市内南北城区之间跨洛河的联系主要由自东向西的洛阳桥、牡丹大桥、王城大桥、西苑桥、瀍洲大桥等五座大桥承担，目前洛阳桥、牡丹大桥、王城大桥的交通流量较大，西苑桥交通流量略小，瀍洲大桥基本没有分担洛阳市内南北城区之间的过境交通流量；目前正在扩建的西苑桥工程将对缓解涧西区与洛南城区间的交通压力有很大的促进作用，科学设计市区的交通管理规划，做好瀍洲大桥的交通引导工作也对降低南北城区之间过境交通压力起到积极的作用。

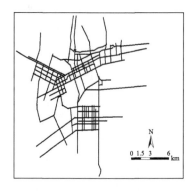

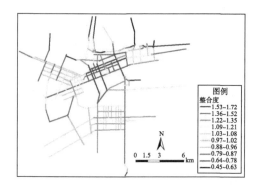

图 3-47　洛阳市区的道路网结构　　　图 3-48　洛阳市区道路网的轴线地图

　　洛阳市区道路网系统内部北密南疏的现状是由城市人口居住空间模式和城镇化对城市发展的影响共同决定的，西密东疏却充分反映出市区内部发展不够均衡的问题。老城瀍河区是洛北城区的副中心，功能定位为居住生活区，区内干路分布稀疏、支路密布，影响了市区路网的整体通达性。市中心由西工区向洛南城区转移，更加重了老城瀍河区与洛阳市区核心区域的连接困境，目前老城瀍河区与洛南城区的联系大多以西工区为中间环节，依托西工区内干道的交通走廊作用，这种局面一方面是受长期演进的城市空间布局结构的影响，同时也显示出城镇化进程中洛阳市区道路网拓展的不合理性。市区东部应尽快架设新的跨洛河大桥，建立老城瀍河区与洛南城区的直接连接通道，这样既可以加强老城瀍河区与市区新的核心区域的联系，又可以有效缓解西工区道路网过大的过境交通负荷。

（三）灰色开放空间系统的调控

1. 广场等级结构调控

　　广场等级结构设置的优化调整依据市区现有人口分布模式，结合不同行政区的功能特点，以大量增加点状和小面积片状地方性广场数量的手法，改善不同等级广场间的构成比例关系，发挥广场要素对洛阳市区灰色开放空间系统的画龙点睛作用。结合洛阳市历史文化名城的传统特色，在弘扬民族文化的前提下，兼顾现代城市的建设特点，在市内的名胜古迹景点前开辟面积不等的地方性纪念广场，在周公庙、洛八办等景点门前，开辟小面积的休闲娱乐广场，进一步开放洛阳市博物馆（旧址）、都城博物馆、民俗博物馆等系列景点门前空间作为具有纪念性质的小型广场。根据市内道路的性质和交通流量，分别设置各类立交和道路交通广场；在市区各对外交通干道出口处，建设与绿地、牡丹种植配合的游憩娱乐与公共活动功能兼具的大型广场；突出洛阳牡丹之乡的特色，配合并促进每年召开一届的洛阳牡丹花会，变坛角、铁路分局等处的小型交通环岛为具有交通集散性质的小型广场；在春都路、唐宫路、凯旋路、九都路等东西向主干道及快速路上，选取合适地点，增建具有交通集散性质的交通广场。有条件地拓展广场空间面积，改变广场与周围建筑物的围合关系，增强广场的服务能力及自身影响力。增加西关花坛九龙鼎交通广场的面积，变单一交通集散性质为具有休闲娱乐等多项功能为一体的综合型广场；在面积较大、人口集聚程度较高的居住小区内及具有涉外接待资格的大型星级酒店门前创建各类市民自由出入的休闲娱乐广场；拆除市内规模较大的住宅小区及临街布局的大型星级酒店的外部围栏，中泰新城小区、通元花园小区、上阳新村小区、兴隆花园小区和洛阳大酒店、新友谊大酒店、牡丹城大酒店、牡丹大酒店、航空城大酒店、航空城商务酒店等，将小区内、酒店前的花园绿地、喷泉广场、健身设施等良好的休闲游憩公共设施对市民开放，弥补市政公共基础服务设施的欠缺和不足，促使洛阳市尽快成为北方最适宜人居的山水园林型城市。

2. 广场环境调控

洛阳市区广场的功能调控和环境优化应突出以人为本的原则，通过改变广场与周围建筑物的围合关系，净化城市广场的周围空间环境，添置广场内供游人休憩观赏的建筑小品设施，恰当选择、精心布局广场内绿色植物等方法，提升市区广场的综合服务能力。新建广场要按照广场的性质、功能和形式，突出适宜性原则，重视置身其中的人的个体感受，依据视觉感知引起的心理和行为效应的差异，采取不同的处理手法，强调开放性、生态性、景观性与实用性的有机结合。根据所设计城市广场的性质和形式，选取宜人的广场尺度，使广场具有场所感；巧妙处理广场的围合空间尺度，给人以舒适感；突出广场主体，彰显洛阳的城市特色；因地制宜、精心构思、巧妙设计城市广场的几何形态（白德懋，2002；王胜男、王发曾，2006）。提升市区已有广场的服务功能，主要通过整治周围环境，改善广场的围合关系，增添广场内建筑小品、绿色植物种类和数量等方法实现。改善亚世广场周边环境，通过增加广场内建筑小品、种植大量绿色植物、科学设计广场内的绿色结构等手法，提高其功能定位等级，将亚世广场建设成为具有休闲游憩性质的区级中心广场；增加牡丹广场、王城广场、青年宫广场内的休闲娱乐设施，提高广场内公共绿地的规模和比重，增设广场的进入点、改善广场与周边道路网的连接关系、增强广场的可达性，增进市区广场的亲民性。

3. 道路交通系统调控

洛阳市区道路网系统现阶段交通压力的主要表现是在西工区东西方向、不同行政区之间的过境交通流量严重饱和，以及跨越洛河的王城大桥、牡丹大桥等南北方向的通勤不畅。市内各行政区、组团的功能定位过于单一、发展不平衡、与市内人口居住模式不协调等原因增加了区际频繁通勤的交通需求，快速城镇化进程中市区空间框架进一步拉大，行政中心的南移更加剧了市区交通系统的运行矛盾。依据市区道路网的结构测度结果、交通出行空间的分布特征，结合空间句法轴线地图的研究成果，通过加密洛河上的桥梁通道、合理设计跨河桥梁的修建顺序等手段，利用市区道路网的结构调控，实现洛北城区向洛南城区交通流量的有机疏散，加强老城、瀍河区与洛南城区的联系，缓解西工区内部较重的交通负担，解决当前市区交通系统中最迫切的问题。

基于空间句法的市区道路网交通调控，是在对洛阳市区道路网络结构分析与评价的基础上，模拟在洛河的不同位置上依次添加若干桥梁通道，借助搭载在 Arcview 3.2 中的 Axwoman 模块平台，计算措施实施后市区道路网中每条道路的整合度指标值，将道路网系统的整合度变化利用轴线地图可视化地反映出来，并作为措施有效性的评判标准。具体操作步骤如下：①绘制新的道路网结构图。依次添加架设在洛河上的跨河桥梁通道，桥梁的添加顺序为在建桥、规划桥、模拟桥，其中模拟桥是根据需要选取适当位置增设的跨河桥梁，然后制作市区道路网系统的结构图。②计算市区道路网中的每条道路新的整合度指标值。将添加桥梁设施后的市区道路网结构图输入 Arcview 3.2 中，运用加载的 Axwoman 模块重新计算每条道路的整合度值。③可视化地表现路网中每条道路的整合度指标值的变化量。对比添加桥梁前后每条道路的整合度指标值的变化情况，以整合度指标值的变化量作为市区道路网中道路要素的属性赋值，可视化地表现在相应的道路网轴线地图上。④统计分析道路整合度指标值的变化。将市区道路网中的道路整合度指标值划分相应的数值段（见表 3-17），对比实施措施前后每个整合度值段内的指标数量变化情况。⑤验证不同措施的有效性。按照顺序逐一添加洛河上的在建桥、规划桥、模拟桥，依次类推、循环操作，直到完成模拟对比的全过程。

表3-17　洛阳市区道路网整合度指标值的分段统计

值段	整合度值范围	分布数值个数
1	0.45~0.63	6
2	0.63~0.78	14
3	0.78~0.87	20
4	0.87~0.96	16
5	0.96~1.02	20
6	1.02~1.08	13
7	1.08~1.21	17
8	1.21~1.35	20
9	1.35~1.52	17
10	1.52~1.75	6

　　洛阳市区道路网中的道路整合度值分布比较密集的值段在第2至第9值段（见图3-49），相应的道路整合度指标值的值域为0.63~1.52，处于这个范围内的道路整合度代表了市区路网中道路的主要交通运行状况。参照市区道路网系统的轴线地图可以看出，整合度指标值最高的道路全部集中在西工区，主要是跨洛河的王城大桥、牡丹大桥以及中州中路、凯旋路；道路要素的整合度指标数值主要集中在第3至第5值段以及第7至第9值段，这些值段整合度数值所占比例均超过10%，代表了市区道路网中道路交通运行状况的主体分布状态。对市区路网交通状况的调控效果主要应反映在这些值段内道路数量的变化上，运用恰当的调控手段，增强低整合度值道路的通行能力，减缓高整合度值道路上的交通压力，适当调控位于第10值段内道路的交通运行状况。

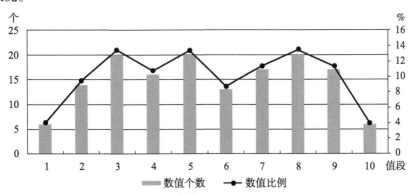

图3-49　洛阳市区道路网整合度指标值的分段构成

4. 路网构成要素调控

道路网构成要素优化依据市区道路自身功能和承担交通运输作用的不同，分为对外交通要素、对内交通要素等两个部分，针对不同构成要素的特征，施以具体的优化方案。

（1）对外道路交通要素优化。

发挥各种对外交通方式的特长和运输优势，克服各种制约对外交通发展的不利因素，建设由航空、铁路、公路等三种方式构成的、功能互补的、协调运行的综合对外交通系统。航空港的建设应首先完善洛阳民用机场的配套设施，并随客流量增加逐步增开航班、扩建机场、延长跑道、增加停机坪位，按照审定的机场总面积规划及机场管理有关规定，对机场周围的净空、电磁环境、环境保护、土地使用以及周围的建设进行严格控制。铁路系统的建设以提高路段通行能力和中转集散能力为中心，重点是铁路站场和铁路枢纽的线路建设。铁路客运站形成洛阳龙门站与现有洛阳站的南北并立，货运站保留洛阳东站和关林站，扩大洛阳西站货场规模，设集装箱办理站，增加辅助编组功能；铁路线路建设力图实现主要繁忙干线的客货分线，复线率和电气化率均达到 50%，形成"四纵四横"的铁路客运专线；洛阳铁路枢纽衔接陇海线、焦柳线、郑西客运专线，技术站布局强化洛阳北站，弱化洛阳东站，取消关林区段站，解编作业集中在洛阳北站，增建陇海铁路线洛阳至郑州段的第三条正线。对外公路交通网络建设应着力打造保障城市区域职能发挥的区域对外交通综合体系，强化与郑州的交通联系，充分共享交通基础设施，提高区域交通可达性，构建郑洛之间以城际快速通道为主体、其他公路为补充、机场协调共享的综合交通体系；市域交通网络形成由连霍高速、二广高速、国道 310、国道 207 等构成的放射型国家干线公路网络，保证洛阳市对外交通的双通道联系；新建洛栾高速公路、郑卢高速公路、武西高速公路，增设洛阳市区核心圈—孟津—吉利、洛阳市区核心圈—偃师等两条都市圈第二圈层的快速通道，对都市圈内主要的交通干线公路提级改造，形成以现有中心城区为核心的都市圈干线公路网络体系。

（2）对内道路交通要素优化。

构建"安全、高效、集约、可靠、和谐、多元"的市区综合交通系统，提供全面、多层次、多选择的市区交通服务体系，力争 95% 以上的居民单程出行时间不超过 40 分钟，60% 以上的市区居民单程出行时间不超过 25 分钟。协调市区内部的用地布局，建立大容量的快速公交系统（BRT）与快速路系统，提高市区内部交通主干道的公交分担率，构建多层次的公交线路网络，优先发展公共交通，集中完善和强化市区内各组团的城市功能，平衡市区内部的交通压力。重视市区骨干道路的建设，完善道路功能分级，弥补现有道路网中存在的衔接缺陷，解决道路网系统存在的瓶颈，建立系统化的非机动车道路网络体系。市区客运枢纽布局分为综合客运枢纽、一般客运枢纽和长途客运站等三类，客运枢纽布局充分考虑邙山区、洛北城区、洛南城区的构成关系，长途客运站的布局思路遵从强化洛南、弱化北区、转移东部、加强西部的客运枢纽布局理念。设计市区道路网系统由快速路、主干路、次干路和支路等四级路网组成，以快速路构建城市道路骨架，布局为均衡的"网格+放射"结构，选线沿各组团外侧通过，不穿越组团中心，规划6~8个机动车道，主要解决各组团对外交通联系与组团之间跨区域的联系问题；主干路分为一级主干路和二级主干路，一级主干路主要联系跨区域、跨组团的交通，布局为"五横三纵"结构，规划4~6个机动车道，一般不外延，仅与相邻组团连接，是承载主要客流的交通走廊，二级主干路主要承担市内客运交通，是组团内交通、生活性道路，解决组团内部或市区大功能区内部的交通联系；次干路是市区内部的生活性道路，起到集散和分流主干道交通的作用，是市区内部不同土地利用类型之间的交通集散道路；支路直接服务于城市内部的各功能小区土地利用的交通集散，提倡并鼓励非机动化通行的道路占有率达到30%以上。

五、蓝色开放空间系统的分析与调控

（一）蓝色开放空间系统的分析

1. 系统自然条件

洛阳市区所在的盆地内外共汇集有干支河流及沟、涧、溪等27000多条，其中常年有水的约7500条，集水面积在100平方千米以上的较大支流有34条，分属于黄河、淮河、长江三大流域的黄河干流、伊洛河、沙颍河、丹江和唐白河等五个水系。洛阳市水源丰富，降雨集中却集水缺乏，位于城市西南部的洛河及以北地区由邙岭北部直接汇入黄河流域，其集水面积为12354.7平方千米，占全市总面积的81.7%；东南部的北汝河属淮河流域颍河水系，集水面积为2091.8平方千米，占全市总面积的13.9%；位于最南部边缘地带的老灌河、白河均属长江流域，其集水面积670.1平方千米，占全市总面积的4.4%。流经洛阳市区的河流主要有洛河、伊河、涧河、瀍河（见图3-50）。

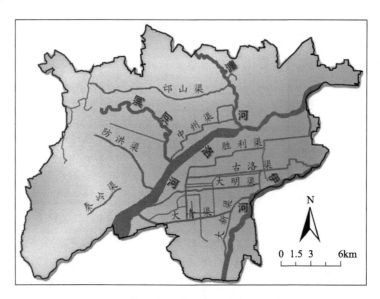

图 3-50　洛阳市区的蓝色开放空间系统布局

　　洛阳市的河流众多，但人均水资源量却明显不足。洛阳辖区地跨长江、淮河、黄河三大水系，河流众多，流量较大，多年平均水资源总量为 28.05 亿立方米，河南省水资源局水资源评价结果显示，洛阳市地表水资源量为 26.6 亿立方米，地下水资源量为 12.63 亿立方米。扣除重复水量 11.18 亿立方米，人均水资源量 468 立方米，约为全国人均 2400 立方米的 1/5，土地亩均水资源量 505 立方米，仅占全国亩均水资源量 1969 立方米的 1/4，按国际和我国的划分标准，洛阳市为极度缺水区。市内水资源的地区分布很不平衡且时间分布极不均匀，地表水的分布趋势是南部大于北部，东部大于西部，山区大于丘陵和平原，相差悬殊。

　　洛阳市的地下水资源主要分布在偃洛凹陷盆地西部边缘的平原区和洛河、涧河河谷平原区，涧河河谷地下水由西北向东南径流，伊洛河平原区地下水由西南向东北径流；据洛阳市水文水资源局的评价结果，地下水资源总量为 15.5 亿立方米，主要集中在伊河、洛河区域，约占总量的 71%，可开采资源总量为 12.24 亿立方米，其中浅层地下水 11.17 亿立方米，中深层地下水 1.07 亿立方米，市区可开采地下水资源总量为 2.9 亿立方米。

　　洛阳市域境内洛河流域的天然水质较好，适宜作多种用途的水源，浅层地下水主要为重碳酸性低矿化度淡水，一般无色无味，pH 值在 6.8～8.6，各项指标符合生活饮用水卫生标准，一般可直接作饮用水源；但在洛宁黄土覆盖的岩浆岩风化带裂隙水分布区发现有大骨节病，嵩县山区发现食管癌病，地方病与地下水的关系目前尚未查明，新安、偃师的局部地区，地下水含氟量较高，一般在 0.2~0.5 毫克/升，最高 1.2 毫克/升，对人体有一定影响。

　　河流是洛阳市区水景观的最重要组成部分，是城市景观的亮点。流经洛阳市区的河流主要有市区内南北流向的涧河、瀍河以及东西走向的洛河、伊河等四条河流，每条河流的水环境与两岸设施布置情况迥异（见图 3-51）。

涧河护堤　　　　　　　　　　　　瀍河水体

洛河风光　　　　　　　　　　　　伊河景色

图 3-51　洛阳市区的河流景观

2. 系统格局变化特征分析

　　（1）不同时期的面积变化特征分析。

　　1988 年以来，洛阳市区的河流、滨水区等蓝色开放空间经历了一个先大幅增加后不断减少的过程，至 2008 年，蓝色开放空间的总面积较 1988 年增加了 1.36 倍，河流周边的滨水区面积扩展了 2.01 倍；河流周边的滨水地带的快速扩展有赖于洛河、伊河沿岸滨水地带的大力建设，沿洛河南北两岸的洛浦公园是市区居民休闲游憩的最佳选择，引伊河河水修建的南湖喷泉广场和体育公园广场已成为周末或假期游园的上佳场所。城镇化发展的不同阶段，市区蓝色开放空间的面积变化差异显著，1988—1998 年，洛阳市的城镇化水平缓慢提高，处于城镇化快速发展的起步阶段，河流周边的滨水区面积增加了 3.12 倍，洛河两岸出现数量繁多的渔业养殖作业区带来了市区内蓝色开放面积的大幅增加；市区蓝色开放空间的建设并未步入理性健康的发展阶段，滨水区面积尽管有所增加，但城市水环境质量却在不断下降，水景观建设处于初级的萌芽发展阶段。1998—2008 年，洛阳市步入快速城镇化的发展阶段，城镇化水平年均增加 1.58%，2008 年市区内蓝色开放空间的总面积却迅速缩减为 1998 年的 60%，河流周边的滨水区面积缩减了 35%；洛浦公园的投入建设、洛河河道的疏通和整治、政策人为因素的强大作用致使洛河两岸的渔业养殖作业区短期内大面积消失，洛河周边的滨水区面积尽管缩减明显，但水景观的质量和服务功能有了很大的提升，洛河两岸的居住环境有了明显的改善。流经市区的洛河、伊河、涧河、瀍河等四条河流之中，洛河水景观的建设力度最大、效果也最显著，洛河两岸的开发强度很大，滨水区建设非常成熟，对市区居住环境的改善有积极的促进作用；伊河是洛阳市区的饮用水源，是流经市区的河流中水质最好的一条，随着城镇化进程不断深入、城市开发建设强度增进，伊河作为洛南城区水系的引入水源，已经有了一定程度的利用，伊河沿岸的植物护堤和绿化建设仍需进一步加强和优化；涧河、瀍河是洛北城区的主要水景观，状况不容乐观，伴随城市建设重点的转移，应在重视改善河流水质的同时，加快洛北城区复合水网的构建，强化邙山渠、中州渠的作用，建立涧河与瀍河之间更加紧密的联系，建设畅通连接的市区水系（见图 3-52）。

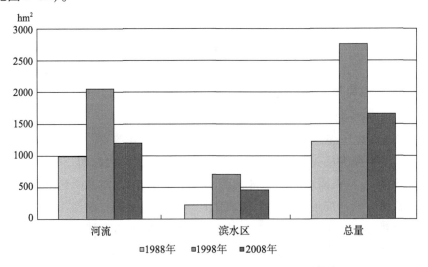

图 3-52　洛阳市区不同时期的蓝色开放空间面积变化

（2）不同方向的格局变化特征。

受市区自然基础条件的约束，洛阳市区的河流及周边滨水区主要分布在第二至第七象限。1988—2008年，市区水体总量的变化集中表现在第三、第四、第五象限，主要是洛河在市区段内的变化十分显著。受洛河上四级橡皮坝截流的影响，市区内不同河段的水量及沿岸滨水区的面积变化明显，洛河作为流经市区的第一大河，也是城市水系着力打造的重点；洛河自身及其两岸的滨水地带是洛阳市着力打造的水景观的点睛之作，现已发展成为城市的地标，是洛阳市作为北方滨水城市的象征。相比之下，洛北城区涧河和瀍河建设的投入力度明显逊色，涧河所在的第七象限和瀍河所在的第二象限多年间的水体总量变化甚微，尤其是涧河、瀍河的水质基本没有太大改善，沿岸滨水区的环境整治力度也较小，这与城镇化进程中的洛阳市发展历程及市区内部建设区域重点的转移过程完全吻合。市区段内河流水面面积的变化主要集中在第三、第四、第五象限，是洛河、伊河主要分布的区域，第五象限位于市区段的洛河上游，是河面最宽、水量最富集的地区，河流周边滨水区的面积变化也相应集中第三、第四、第五象限。1988—1998年，河流周边滨水区的面积增长迅速，并较为集中分布在第五象限，是城镇化初期水面较宽地段的洛河两岸池塘密布的真实写照。1998—2008年，洛浦公园不断深化发展，大力整治了洛河沿岸的水景观，导致第五象限内滨水区面积的大幅缩减，洛河两岸的河塘养殖用地几乎全被填充，由灌木、乔木等结合草地的复合式绿色开放空间体系代替，是市区开放空间系统内部蓝色开放空间要素与绿色开放空间要素之间流转变化的写照（见图3-53）。

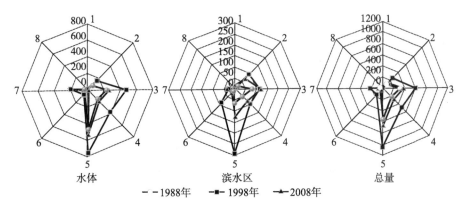

图3-53　洛阳市区不同方向的蓝色开放空间面积变化（单位：hm²）

（3）不同梯度的格局变化特征。

洛阳市区内部的蓝色开放空间主要分布在第三圈层以外，考察不同梯度上蓝色开放空间的面积变化（见图3-54），可以看出市区不同梯度间的水体总量差异不大，第三至第十圈层的水体总量主要来源于洛河，第十圈层以外的水量则主要来源于伊河。自市中心到市区边界的十一个圈层中，只在第三圈层、第十圈层及第十圈层以外的水资源分布量略高，表明不同圈层间的水体总量分布相对均衡，市区水景观建设可利用的水资源总量在不同梯度间分布比较平衡。1988—2008年，市区不同梯度间的水体总量变化幅度不大，表明多年间河流及周边滨水区的水面面积总量由于受天气影响，并未出现明显的改观，但由于不同圈层间的实有面积存在着较大差异，足以说明洛阳市区主体圈层核心地带的水体总量所占比重较大，最为突出地体现在第三圈层。1988—2008年，市区河流水量变化最大的区域在第七圈层，引伊河河水开发的开阳湖和体育中心湖等两个水面面积较大的湖泊，拉动了第七圈层蓝色开放空间面积的大幅度增加。市区段内滨水区面积变化最大的区域在第三圈层和第六圈层，第三圈层内滨水区的面积先增后减，最终回复到最初的水平；圈层内滨水地带的发展先是经历了在洛河南岸出现大规模的水产养殖作业区，也带来了河流周边滨水区面积的大幅增加，之后在洛浦公园的开发建设过程中，随着洛河周边逐渐展开的城市环境整治举措，河塘用地逐渐被大规模的滨河绿地取代，河流周边滨水区的面积随之回落。第六圈层内的滨水区面积先减后增，1998—2008年，为了涵养市区的水源地，市区内涧河上游出现了一定面积的滨水区景观，改变了第六圈层内部河流周围的水域容量。

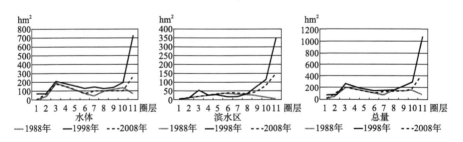

图3-54　洛阳市区不同梯度的蓝色开放空间面积变化

3. 斑块类型水平上的梯度变化

采用景观格局分析方法测度洛阳市区内蓝色开放空间分布格局的梯度

变化，将河流、滨水区等自然或人工的水体景观视作市区景观镶嵌体内一种有别于绿色、灰色开放空间等要素斑块的类型，通过计算斑块类型水平指数（Class-level Index），分析洛阳市区蓝色开放空间系统的分布格局特征。

（1）斑块密度。

蓝色开放空间要素的斑块密度指数充分反映了洛阳市区沟渠、河流与周边滨水区景观的分布特点，市区内部蓝色开放空间要素密度的分布规律是洛南城区明显高于洛北城区，东部城区大于西部城区（见图3-55）。

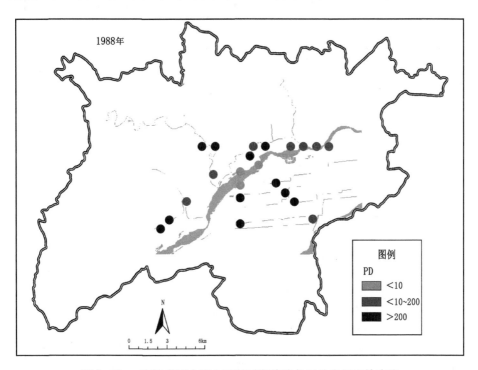

图3-55a　斑块类型水平上不同时期的蓝色开放空间斑块密度

对比1988年、1998年、2008年三个时期获取的采样点信息量可以看出，2008年信息量远大于1988年的信息量，原因主要在于三个考察时期市区内部的河流、沟渠、滨水区等分布密度的差异。对比1988年和1998年的蓝色开放空间斑块密度信息，首先，采样点获取的信息量明显减少，信息缺失主要表现在市区的西南、东南和东部，究其原因，是这些方位上蓝色开放空间要素的丧失；1998年，涧河、洛河、伊河水量明显增加，瀍河地表水却基本断流，市区内部水网密度的降低，导致了斑块密度的大幅下降；尤其是洛南城

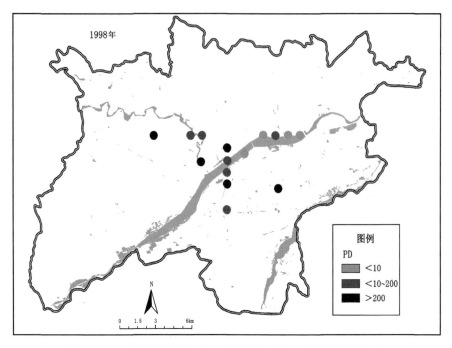

图 3-55b　斑块类型水平上不同时期的蓝色开放空间斑块密度

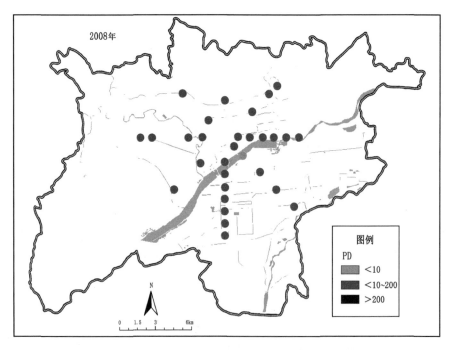

图 3-55c　斑块类型水平上不同时期的蓝色开放空间斑块密度

区的大部分人工沟渠基本断流，洛河与伊河两大河流间人工水系的联系不复存在，反映出城镇化进程对蓝色开放空间系统内部分布结构的影响，在着力打造洛浦公园水景观的同时，忽略了市区水体建设工作的全面性。1998—2008年，采样点获取的信息量明显增多，不仅洛南城区内洛河与伊河间的水网基本建立，还通过新大明渠、古洛渠、胜利渠及开阳湖、体育中心湖构建了洛南新区河网密织的局面，打造了洛南新区良好的人居环境，并且通过邙山渠建立了涧河和瀍河之间的联系，给予了瀍河适量的地表水源补给，环绕老城区核心区域人工水系的设计，通过中州渠构建洛北城区涧河、瀍河、洛河之间的综合水系网络，切实改善了洛北城区的市民居住环境质量，城镇化促进了蓝色开放空间系统内部的结构调整和功能提升。

（2）斑块形状指数。

斑块形状指数（LSI）是一项描述蓝色开放空间要素斑块空间形状特征的指标，用来表达开放空间系统内蓝色开放空间斑块的形状复杂程度，可以反映出洛阳市区蓝色开放空间系统内部的两大类构成要素对城镇化进程的响应程度（见图3-56）。通过对比1988年、1998年、2008年三个时期获取采样点信息的指标值可以看出，随着洛阳市城镇化水平的不断提高，单一考察蓝色开放空间要素的斑块形状指数，无论从任何方向采样点上获取的信息都反映出极为一致的规律性，即斑块形状指数的指标值以十年为一个阶段，呈逐阶段下降的趋势。1988年的指数值最大，采样点信息的值域多在1.6~1.9，2008年的指数值最小，采样点信息的值域多在1~1.3，说明在市区蓝色开放空间要素的生长发育过程中，无论河流还是其周边的滨水区，在快速城镇化进程的推动下，都受到了很强的人为因素扰动，城市规划决策行为对流经市区的河流及其周边滨水区的建设影响极大，河流、滨水区的形状及其与周边滨河绿地、建筑小品等环境要素的组合关系，都体现出较强的人工设计感，正在逐步趋近规则化。

（3）最大斑块指数。

最大斑块指数（LPI）反映获取信息的采样点内蓝色开放空间斑块的面积与采样点面积之间的比例关系。对比1988年、1998年、2008年三个时期获取的采样点指标值可以看出，洛阳市区蓝色开放空间系统内要素的斑块大小与所选取采样点面积的比值在逐渐减小，且变化速度呈现出较强的阶段性特征（见图3-57）。1988—1998年，蓝色开放空间要素的最大斑块指数值有所下降，但降幅不大，LPI指数值在60%以上的采样点由1988年的接近4/5减

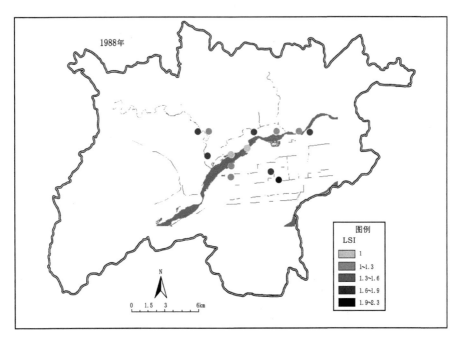

图 3-56a 斑块类型水平上不同时期的蓝色开放空间斑块形状指数

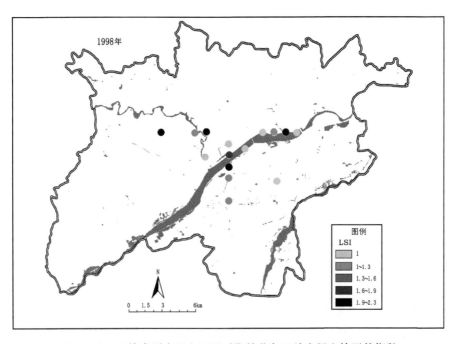

图 3-56b 斑块类型水平上不同时期的蓝色开放空间斑块形状指数

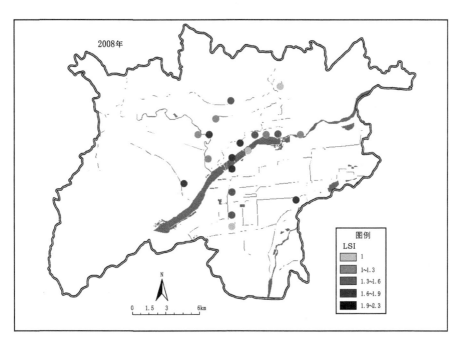

图 3-56c　斑块类型水平上不同时期的蓝色开放空间斑块形状指数

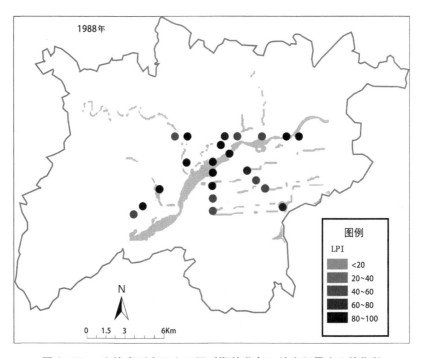

图 3-57a　斑块类型水平上不同时期的蓝色开放空间最大斑块指数

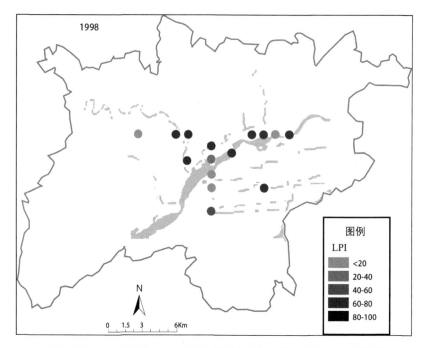

图 3-57b　斑块类型水平上不同时期的蓝色开放空间最大斑块指数

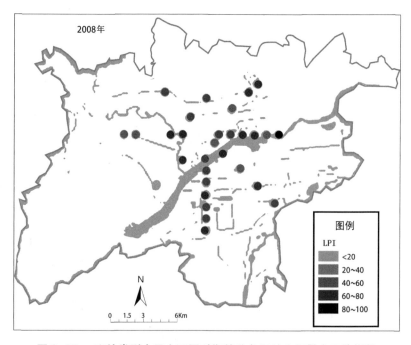

图 3-57c　斑块类型水平上不同时期的蓝色开放空间最大斑块指数

少至 3/5，说明采样点内的蓝色开放空间斑块面积较大，河流及滨水区斑块的破碎程度并不高；1998—2008 年，市区蓝色开放空间系统内要素的最大斑块指数值降低较多，LPI 指数值在 60% 以上的采样点仅有总量的 2/5，河流及滨水区斑块的破碎程度快速增大，说明城镇化进程加剧了洛阳市区蓝色开放空间要素的破碎化程度，城镇化发展的速度越快，水体要素的破碎化程度越明显，且破碎化的速率越高。

（二）蓝色开放空间系统的评价

1. 水环境评价

（1）水资源量评价。

水是影响中国城镇化进程的重要因子，城镇化发展必须以水资源为依托（方创琳、鲍超、乔标等，2008）。城市生活用水量与城镇化相关关系及保障程度的研究成果显示，河南省属于城市生活用水量与城镇化水平之间先期增长快而后期增长慢的区域，城市人均生活用水量与城镇化水平的关系是平稳波动型，城市人口增加，城镇化水平提高，居民生活水平和各项生活服务设施水平提高，人均生活用水量增大，城镇化水平每提高 1 个百分点需要增加的城市生活用水保障量为 3398 万立方米（方创琳、鲍超、乔标等，2008）。1988—2008 年，洛阳城镇化水平从 15.8% 提高到 42.57%，市区用水人口增加了 53.28 万，以城镇化水平提高 5 个百分点为一个阶段考察市区用水变化情况（见表 3-18），可以看出，30% 的城镇化率是洛阳市区生活用水量变化的分水岭。

表 3-18　洛阳市区城镇化水平 5% 间隔与居民用水变化统计

城镇化水平 5% 间隔的次数	城镇化水平范围（%）	年份	全年供水量变化（万吨）	生活用水量变化（万吨）	城镇化水平每增加 1% 需新增的生活用水量（万吨）	生活用水占供水总量比重变化（%）	人均用水量变化（L）
第一个 5% 间隔	16.5～21.7	1990—1994	1630	781	150.20	0.26	−11.70
第二个 5% 间隔	22.9～28.1	1995—1999	1053	3336	641.54	0.26	85.23
第三个 5% 间隔	30.0～35.7	2000—2004	−5400	−3043	−533.86	0.29	−80.70
第四个 5% 间隔	38.4～42.6	2005—2008	−2694	−324	−77.65	0.21	24.20

城镇化水平低于30%时，洛阳市城镇化水平提高的趋势平稳，生活用水量随城镇化水平提高而增加，且增度不断加快，第二个5%间隔的生活用水量增速明显高于第一个5%间隔；城镇化水平高于30%时，市区生活用水量随城镇化水平提高而减少，城镇化水平的提高促进了市区用水效益的提高；城市人均生活用水量随城镇化水平的提高有增有减，与城镇化水平的关系是平稳波动型，与研究结果基本一致。城镇化水平提高，洛阳市区生活用水占城市供水总量的比重不断增加，需要充足的生活用水余量保障快速增加的市区人口用水需求，鉴于洛阳市区水资源丰枯季差异大、蓄存能力弱的特点，必须大力兴建水利工程增强水资源的蓄存能力，提高水能利用率；鼓励产业结构调整、技术进步创新实现水资源的集约高效利用，保障水资源的可持续利用；调整城市空间结构，优化市区开放空间系统，增强城市生态系统功能，保护城市水源的生态环境。

（2）水质量评价。

洛阳市区地表水水质的监测点主要集中在洛河、伊河、涧河、瀍河以及洛北城区的中州渠、大明渠上选取的17个监测断面，依据《地表水环境质量标准》（GB/T3838-88），采用单因子评价法和综合评价法，监测所选断面的高锰酸钾指数、COD_{cr}、BOD_5、非离子氨、亚硝酸盐指数、硝酸盐氮、挥发酚、氰化物等14项因子，结果显示洛阳市区地表水上游污染较轻，下游段污染严重。不同时期河流、沟渠等的水质情况有所不同（见表3-19）。

表3-19 洛阳市区段河流水质情况

河流	监测断面	1995 年	1998 年	2000 年	2004 年	规划功能	规划水质目标
洛河	白马寺	劣Ⅴ类	Ⅳ类	劣Ⅴ类	劣Ⅴ类	工、农业用水	Ⅳ类
	高崖寨	—	—	劣Ⅴ类	Ⅴ类	饮用水源	Ⅲ类
伊河	龙门	Ⅲ类	Ⅴ类	Ⅴ类	Ⅳ类	工、农业用水	Ⅲ类
	西石坝	Ⅲ类	Ⅴ类	Ⅳ类	Ⅲ类	工、农业用水	Ⅲ类
涧河	党湾	—	—	Ⅴ类	Ⅳ类	渔业用水	Ⅲ类
	瞿家屯	劣Ⅴ类	劣Ⅴ类	劣Ⅴ类	劣Ⅴ类	渔业用水	Ⅳ类
中州渠	唐寺门	—	—	劣Ⅴ类	劣Ⅴ类	景观用水	Ⅴ类
	洛河口	—	—	—	劣Ⅴ类	景观用水	Ⅴ类

①洛河在进入市区后，大量工业、生活废污水的汇入使其水质急剧恶化。高崖寨2000年的水质为劣Ⅴ类，2004年略有改善，为Ⅴ类，但与饮用水源地

Ⅲ类水质的要求相去甚远。洛河流经市区段内，沿途鲜有大的废水污染源，河流可以充分发挥其自身的净化作用，到达白马寺监测点，各种污染物浓度应有一定下降；1998 年，白马寺监测点的水质为Ⅳ类，但是 2000 年以后，洛河水质有所下降，始终为污染较为严重的劣Ⅴ类，与工业、农业用水的Ⅳ类规划目标相去甚远，还需较大的水质净化投入。②伊河源于洛阳市境内，水质较好，尽管沿途接纳了栾川、嵩县等地的废水污染源，但污水量不大，由于河流自净功能的作用，1995 年在龙门、西石坝两个监测断面均达到了工农业用水的Ⅲ类水质标准。1998—2000 年，沿途大量存在的工业污染源、生活污水的排入，导致伊河水质明显下降，降为Ⅴ类水质；2000 年以后，由于采取了针对有关污染源的具体措施，并加大了环境保护的投入力度，伊河水质逐渐恢复，以满足市区工农业生产的需要。③涧河是洛河在洛阳市境内最大的一条支流，沿途水质差异较大。涧河进入市区前已接纳了大量工业废水和生活污水，到达党湾监测点时，水质为Ⅴ类，2004 年时略有改良，为Ⅳ类水。市区段内，受涧西区工业废水和生活污水的影响，水质持续下降，至瞿家屯处，再次接纳大明渠和涧西区生活污水的排入，水质急剧恶化，多年来始终为劣Ⅴ类水质，与渔业用水的Ⅲ类水质差距很大。④中州渠作为涧河与瀍河的连接通道，接纳西工区生活污水的同时，在九龙台街引瀍河水环绕老城区，沿途接纳老城区的直接生活排污，水质污染严重，为劣Ⅴ类水。中州渠在西工区和瀍河区分别与洛河沿岸的洛浦公园相连，作为城市景观水系的组成部分，水质污染情况严重，阻碍了其景观功能的有效发挥。

2. 系统功能效应评价

计算 2004 年洛阳市区人类活动对市区段内涧河、洛河、伊河等河流水体的生态占用情况，以水当量的形式表现出来。由于基础数据来源的局限，2004 年洛阳市区的水安全调蓄及水景观欣赏等两个方面的生态功能占用量无法通过水当量的形式析出，本研究的成果是将当年洛阳市区人类活动对水资源供给能力、水自净能力、水生境维持能力的占用，通过水当量的形式反映出来。具体计算步骤如下：①水资源供给能力。2004 年，洛阳市区的用水主要由生活水和工业用水两大部分组成，工业用水多排放至涧河，生活用水多排放到洛河，用水总量合计 220.75Gm³，则当年市区占用的水资源供给为 220.75Gm³ 水当量。②水自净能力。根据洛阳市废水排放的具体情况，并结合洛阳市区水质监测数据，确定市区工业废水和生活废水的生态服务功能占用的关键因子是 COD_{cr}。参照《地表水环境质量标准》

（GB3838-88），按Ⅲ类水质标准控制，计算净化城市排污所需的水当量，我国Ⅲ类水质的标准为：COD_{cr}为20毫克/升，总氮量为1毫克/升。③水生境维持能力。2004年洛阳市区水资源供应总量为165.48Gm³，扣除12%作为水生生物和微生物的预留生境存量。计算2004年洛阳市区蓝色开放空间系统的生态服务功能（见表3-20）。

表3-20　洛阳市区2004年水生态服务功能的当量计算

服务功能	人类活动	占用量（或排放量）	水生态服务功能占用当量（Gm³/a）
水资源供应能力（Gm³）	生活用水	涧河，14.96	220.75
		洛河，67.98	
		伊河，30.52	
	工业用水	涧河，45.17	
		洛河，37.51	
		伊河，24.61	
水自净能力（T）	生活 COD_{cr}	涧河，7402.90	1.89
		洛河，3266.80	
		伊河，14364.90	
	工业 COD_{cr}	涧河，6616.30	6.76
		洛河，4365.00	
		伊河，1796.50	
	生活氨氮	涧河，729.30	
		洛河，1512.69	
		伊河，449.36	
	工业氨氮	涧河，562.74	—
		洛河，2422.04	
		伊河，1087.56	
水生境维持能力（Gm³）	维持和保护生物多样性	生态系统容量的12%	19.86
合计			249.26

资料来源：洛阳市环保局、洛阳市统计局，王胜男整理。

　　计算结果表明，洛阳市区2004年人类活动对水生态服务功能的需求为249.26Gm³，而当年的水资源供给为165.48Gm³，对蓝色开放空间系统的生态服务功能需求明显超过实际的水资源供给能力，需求高达供给的1.506倍，实际需求缺口为83.783Gm³。蓝色开放空间系统的供给能力显然不足以维持洛阳市区的工业用水和生活用水需求，更无充足的水资源存量顾及水体自净能力的恢复；2004 年市区段内的河流水质较差，达标率仅为 12.5%，监测断面为劣 V 类水质的水体比重占实测数据的 50%。洛阳市区境内有丰沛的水资源量，科学、合理、高效地开发利用是提高蓝色开放空间系统生态服务功能的唯一途径。借助水利工程设施，调高水资源的蓄存能力；有效调配境内水资源，缓解市区的水生态系统的供给压力；积极调整产业结构，大力开发节水设备，鼓励采用各种节水技术进行人工污水处理、清淤、截污、活水或生物处理，加强水的循环再生和再利用，降低城市生态系统对水的生态服务功能消耗。

（三）蓝色开放空间系统的调控

1. 水环境治理

针对洛阳市区不同季节南北城区之间水资源分配不平衡，水体蓄存能力较差，水能利用率低，工业、生活污水排放量较大等导致河流、沟渠等水体严重污染，根据城镇化进程中的市区生活用水特征，结合现有蓝色开放空间系统供应能力与城市实际用水需求之间的生态服务关系，确定洛阳市区水环境质量优化的总体思路是"节水—调配—输导—减污—控源—截流—修复"，提高蓝色开放空间系统的生态服务功能，调控市区开放空间系统的整体功效，保障经济、社会的可持续发展。坚持"节水优先、治污为本、多渠道开源"的原则，以建设节水型社会为目标，加强宣传教育，强化节水措施，促进节约用水进程，合理开发和保护水资源。启动市域内小浪底水库、陆浑水库、西霞院水库等水利工程的统一调配机制，通过优化调度当地水资源、客水资源及非传统水资源，实现平水年及偏枯年的供需水平衡，枯水年份供水缺口的应急解决。加强污水处理及资源化利用，控制工业、生活污染点源，有效遏制、削减城市工业、生活用水排污量，统筹安排供水、节水、再生水回收、雨洪水开发利用和水资源保护等各个环节，合理利用各类水资源，提高水资源利用效率。

水资源保护、节约与合理利用应以实现水资源的有效保护、水资源的可持续利用和建设节水型城市为目标，保护、节约、利用三管齐下，突出保护、强调节约、重点利用。①水资源保护。划定地下水源保护区界限，落实具体的保护措施，严格控制超采地下水，多途径涵养地下水资源；圈定地表水源的饮用水源保护区范围，陆浑水库等上游地段继续营造水源涵养林，加强水土保持和小流域综合治理，改善水库水质，做好黄河小浪底南岸引水，新安县提黄等引水济洛工程，保证洛阳市区按计划保质保量地引用客水；界定洛南水源、李楼水源、陆浑水库、金水河水库、酒流沟水库和陆浑水库等引水工程沿线为水源保护区，对水源保护区内应遵守《饮用水源保护区污染防治管理规定》的要求依法保护。②节约用水。优化市区周边农业种植结构，发展节水灌溉技术，鼓励发展节水产业，推广节水技术、工艺和设备；调整市区产业结构，鼓励技术创新，严格限制高耗水工业的发展规模，建立合理的价格机制，鼓励再生水的使用；运用经济杠杆，加强宣传力度，提高节水观念，推广节水装置和设备，提倡、鼓励城市居民的节水行为。③水资源的合理利用。建立科学、合理的城市用水调配制度，统一指导市区的供水、排水系统。市区核心圈及孟津、新安、汝阳、伊川、宜阳等洛阳市都市圈第二圈层的卫星城以小浪底水库、陆浑水库、西霞院水库作为供水水源，陆浑东干渠、先锋渠引水作为城市未来供水水源，偃师市区地下水作为自身供给水源，吉利区从西霞院水库引水作为主要水源，现有地下水水源为辅助水源；市区核心圈选择小浪底水库、陆浑水库作为主要供水水源，李楼、洛南水源作为辅助水源，现有其他城市地下水水源作为备用水源；主要供应区内生活用水，完成合流管网雨污分流改造，建立分流制排水系统，至 2020 年[①]，县级市、县城和建制镇雨污管网覆盖率达到 80%，污水处理率达到 70%，中水回用率达到 40%，城市自来水普及率达到 100%，工业用水重复利用率达到 90% 以上，水源水质及供水水质合格率达到 100%，地下水实现采补平衡。

洛阳市区蓝色开放空间系统内组成要素的水质优化、水污染控制以伊河、洛河等河流市区段的水环境容量测算为基准（水环境容量是在对流域水的特征、排污方式、污染物迁移转化规律进行充分的科学研究的基础上，结合环境需求确定的管理控制目标）。以水环境容量为基准监测洛阳市区水体的石油类、COD_{cr}、BOD_5 等污染因子排放量，实现地表水污染物排放总量控制由目标总量转向容量总量控制，通过水路相应衔接的方式，找到路上的污染源，采取针对性的有效治理措施，削弱市区不同水功能区主要污染物的排放量。市区水环境容量作为一个动态的数据标准量，将随着人类对水资源利用的不断变化和人们对环境需求的不断提高而发生变化，它既反映了不同流域水体的自然属性，也反映出人类对生活环境的需求。洛阳市区水质优化要从涵养水源、削减水污染排放量、完善雨水排放系统和污水处理系统等四个方面着眼，齐抓共管、综合整治。①涵养水源地。小浪底水库、陆浑水库、西霞院水库、酒流沟水库等饮用水取水口上游 1000 米、下游 100 米水域为饮用水源一级保

---

① 2020 年的预测数据值参照《洛阳市城市总体规划（2006—2020）》。

护区，执行《地表水环境质量标准》（GB3838）Ⅱ类标准；一级水源保护区内禁止新建、扩建与供水设施和保护水源无关的建设项目，禁止向保护区水域排放污水，已设置的排污口必须拆除，不得设置与供水无关的码头，禁止停靠船舶，禁止堆置和存放工业废渣、城市垃圾、粪便和其他废弃物，禁止设置油库，禁止从事种植、放养禽畜，严格控制网箱养殖活动，禁止可能污染水源的旅游活动和其他活动；小浪底水库、陆浑水库、西霞院水库、涧流沟水库，一级保护区以外的地区为饮用水源二级保护区，执行《地表水环境质量标准》（GB3838）Ⅲ类标准，区内污染企业必须限期治理，做到达标排放，确保城市饮用水安全，饮用水源水质达标率100%。②削减地表水污染物。地表水污染物削减措施包括加大执法力度、严格执行排放标准、建设污水治理措施，企业开展清洁生产①，市区污水河道整治、清污分流，修建水利设施，新建辛店、瀍洲路、关林、安乐等9个污水处理厂，减少污水排放量并逐步实现污染排放空间的合理布局；倡导工业企业技术创新，采用清洁生产工艺，配套建设污水处理厂，实现污水达标的点源治理；重点保护城市饮用水源，采用截污、治污等多重手段，使市区地表水水质按功能区达到水环境功能区划的要求，饮用水源水质达标率100%；严格控制地下水开采量，推行城市节水、污水处理及资源化，污染物排放全面达标，工业污染源排放的各个过程污染物浓度要达到国家排放标准，主要污染物排放量达到地方总量控制目标，城市污水处理率达到100%，污水回用率达到50%~60%。③雨水排放系统。按照就近分散、自然排放的原则完善城市雨水排放系统。中心城区的雨水管道覆盖率达到90%以上，建设高标准的城市雨水系统，防止内涝；雨水管道设计重现期采用一年一遇，重要地区、低洼区、重要道路交叉口和立交桥为3~5年一遇；建设雨污分流制排放系统，加强现有雨水泵站、雨水出口等排水设施的维护管理，新建孙辛路、辛店、白营、瀍洲路、牡丹区等5座雨水泵站。④污水排放系统。建设完善的市区污水排放系统，2020年污水管道覆盖率和污水处理率达到90%以上，中水回用率达到50%以上，中心城区污水量约130万吨/日；② 市区核心圈划分为涧西、瀍东、洛南、白马寺和吉利等污水排水分区，按照集中与分散处理相结合的原则布局污水处理厂，新建辛店、瀍洲路、关林、安乐、吉利和白鹤污水处理厂，续建涧西和瀍东二期；完善污水管网系统，改造现状合流排水管网，逐步建成雨污分流排水

---

①　清洁生产是关于产品生产过程的一种创造性的思维方式。清洁生产意味着对生产过程、产品和服务持续运用整体预防的环境战略，以期提升生态效率并降低人类和环境的风险（UNEP，1996）。

②　2020年的预测数据值参照《洛阳市城市总体规划（2006—2020）》。

系统，污水处理厂出水水质达到《污水综合排放标准》（GB8978）一级排放标准，含有特殊污染物的工业污水和医疗污水等，必须经处理达标后方可排入市政污水管网。

2. 水景观设计

"三山环抱、四水中流、九渠贯都"是洛阳市区最形象的山水景观特征写照，洛河、伊河、涧河、瀍河等四条大河流经市区，形成了城市的整体水系骨架，邙山渠、中州渠、秦岭渠、大明渠、大青渠、古洛渠、胜利渠、秦岭防洪渠、大新渠等九条主要人工渠道，构成了九渠贯都之势。（见图3-58）

河流、自然或人工的水体景观等蓝色开放空间要素是城市内部一种战略性的稀缺资源，是城市生态系统的重要构成元素，承载着城市的生产、生活活动，丰富了城市的景观格局，蕴藏着城市的历史积淀，代表了城市的文明特质。蓝色开放空间系统中的河流、沟渠等组成要素是城市生态系统重要的资源性廊道，通过对比计算添加新大明渠等人工渠道前后的市区水网廊道结构特征发现，添加人工渠道是改善洛阳市区水网廊道特性的有效途径。涧河、瀍河、洛河、伊河等四条河流市区段与大明渠、大青渠等九条人工渠道组成的市区水网基本格局的连接度指数 γ 指标值为 0.179，添加新大明渠等多条人工渠道后的市区水网的连接度指数 γ 指标值为 0.185。说明添加人工渠道数量、改善人工渠道的连接关系是提高洛阳市区蓝色开放空间系统资源廊道生态功能的合理方法。

市区水景观的优化应着力提升河流、市内滨水区的生态功能、景观品质与文化品位，选择市级绿心、区级绿心等较大规模的绿地斑块，增添人工水景，设计蓝色、绿色开放空间的复合景观形式，依托市区内"绿心+环形+放射结构"的开放空间系统总体布局模式，通过科学设计人工水系的联通关系（见图3-59）。建设市区段洛河、伊河、涧河、瀍河间的综合水网工程；合理调配洛阳市内河系间的水资源量，搭建洛北城区与洛南城区的生态廊道体系，恰如其分地融合市区开放空间系统内的绿色、灰色开放空间要素，充分发挥河流及其滨水区兼容并包的蓄纳作用。

河流与其周边的滨水地带共同构成的城市景观既是城市的边界，又是城市气候和市民生活方式的一部分，由河流、滨水区等水域景观构成的蓝色开放空间是洛阳市区景观的标志性节点，也是市区居民活动、游览的主要场所。城市水景观按其功能划分为自然原生型、生态防护型、环境观赏型、生活游憩型、标志节点型等多种类型。其中环境观赏型指城区内功能性一般的河道滨水地带；生活游憩型是整个城市水景观的精华所在，指城市重要繁华地段

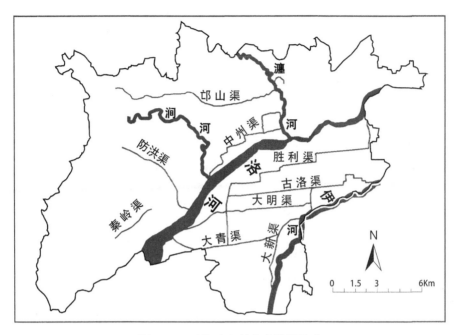

图 3-58　洛阳市区的山水格局构成

的滨水地区（包括城市的滨水公园）、居住所的滨水地段、历史街区的临水界面等（王超、王沛芳，2004）。根据洛阳市区水景观的建设现状，以提升城市蓝色开放空间的生活价值、生态服务功能为目标，结合城市进一步深入发展的需要，以开放空间系统的良性循环为宗旨，定位环境观赏型为涧河、瀍河的水景观优化主题，洛河、伊河的优化主题为生活游憩型。

　　洛阳市区水景观的优化应秉承城市特色，精致每一个构成要素的细节，突出洛河作为城市景观焦点的地位，强化伊河的生态调控作用，改善涧河、瀍河与其周边景观的构成关系，运用不同方法施以针对性的优化措施。①强化洛河的主导地位。延伸洛河两岸滨水区的长度，丰富滨水地带与滨河绿地的组合类型和构成方式，在洛浦公园南北两岸密植遮阴乔木，设计恰当的绿色结构组合方式，设花坛、座椅、雕塑艺术小品，强化既能充分体现北方水城特色的滨河休闲游览区，又集水、景、林为一体的富有江南韵味的综合景区。目前，洛河两岸的洛浦公园贯穿市区东西，东起焦枝铁路桥，西至高新技术开发区，全长约 14 千米，可将洛浦公园沿洛河两岸继续向东西方向延伸，向西延伸到洛阳市区外围的西南环高速，向东延续到二广高速公路，精心巧妙地利用洛河沿途水体，完整塑造以洛浦公园滨河绿地为连接的水景观城市形象。②突出伊河生态保护作用。伊河两岸的用地由于地质条件以及洪水淹没等因素的影响不适合进行大规模的开发建设，对其的优化处理方法就是建设滨河生态绿地，为城市保留成片的自然滨水景观环境，注意涵养水源，净化水质，发挥伊河调节区域局地气候的重要作用，推进区域内生态环境的进一步改善和可持续发展。伊河及其滨水区、滨河绿地担负了整个洛阳市区最重要的结构性生态骨架作用，在兴建的郑西客运专线以南建设伊河的滨河绿地，与焦枝铁路的防护绿化带一起，成为从龙门—洛南里坊区—杨文—黄河南岸城镇密集地区结构性生态骨架的起点；在郑西客运专线以北建设伊河的滨河绿地，与伊河、洛河两河之间的大遗址保护用地的绿化、农田一起，构成整个城镇密集地区的区级绿心。③加强洛北城区水系网络的联通关系。通过增加滨河绿地节点，改善洛北城区水系滨河绿地的连通关系，促进洛北城区河流、沟渠等水系的沟通。洛北城区水系的滨河绿地已经初见成效，但滨河绿地的建设采用分段营建的方式，尚未形成闭合的整体；应改变洛北人工渠道滨水区空间现有的"围墙+道路+水渠"的模式，在条件允许的地方增加防汛路外侧的绿化带，设置绿化节点，拆除防汛路外用地的砖砌围墙，改为通透式的铁艺栏杆；增加沿渠两侧的居住用地在河渠方向的步行出入口，借助构筑在水渠两岸的滨河绿地体系建立洛北城区水系的完整连接关系；完善洛北城区的生态廊道体系，使河渠两侧的居民真正享受到绿色、蓝色开放空间要素组合的环境美化功效。④提升涧河、瀍河的生态服务功能。涧河、瀍河两岸的滨河绿地主要集中在干涧的河床及河床的阶地上，市区段沿河两岸的建设用地与河道之间的滨河绿地的连接过渡关系处理得不够恰当，沿岸居民对滨水区及滨河绿地的实际利用效率不高。需要通过增加涧河、瀍河两岸滨河绿地的宽度，加强断流、缺水干涸河床绿化，改善沿河两岸建设用地与河道之间过渡带的绿色结构等途径改善滨水区的景观风貌，初步形成具有一定宽度的滨河绿地，提高河流两岸滨水地带的利用效率和生态功效。由于涧河、瀍河在市区段每年的径流量非常有限，一年中有很长一段时间内涧河、瀍河在市区段的河道处于断流干涸状况，河床裸露，杂草丛生，两岸景观不佳，通过在河床上种植耐水的杂草，从视觉感官上消除河床裸露出来的地表土，构建以绿色开放空间要素为主体、有效结合蓝色开放空间要素的生态廊道，使丰水期与枯水期的滨水地带景观都能够得到较大的改善（见图3-60）。适当利用中州渠回水水量，调节涧河、瀍河的水量分配，畅通城市水系，强化自然、人工水体要素间的交换，合力解决涧河、瀍河地表水源的改道引流、水量补给，依靠科技进步，推广先进适用的水处理技术，提升涧河、瀍河的生态服务功能，促进洛阳市区蓝色开放空间系统的生态服务、休闲游憩功能的高效发挥。

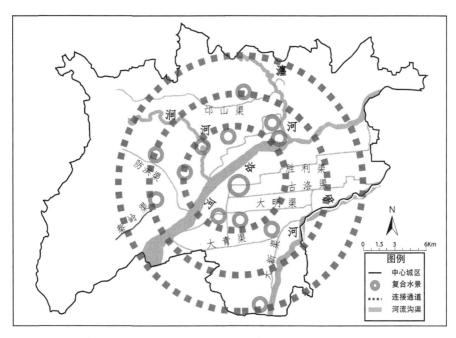

图 3-59 洛阳市区蓝色开放空间系统的结构设计

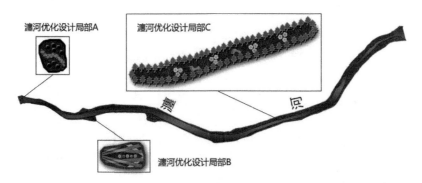

图 3-60 瀍河河提的优化设计方案

第四章
城市—区域开放空间系统的调控实践

　　相较城市开放空间系统，市域及流域开放空间系统的尺度更大、范围更广，是城市—区域系统研究的范围拓展与功能完善。土地景观作为开放空间系统的载体，是不同尺度开放空间系统的根本依托，从研究范畴上来讲，较大尺度开放空间系统调控的实质是将其提升到土地系统和国土空间开发的可持续发展层面，拓宽了开放空间系统的应用范围。本书选用土地景观作为"区域—流域"开放空间系统研究的主要调控对象，从三亚市域土地景观演变分析和万泉河流域优化调控分析等两个层面剖析"市域—区域开放空间系统"的结构、功能和动态过程等演变机制，进而为土地系统调控和国土空间开发提供科学依据。

一、研究区的选择及概况

（一）市域开放空间系统的发展现状

　　三亚市位于海南省的南部，陆域土地总面积约 1919.58 平方千米，其地势北高南低，多高山峻岭，是典型的热带海洋性气候，受地形地貌等因素的影响，全域降水量具有明显的季节性和区域性特点。

1. 人口发展

　　21 世纪以来，三亚市紧随改革开放和海南经济特区建设的步伐，其城乡人口结构不断变化，城镇化水平不断提高且始终高于全国平均水平。作为我国知名的旅游城市，具有流动人口多、外来常住人口占比高、人口增长率偏低和城镇化进程总体缓慢等显著特点。从人口城镇化发展层面看，大致可以划分为三个阶段（见图 4-1、图 4-2）：①缓慢发展阶段（2000—2005 年）。高出生率和低死亡率导致总人口不断增加，人口总数增加 25954 人，但城乡结构较为稳定，城镇化水平年均提升 0.97%，城镇化水平增长缓慢。②加速发展阶段（2006—2010 年）。"十一五"期间，三亚人口增长水平较为稳定，年自然增长率稳定保持在 8.7‰，总人口增长 58183 人。受经济特区建设发展和国际旅游岛建设政策影响，城乡结构发生了较大变化，城镇化率由 2005 年的 47.31%增长到了 2010 年的 66.21%，城镇化水平提高 18.9%，是全国同期发展水平的 2.72 倍。③快速发展阶段（2011—2018 年）。该阶段海南发展处于国际旅游岛和经济特区建设的关键时期，人口增长缓慢，但城乡一体化发展进一步加强，城镇化水平稳步提升且远高于全国发展水平。

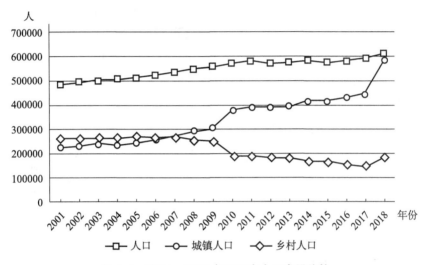

图 4-1 2001—2018 年三亚市人口发展趋势

资料来源：《中国统计年鉴》《三亚统计年鉴》。

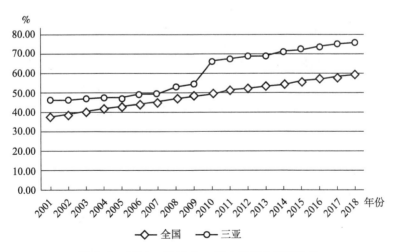

图 4-2 2001—2018 年三亚市城镇化发展趋势

资料来源：《中国统计年鉴》《三亚统计年鉴》。

2. 经济发展

自 2001 年以来，三亚市经济发展基础薄弱，地区发展失衡，但旅游业及相关产业的带动效应明显。21 世纪以来，三亚全域发展先后经历了缓慢发展、快速发展和稳定发展三个阶段（见图 4-3、图 4-4）。①缓慢发展阶段（2001—2005 年）：总量 GDP 和人均 GDP 增量平缓，平均增量分别为 7.37 亿元和 1672 元，且产业结构相对稳定。②快速发展阶段（2006—2010 年）：总量 GDP 和人均 GDP 快速增长，地区经济发展稳定性较差，且平均增长量分别达 34.5 亿元和 5373.2 元，分别是"十五"期间增量的 4.68 倍和 3.21 倍。产业结构转化加速，产值差距逐渐明显。③稳定发展阶段（2011—2018 年）：地区经济发展相对稳定，总量 GDP 和人均 GDP 快速平稳增加，年平均增量分别达 44.14 亿元和 4783.67 元。产业结构变化较大，第一产业占比逐年降低，第二产业占比较为稳定，第三产业占比逐年增加。

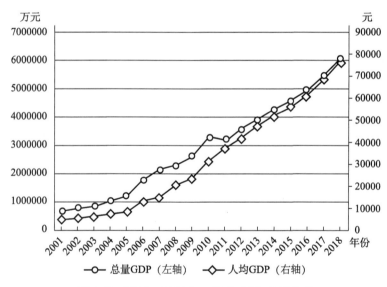

图 4-3 2001—2018 年三亚市 GDP 发展趋势

资料来源：《中国统计年鉴》《三亚统计年鉴》。

3. 土地发展

自 1988 年以来，海南经历了改革开放、经济特区、国际旅游岛、生态省和国家（海南）自由贸易示范区建设等国家重大发展战略和决策，分别形成了以经济建设发展为目标的经济特区建设阶段和以协调生态平衡为目标的国际旅游岛建设阶段。其中，经济特区建设阶段（2001—2010 年）：海南经济飞速发展，

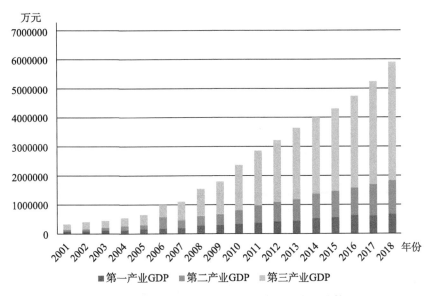

图 4-4 2001—2018 年三亚市三次产业发展趋势

资料来源：《中国统计年鉴》《三亚统计年鉴》。

城镇化快速推进，三亚市城镇建设用地的拓展导致大量耕地和林地减少。具体表现为：建设用地、草地（园地）分别增加了 114.88 平方千米和 195.02 平方千米，增量分别高达 3.97 倍和 1.41 倍；林地和耕地资源分别减少 21.75 平方千米和 279.7 平方千米，分别减少了 2.24% 和 41.16%；水域和未利用地变化较小。国际旅游岛建设（2010—2018 年）：建设用地空间基本稳定，林地空间进一步恶化，耕地资源得到恢复。具体表现为：在全省实施生态省和国际旅游岛建设期间，三亚市建设用地基本保持不变，耕地资源大量恢复，相比 2010 年增加了 211.86 平方千米，增量达 53%；但具有生态保障功能的林地和草地（园地）资源继续减少，水域空间有所增多（见表 4-1）。

表 4-1 基于 RS 数据解译的 2001 年、2010 年和 2018 年三亚市土地利用情况

土地景观类型 (km²)	年份			变化			
	2001	2010	2018	经济特区建设		国际旅游岛建设	
林地	971	949	798	−21.75	−3.79%	−150.45	−15.86%
耕地	679	400	612	−279.7	−41.16%	211.86	53.00%
草地（园地）	49.1	244	168	195.02	397.26%	−76.10	−31.18%
建设用地	81.7	197	197	114.88	140.57%	−0.051	−0.03%
未利用地	73.4	68.3	67.2	−5.062	−6.90%	−1.09	−1.60%
水域	89.3	85.9	102	−3.385	−3.79%	15.83	18.42%

资料来源：地理空间数据云提供数据源，蹇凯根据 ENVI 数据解译。

4. 环境发展

2001—2010 年，工业废水排放量逐年减少，工业废气排放量先是逐年减少后又大幅增加，工业固体废物排放量则呈波动性变化。2011—2018 年，工业废水排放量整体呈下降趋势，工业废气排放量则逐年增加，工业固体废弃物排放量整体呈上升趋势。由此可见，环境子系统中，环境污染排放量整体呈上升趋势，但环保投资的提升与环保设施的增设也在一定程度上缓解了污染，但无法遏制上升的趋势（见图4-5）。

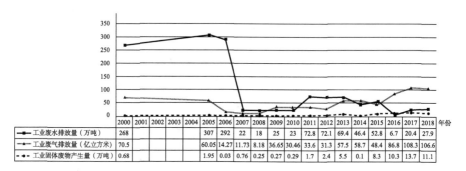

	2000	2001	2002	2003	2004	2005	2006	2007	2008	2009	2010	2011	2012	2013	2014	2015	2016	2017	2018
工业废水排放量（万吨）	268					307	292	22	18	25	23	72.8	72.1	69.4	46.4	52.8	6.7	20.4	27.9
工业废气排放量（亿立方米）	70.5					60.05	14.27	11.73	8.18	36.65	30.46	33.6	31.3	57.5	58.7	48.4	86.8	108.3	106.6
工业固体废物产生量（万吨）	0.68					1.95	0.03	0.76	0.25	0.27	0.29	1.7	2.4	5.5	0.1	8.3	10.3	13.7	11.1

图4-5　2001—2018 年三亚市主要环境指标排放趋势

资料来源：《中国统计年鉴》《三亚统计年鉴》。

（二）流域开放空间系统的自然概况

被誉为中国"亚马逊河"的万泉河发源于五指山，是中国海南岛的第三大河，流域内生态环境优美，物种丰富，地貌奇特，整个流域拥有茂密的热带雨林。其中，万泉河分为南北两个发源地：一是发源于五指山林背村南岭长 109 公里的南支乐会水干流；二是源于黎母岭南的北支定安水，两水在琼海市合口嘴汇合，始称万泉河，主要流经万宁、琼中、定安、琼海、屯昌等市县，最终经嘉积至博鳌入南海。

1. 地形地貌

万泉河流域地形丰富多变，西部地区有高海拔山脉，主要包括位于万泉河上游的五指山和黎母山等山脉，其海拔超过 1000 米，流域中部的山脉海拔较上游低，在 194~592 米不等，位于流域东部的下游主要为丘陵和冲积平原，海拔在 0~325 米不等，尤其是从石壁到椰子寨的冲积平原处河面平坦开阔。

2. 气候水文

万泉河流域地处热带季风及海洋湿润气候带，气候包含湿润区和山地湿润区，整体环境温暖湿润，年平均气温 25℃，四季不分明。由于纬度较低，年均日照可达 2200 小时，盛产热带水果。上游流经高山，河面狭窄，水流湍急；下游流经丘陵平原，河面较宽，水流平缓，高山峻岭，流经深山峡谷。流域雨量充沛，西部年均降水量较少，中部、东部和北部年均降水 2000 毫米，南部年均降水量高，整体年平均降水达 2800 毫米以上。万泉河全长 163 千米，流域面积 3683 平方千米，年均流量约 172 立方米/秒，年径流量 5.83 立方千米，水量丰沛，占全岛年径流量的 19.1%。汛期出现在 7 月至 10 月，一般会出现最大洪峰，11 月至次年 4 月为非汛期，流量甚少。主要支流有太平溪、三更罗溪、中平溪、定安河、营盘溪、青梯溪、文曲河、加浪河、塔洋河。

3. 土壤与植被

万泉河流域主要的土壤类型有花岗岩砖红壤、花岗岩赤土地、花岗岩黄色砖红壤、花岗岩黄色赤土地，含少量安山岩黄色砖红壤、安山岩砖红壤、砂页岩砖红壤、砂页岩赤土地、砂页岩黄色砖红壤、砂页岩黄色赤土地等土壤类型。万泉河流域土壤土层深，种类丰富，且土质疏松肥沃，酸碱度适宜，适合农林耕种。

万泉河流域上、中、下游植被景观各具特色，其中上游主要为天然的次生林，植被垂直层面结构完整，多为本土常见热带树种，如鸡毛松、陆均松、五列木等，植被群落生态稳定；中游主要为次生灌木林，乔木较少，主要有马占相思和椰树等；下游主要为人工经济林，沿岸植被稀疏，主要植被为果树、槟榔树、橡胶树等经济树种，结构不完整，群落生态环境不稳定。万泉河下游至入海口河面开阔，岸边植物保存良好，岸边以椰树林和木麻黄等防护林为典型植被。

二、三亚市域可持续发展的现状评估与发展模拟

（一）可持续发展系统动力学模型的构建与检验

可持续发展系统动力学模型的构建和应用旨在通过对系统内部敏感性因子的调控来实现可持续发展模式，也为三亚市域的土地景观和国土空间开发保护提出发展策略，从而达到指导地区城乡建设发展与生态安全维育之间关系耦合与协调的目的。

三亚市域可持续发展系统动力学模型采用系统思维方式结合建模目的将模型的系统边界确定为 2001—2028 年，并重点明确系统内部的各个状态变量、速率变量和辅助变量。在对系统内因素相互关系做出解释的同时，通过剖析解读出了系统内部各主要因子之间的反馈关系，给出了系统因果关系图

和主要回路，构建了可持续发展系统动力学模型流图，并采用微分方程等对流图中各个元素之间的关系以方程式的形式描述，模型构建基本完成后需要采用试运行和模拟对比的方式来分析历史数据与模拟数据的一致性。最后，系统动力学模型可以通过对敏感性因子的参数调控来得到地区可持续发展的最优解，再通过对处于最优解状态的敏感性参数的分析来得到相关对策，从而用于提出指导政策和引导规划设计。

一方面，三亚市可持续发展系统动力学模型的构建是为了探索三亚市中远期可持续发展的发展趋势和强度。为此，研究将可持续发展理念与系统动力学相结合，构建了包含有人口、经济、社会、资源和环境等五个子系统的三亚市域可持续发展系统动力学仿真模型，模型的系统与系统之间、系统要素与要素之间在系统结构内部形成了特有的系统因果关系图，解析出了系统中各个主要变量之间的相互关系，提取出了系统中各个子系统及各变量之间具有代表性的因果关系回路，[①] 测试并验证了可持续发展系统动力学模型结构流图的可行性（见图4-6、图4-7）。

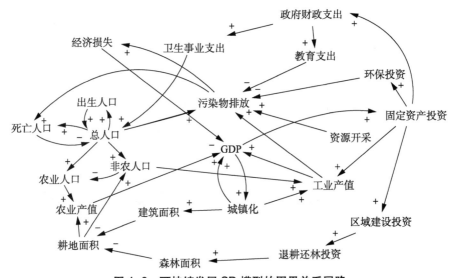

图4-6 可持续发展SD模型的因果关系回路

---

① 系统主要的因果循环结构：
森林面积→+耕地面积→+农业产值→+GDP→+退耕还林投资→+森林面积
总人口→+农业人口→+农业产值→+GDP→+固定资产投资→+环保投资→+污染物排放→+总人口
GDP→+固定资产投资→+退耕还林→+森林面积→-耕地面积→+农业产值→+GDP
森林面积→+-耕地面积→+农业产值→+GDP→+退耕还林投资→+森林面积
GDP→+固定资产投资→+教育支出→+污染物排放→+经济损失→-GDP
GDP→+固定资产投资→+政府财政支出→+卫生事业支出→+总人口→+污染物排放→+经济损失→-GDP

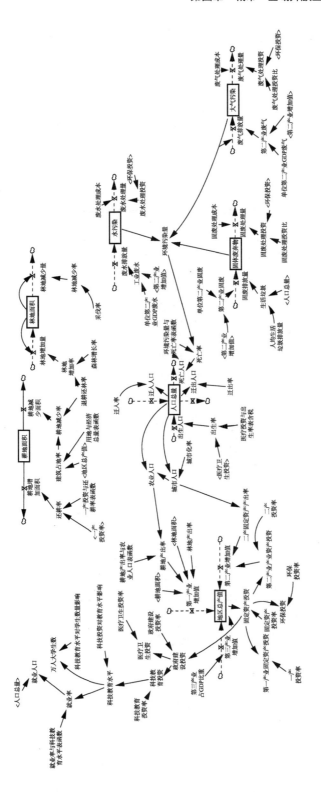

图4-7 可持续发展SD模型的系统结构

另一方面，系统动力学模型是通过分析影响系统变化的主要因素及相互之间的关系来构建模拟实际情况的系统模型，所得到的分析结果是对实际系统的近似评估，无法完全模拟现实系统繁杂的相互作用和影响，因而所得结果与实际之间存在偏差。因此，采用理论检验与历史检验来确定系统动力学模型的有效性是最为科学的检验方法。其中，理论检验是对系统中的变量和参数的设置、变量之间的关系、单位的一致性等进行检验，保证系统的协调统一；历史检验则是利用历史数据作为系统模型真实性检验的参照标准，通过预测结果与实际结果之间的偏差来进行系统模型验证的方法，通过偏差的大小来判断系统动力学模型的真实性和方程构建的准确性。[①] 基于以上检验方法的应用，研究以2014—2017 年为模拟区间，选取地区总量 GDP、总人口和耕地面积三个系统因素进行了历史检验，比对了模拟结果与实际发展之间的误差幅度（所选取的三项指标误差均小于 5%），明确了模型的有效性（见表 4-2）。

表 4-2　可持续发展 SD 模型的有效性检验

项目	年份	预测值	实际值	误差（%）
总量 GDP（万元）	2014	4042670.80	4022558	0.5
	2015	4384351.20	4358202	0.6
	2016	4798367.10	4755567	0.9
	2017	5356081.30	5298048	1.1
总人口（人）	2014	593176.33	585564	1.3
	2015	588220.76	577820	1.8
	2016	594531.36	582303	2.1
	2017	607603.36	592206	2.6
耕地面积（公顷）	2014	23298.26	23022	1.2
	2015	23139.48	22820	1.4
	2016	23149.56	22785	1.6
	2017	23804.62	23315	2.1

（二）市域可持续发展的评价与模式制定

1. 基于"P-S-R"的可持续发展评价体系构建

为了明确三亚市域可持续发展的变化趋势，充分反映其生态系统现状水

---

① 通常认为预测结果与真实结果之间的偏差小于 5%，则系统动力学模型是合理有效的，能较真实地反映系统变化过程。

平的特征因子，研究基于 SD 模型的应用，结合经济合作与发展组织和联合国环境规划署共同提出的"P-S-R"（压力—状态—响应）指标体系，以社会经济和生态环境的关系为出发点，对人与自然这个复合系统中元素间的联系进行深度剖析，进而用来精确反映人口、经济、社会、资源和环境之间的系统关系，也为生态系统安全指标体系的建立提供了一种思路。因此，在进行三亚市可持续发展评价时，研究根据"压力—状态—响应"指标体系的框架，遵循资料收集的可行性、时间空间上的敏感性、综合性、可预测性以及科学性等原则，针对应用背景的过去、现在、未来发展的实际状况，建立了从目标、准则和指标三个层次出发的三亚市可持续发展评价指标体系（见表 4-3）。同时，在进行指标权重确认时考虑到样本的复杂性和特殊性，将前文 SD 模型试运行得出的模拟数据作为计算样本，采用主成分分析法来确定"压力—状态—响应"指标体系的权重系数，以主成分分析结果的因子贡献率作为各影响因子的影响权重，从而达到对多变量、多相关性数据的数理统计分析。

表 4-3　三亚市可持续发展评价的指标体系

目标层	准则层	指标层	指标单位	指标性质	权重
可持续发展水平	压力	人口密度	人/平方千米	逆	0.042
		人口自然增长率	‰	逆	0.054
		城市化率	%	逆	0.081
		固废排放量	吨	逆	0.077
		废气排放量	万吨	逆	0.076
		废水排放量	万吨	逆	0.082
	状态	人均耕地面积	平方千米	正	0.042
		人均林地面积	平方千米	正	0.047
		人均水资源储量	吨	正	0.056
		人均建设用地面积	平方千米	逆	0.072
	响应	固废处理量	吨	正	0.067
		废气处理量	万吨	正	0.074
		废水处理量	万吨	正	0.069
		科技教育投资	万元	正	0.078
		环保投资	万元	正	0.083

2. 基于敏感因子调控的可持续发展方案制订

可持续发展方案的制订是以可持续发展的评价体系构建和评价结果为支撑依据，结合模拟试运行的数据，以系统动力学的应用为手段对三亚市可持续发展进行模拟，进而得出各状态变量的模拟数据（未来数据），从而对三亚市过去、现在与短期未来可持续发展状况进行评价。

为了制订出有利于可持续发展的模拟方案，研究对可持续发展模型中的敏感性因子（指标）进行调控，制定了传统发展模式、单一治理发展模式和综合改善型发展模式等三种可持续发展模式的指标调控方案（见表4-4）。其中，①传统发展模式方案是在不改变当前政策条件的基础上，将系统动力学仿真模拟出的数据代入三亚市域可持续发展评价预警模型中，从而得出三亚市 2018—2028 年可持续发展的发展水平和发展趋势；②单一治理发展模式是在传统发展模式的基础上，选取三亚市可持续发展系统动力学模型中各个子系统中的最敏感性因子进行优化调控，并运行和观察模型的调控结果，进而模拟出该方案；③综合改善型发展模式方案是在单一可持续发展模式的基础上，增加对可持续发展影响较大的若干敏感指数的调控，保证各变量的取值在合理范围之内，不断重复试验，找出实际情况下最适宜该区域生态环境发展的值。

表 4-4　可持续发展方案制订的 SD 模型指标调控一栏

发展模式	指标				调控含义
	名称	调控前	调控后	调控趋势	
传统发展模式	—	—	—	-	基于过去和现状发展基础上的模拟发展
单一治理发展模式	环保投资率	0.075	0.15	+	国家对环境治理力度加大，投资逐年增加
	人口增长率	0.012	0.007	-	降低环境中的人口容量，降低人口对环境的影响作用
	水资源消耗率	0.312	0.2	-	水资源不足，增强对水资源的利用率，降低其消耗和浪费
	单位第二产业 GDP 污染物	2.08	1.05	-	通过产业结构调整降低大量污染物对生态环境造成严重破坏
综合改善型发展模式	环保投资率	0.075	0.15	+	国家对环境治理力度加大，投资逐年增加
	人口增长率	0.012	0.007	-	降低环境中的人口容量，降低人口对环境的影响作用
	水资源消耗率	0.312	0.2	-	水资源不足，增强对水资源的利用率，降低其消耗和浪费
	单位第二产业 GDP 污染物	2.08	1.05	-	通过产业结构调整降低大量污染物对生态环境造成严重破坏
	人均耕地面积	0.024	0.05	+	减缓耕地逐年减少的趋势，提高人均耕地面积
	科技教育投资率	0.32	0.5	+	较高的科技教育水平可以提高生产效率，减少环境污染的排放，降低环境污染治理成本

基于以上可持续发展方案的制订，研究将其调控指数代入可持续发展 SD

模型中获取相关指标数据，结合三亚市可持续发展评价预警模型设计的应用，最终模拟出了 2018—2028 年三亚市在传统发展、单一治理发展和综合改善型发展等三种发展模式下的可持续发展水平和趋势（见图 4-8）。

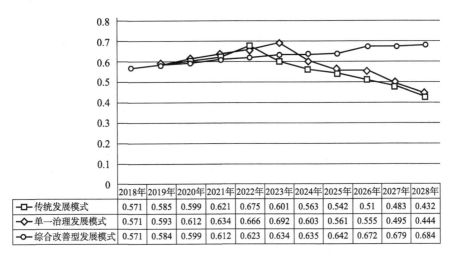

	2018年	2019年	2020年	2021年	2022年	2023年	2024年	2025年	2026年	2027年	2028年
传统发展模式	0.571	0.585	0.599	0.621	0.675	0.601	0.563	0.542	0.51	0.483	0.432
单一治理发展模式	0.571	0.593	0.612	0.634	0.666	0.692	0.603	0.561	0.555	0.495	0.444
综合改善型发展模式	0.571	0.584	0.599	0.612	0.623	0.634	0.635	0.642	0.672	0.679	0.684

图 4-8　多种发展模式下三亚市可持续发展水平和趋势的模拟结果

从模拟结果中可以看出：①传统发展模式：2018—2022 年可持续发展水平是逐步提升的，但是从 2022 年之后，可持续发展水平会逐年降低，发展趋势不容乐观。②单一治理发展模式：由于受产业结构不合理、耕地面积减少等因素影响，可持续发展水平提升趋势可以保持到 2023 年，2023 年之后可持续发展水平下滑趋势明显。③综合改善型发展模式：在模拟时段内，虽然有小幅的上升速度减慢现象，但整体维持着稳固上升的态势，符合三亚可持续发展的需求。

三、三亚市域土地景观系统的调控分析

（一）市域土地景观的调控技术路线

新时期，可持续发展的目标是追求人类活动、资源统筹和空间开发三者之间关系的三元耦合和互动多赢，土地景观的健康性发展要全面遵循风景园林健康理论的核心观点（王胜男，2019）。一是土地景观的发展要具有可持续性，强调地区城乡建设发展与生态安全维育之间的协调平衡关系；二是土地景观的发展要将人类活动、资源配置和空间开发相统一，落实"人—天—地"三位一体的人居环境观；三是土地景观的发展要科学、合理地协调各土地景观要素之间的结构、功能和过程，重视土地景观内部各景观要素的土地敏感度和适宜度。

鉴于此，提出将"目标制定—模型应用—分析调控"作为三亚市土地景观调控的技术路线。该技术路线的制定以目标为导向、以评价分析为方案调控的依据，强调要将人类活动、资源配置和空间开发落实到调控的核心内容之中，坚持"人—天—地"三位统一的耦合与协调平衡关系（见图4-9）。其中：①目标制定。土地景观调控以土地景观的敏感度与适宜度评价为依据，注重协调空间层面的生态安全用地和城乡建设发展用地之间的抑制与促进作用。②模型应用。一方面，以目标为导向，通过 ENVI、GIS、Fragastas 等技术应用，结合生态学理论知识的支持从生态敏感性、土地景观敏感性、土地景观适宜性三个方面进行 GIS 空间加权叠加分析，制定出土地景观敏感度空间等级分布图；另一方面，结合城乡建设发展用地和生态安全维育用地之间的扩张和阻碍耦合关系，选用 MCR 最小累积阻力模型进行土地景观的适宜度指数计算和适宜度空间等级划分。③分析调控。以问题为导向，制定出基于可持续发展系统动力学指标因子调控和基于土地景观结构、功能和动态过程调控的国土空间开发保护和土地景观系统生态维育的开放空间系统调控策略。

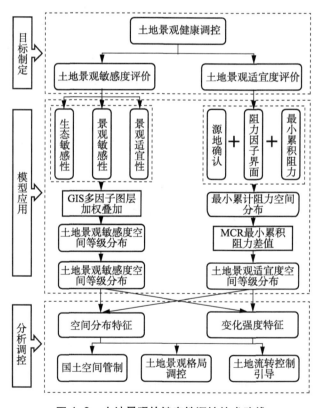

图 4-9　土地景观的健康性调控技术路线

（二）基于多指数叠加的土地景观敏感度分析

1. 土地景观敏感度分析方法

土地景观敏感度指在特定时空范围内土地生态系统受人类活动、资源分配和国土空间开发等外界因子干扰所反映出的景观结构、功能和生态过程改变程度，引起土地景观敏感度发生变化的原因是人类活动改变土地景观类型而造成的，为了更加清晰地确定三亚市域土地景观的敏感度，增强土地景观敏感区等级划分的科学性和合理性，选取其生态敏感性、景观敏感性和景观适宜性指数构建了多指数参与划定敏感度等级空间分布的思路。该思路在充分认识土地景观敏感度的原理基础上，结合 ENVI 5. X、ArcGIS10. 2. 2 和 Fragstats 4. 2 等软件技术的应用制定了土地景观系统的生态敏感性图层、土地景观敏感性图层和土地景观适宜性图层，并通过图层加权叠加的方式划分出了土地景观的敏感度等级空间分布图（见图 4-10）。

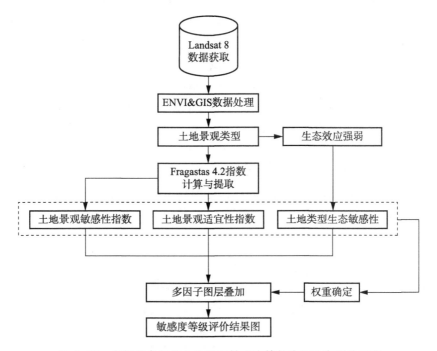

图 4-10　多指数参与的土地景观敏感度等级空间分布划分思路

2. 土地景观的生态敏感性、景观敏感性和景观适宜性

土地系统作为可持续发展系统的重要子系统，其自身的自然、社会、经

济和生态等属性决定了土地景观的复杂性。因此，研究在解析市域土地景观敏感度时，特别选取土地景观的生态敏感性、景观敏感性和景观适宜性作为土地景观敏感度分析的关键因子。其中，生态敏感性层面主要从地形地貌本身考虑对生态的影响程度，景观敏感性和景观适宜性则是反映土地景观的结构、功能和动态过程的演变趋势和强度。

（1）生态敏感性（LEI）。

为了科学划分三亚生态敏感性的等级分布，选取了具有决定土地景观生态敏感性强弱的高程、坡度及土地利用类型等三个因子作为评价依据，并确定其权重分别为0.55、0.17和0.18（见表4-5）。基于此，进行ArcGIS加权叠加并分析发现：虽然三亚市域土地景观的生态敏感性等级空间分布较为稳定，但不同政策影响下地区的生态敏感性变化趋势明显。其表现有三：①三亚全域土地景观生态敏感性总体偏弱，低生态敏感性区域的面积比例超过全域国土面积的65%。土地景观生态敏感性较低和极低覆盖空间具有决定生态系统稳定性强弱的主导作用，且全域生态敏感性总体较弱，生态系统稳定性相对较高。2001年、2010年和2018年三个时间节点的国土覆盖面积分别高达66.21%、65.59%和67.16%。②土地景观的生态敏感性虽然总体偏弱，但一般生态敏感性区域大量转化为极弱和较弱生态敏感性区域导致土地景观敏感性减弱的趋势较为明显。全时期三亚全域土地景观的极强、较强和一般生态敏感性区域的面积减少量高达18.6平方千米，其中15.25平方千米的区域流转到了较弱生态敏感性土地景观，其中城乡建设发展的空间扩张作用较强，城镇建设空间和农村农耕活动空间的生态稳定性减弱。③国际旅游岛政策的推行加剧了城乡建设发展与生态安全维育之间的矛盾冲突，也是全域土地景观生态敏感性降低的根本诱因。经济特区期间生态敏感性有较弱的增强趋势，但国际旅游岛建设的推进导致了地区生态系统稳定性和土地景观生态敏感性同步减弱（见图4-11、表4-6）。

表4-5 三亚市生态敏感性等级划分标准及因子权重

评价因子	生态敏感性等级划分标准					因子权重
	一级	二级	三级	四级	五级	
高程/m	$(-\infty, 100)$	$[100, 250)$	$[250, 400)$	$[400, 600)$	$[600, +\infty)$	0.55
坡度/tanβ	<15	$[15, 20)$	$[20, 25)$	$[25, 35)$	≥35	0.17
土地利用类型	建设用地	未利用地	耕地	草地（园地）	水域、林地	0.18

资料来源：参照董雅雯、余济云等的研究成果（含因子权重）。

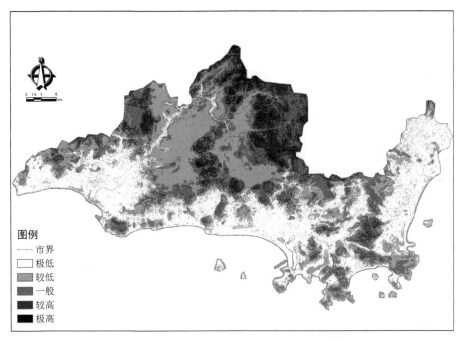

图 4-11a　2001 年三亚市生态敏感性等级分布

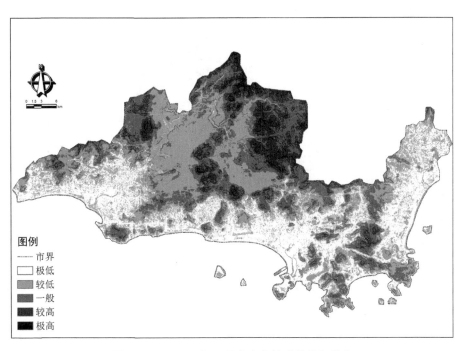

图 4-11b　2010 年三亚市生态敏感性等级分布

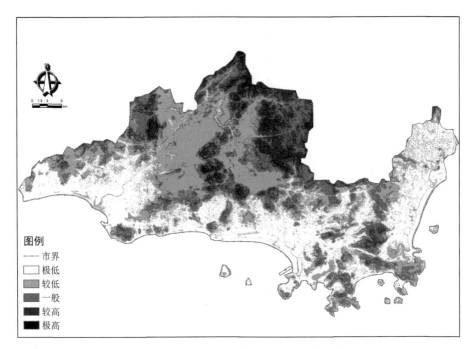

图4-11c 2018年三亚市生态敏感性等级分布

表4-6 2001年、2010年和2018年三亚市生态敏感性空间变化情况

生态敏感性	2001年		2010年		2018年		变化情况		
	面积（km²）	比例（%）	面积（km²）	比例（%）	面积（km²）	比例（%）	经济特区（km²）	国际旅游岛（km²）	总体（km²）
一级	593.60	30.57	514.27	26.48	597.01	30.74	-79.33	82.74	3.41
二级	692.08	35.64	759.46	39.11	707.33	36.42	67.38	-52.13	15.25
三级	434.34	22.37	445.36	22.93	416.69	21.46	11.01	-28.67	-17.65
四级	201.31	10.37	201.58	10.38	200.21	10.31	0.26	-1.37	-1.10
五级	20.61	1.06	21.28	1.10	20.76	1.07	0.67	-0.51	0.15

（2）景观敏感性（LSV）。

同理，选用破碎度指数、分形维数倒数和景观优势度指数三个景观格局指数来分析土地景观的景观敏感性动态特征，并分别赋予0.5、0.3和0.2作为这三个指数的权重系数（见表4-7、表4-8）。通过分析发现：一方面，草地（园地）景观的敏感性增强是导致土地景观系统稳定性较差的关键原因，林地景观的敏感性降低不能平衡区域土地景观系统的不稳定性，土地景观系

统稳定性减弱趋势明显。另一方面，2001—2010 年是土地景观敏感性增强的主要阶段，该时期经济建设活动等外界因素对耕地、园地（草地）的干扰性远大于对林地和水域的影响，生态系统严重破坏导致国际旅游岛建设阶段的生态安全维育成效较差。此外，国际旅游岛政策推行期间，耕地景观的整治使土地景观系统整体稳定性有了微弱的增强，在一定程度上完善了全域土地系统的生态完整性。

表 4-7　2001 年、2010 年和 2018 年三亚市景观干扰度变化情况

项目	景观类型	2001 年	2010 年	2018 年	动态变化			趋势
					经济特区	国际旅游岛	总体	
斑块密度（PD）	林地	5.12	3.53	3.90	−1.59	0.37	−1.22	+10.21 增加
	耕地	8.14	12.59	9.26	4.45	−3.33	1.12	
	草地（园地）	5.57	11.58	12.08	6.02	0.50	6.52	
	水域	1.57	0.77	1.78	−0.79	1.00	0.21	
	建设用地	8.63	10.07	10.18	1.44	0.11	1.55	
	未利用地	3.50	4.81	5.53	1.31	0.72	2.03	
分维数（FRAC）	林地	1.47	1.42	1.43	−0.06	0.01	−0.04	+0.17 增加
	耕地	1.48	1.56	1.57	0.08	0.00	0.09	
	草地（园地）	1.46	1.46	1.49	0.00	0.04	0.04	
	水域	1.38	1.38	1.39	0.00	0.01	0.01	
	建设用地	1.50	1.51	1.53	0.01	0.02	0.03	
	未利用地	1.40	1.42	1.44	0.02	0.02	0.04	
优势度指数（DO）		—	0.6729	0.7943	0.8056	0.12	0.01	0.13	+0.13 增加

表 4-8　2001 年、2010 年和 2018 年三亚市的各类土地景观的敏感性变化情况

景观类型	景观敏感性			敏感性变化		
	2001 年	2010 年	2018 年	经济特区	国际旅游岛	总体
林地	2.83	2.02	2.20	−0.81	0.18	−0.63
耕地	4.34	6.53	4.86	2.19	−1.67	0.52
草地（园地）	3.05	6.04	6.28	2.99	0.24	3.23
水域	1.06	0.65	1.14	−0.42	0.50	0.08
建设用地	4.58	5.28	5.32	0.70	0.05	0.74
未利用地	2.03	2.66	3.01	0.63	0.35	0.98

备注：LSV=0.5PD+0.3FRAC+0.2DO。

（3）景观适宜性（LAI）。

景观适宜性强弱是通过景观生态系统的结构和功能来反映相关关系，选取丰富度密度指数、多样性指数和均匀性指数等景观格局指数进行叠加来反映景观系统的多样性。2001—2018 年，全域生态系统的景观丰富度密度指数保持在 0.0031 的水平，动植物物种较为丰富；同时，多样性指数和均匀性指数的增大，综合反映为全域生态系统的结构、功能和内部过程愈加复杂、丰富和多样，系统更趋稳定。换言之，土地景观系统的结构和功能丰富度、复杂性和稳定性的增强抑制了生态系统对建设活动的敏感性应激反应能力，生态安全维育和城乡建设发展的矛盾关系更趋失衡（见表 4-9）。

表 4-9　2001 年、2010 年和 2018 年三亚市景观适宜性指数变化

年份	丰富度密度指数（PRD）	多样性指数（SHDI）	均匀性指数（SHEI）	景观适宜性（LAI）	备注
2001	0.0031	1.2056	0.6729	0.00251487	
2010	0.0031	1.4232	0.7943	0.003504388	LAI = PRD×SHDI×SHEI
2018	0.0031	1.4435	0.8056	0.003604939	

3. 土地景观的敏感度时空演变特征分析

为了更加清晰地确定三亚市域土地景观敏感度（LVI = LEI×LSV×（1-LAI））的时空演变特征，一方面，在进行动态空间演变分析时采用了 ArcGIS 空间叠加分析和自然断点法对土地景观的敏感度进行空间等级划分；另一方面，采用 ArcGIS 栅格分析对土地景观的敏感度指数进行数学分析，并经计算得出敏感度变化强弱区间为 [-20, 20]，其中，[-20, 0)、0、(0, 20] 分别表示土地景观的敏感度减小、不变和增加，从而实现对土地景观在政策推行下的结构、功能和过程演变分析（见图 4-12）。从空间分布看：市域土地景观敏感度等级的空间分布有三个特征：一是各级敏感度的空间分布与相对应的土地景观类型有着较高的契合度，较高、极高和较低土地景观敏感度区域的分布较为稳定。以农业发展空间为主的园地（草地）和耕地两类景观长期受人类活动的影响，相互之间的适应能力增强，拥有最低的土地景观敏感度；林地景观具有较好的生态主导作用，与人类活动之间的直接应激反应力度比农业用地景观明显，相对农业空间的土地景观而言，其生态敏感度较高；城乡生产生活区域以一般土地景观敏感区为主，其敏感区的变化随建设发展空间的拓展和生态维育空间的恢复而变化；水域、海岸带和湿地等空间相对稳定，属极高、较高土地景观敏感度区域。二是敏感度等级分区由连片集中分布转换为分散化分布，一般敏感度区域和极低敏感度区域的空间分布分散化趋势明显。海南特区建设期间，城

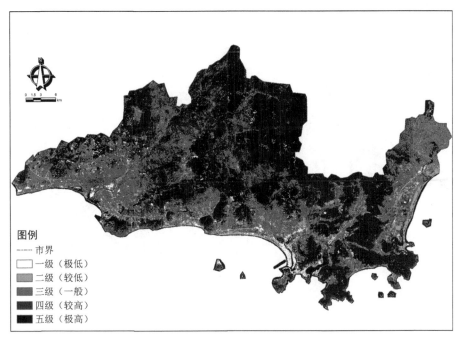

图 4-12a 2001 年土地利用敏感度等级

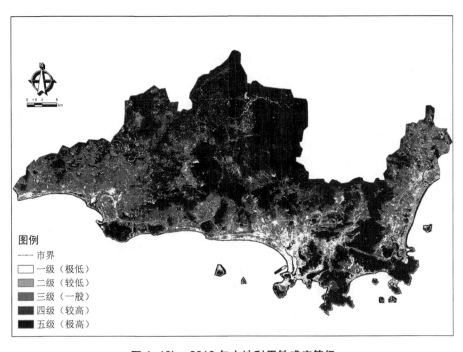

图 4-12b 2010 年土地利用敏感度等级

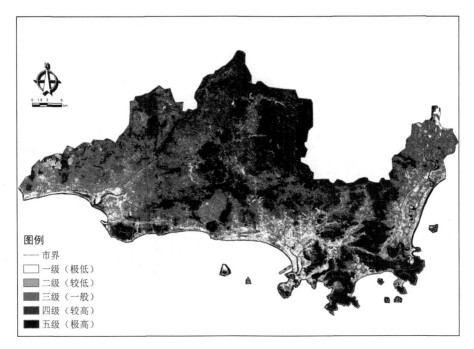

图 4-12c　2018 年土地利用敏感度等级

乡建设空间的拓展和农村地区无序发展是三亚市域土地景观敏感度增加的直接原因，城乡人口聚居地的分散是人类活动分散的根本原因，从而导致三亚土地景观敏感度强弱空间分散化分布的加剧。三是人类活动空间与农业生产生活空间的相互影响作用不断增强，城乡建设区的拓展与土地景观的一般敏感度区域有着一致的空间分布趋势。18 年的城镇化发展使三亚呈现"一城两翼"的发展格局，城镇建设空间拓展的同时，三亚市区、崖州区和海棠区的土地景观敏感度不同程度地有所提升，土地景观的脆弱度增强。

（1）时空演变特征。

①土地景观类型的空间分布对土地景观敏感度空间等级分布划分的决定性作用明显。极高和较高土地景观敏感度区域分布在水域、海岸带和湿地等空间，也是最易受各类外界因素干扰和破坏的空间；以城乡建设发展活动为主的一般土地景观敏感度区域在空间演变过程中主要随建设发展空间的拓展和生态维育空间的恢复而变化；林地景观作为全域生态发展的生态保障空间，受人类活动所产生的应激反应也最为明显，因与外界干扰因素有着较强的适宜性，所以拥有较低的土地景观敏感度，但与具有农业生产和生活功能的园地（草地）和耕地景观相比，其敏感度相对较高。②不同等级敏感度土地景观的空间分布由连片集中分布演变为分散分布，一般和极低敏感度的土地景

观分散化演变趋势尤为明显。随着经济特区建设的加快，全域城乡建设空间拓展和农村无序建设是市域土地景观向分散化分布演变的直接原因，导致土地景观不同等级敏感度空间分散化分布加剧。③城乡空间格局的演变是全域城乡建设发展过程的体现，也是土地景观不同等级敏感度研究变化的结果呈现。18 年的经济特区和国际旅游岛建设，三亚已基本形成"一城两翼"的发展格局，三亚市区、崖州区和海棠区的土地景观敏感度不同程度地有所提升，土地景观的脆弱度增强，全域土地景观生态稳定性降低。④城乡建设用地、园地（草地）和耕地以及林地边缘区等易受人类活动及其他干扰因素影响的土地景观成为敏感度变化的主要空间。经济特区建设期间，城市边缘区、农村居民聚集点的城乡建设发展用地扩张作用增强、生态安全保护用地扩张作用减弱，敏感度大多以增高为趋势，到了国际旅游岛期间，政府管控力度提高，其提升趋势有所减弱。（见图 4-12）

（2）强度变化特征。

①经济特区建设阶段和国际旅游岛建设阶段的敏感度提高区是敏感度降低区的 2.02 倍和 1.05 倍，城乡建设用地、园地（草地）和耕地以及林地边缘区等的易受人类活动及其他干扰因素影响的土地景观成为敏感度变化的主要空间。其中，经济特区建设期间，城市边缘区、农村居民聚集点的城乡建设发展用地扩张作用增强、生态安全保护用地扩张作用减弱，敏感度大多以增高为趋势，到了国际旅游岛期间，政府管控力度提高，其提升趋势有所减弱。②市域土地景观敏感度变化区域的面积基本稳定，敏感度变化强度较小，变化区空间分布较为分散。三亚市域土地景观敏感度变化区的总面积约 652 平方千米，以分散布局模式分布于非林地区域的农业生产生活区和城镇居民活动频繁区，且主要集中在 [-4，0）和（0，4]的强度变化区域。③北部丘陵及山地区域的土地景观生态系统具有较好的生态多样性和较为复杂的内部生态过程，自身对人类活动的应激反应较小，敏感度相对稳定。④具有极高和较高土地景观敏感度的南部海岸带、水域、湿地等区域的土地景观敏感度虽拥有较高的人类活动强度和土地景观敏感度，但自身生态系统的调节能力和适应能力较强，敏感度变化的强度极小（见图 4-13、表 4-10）。

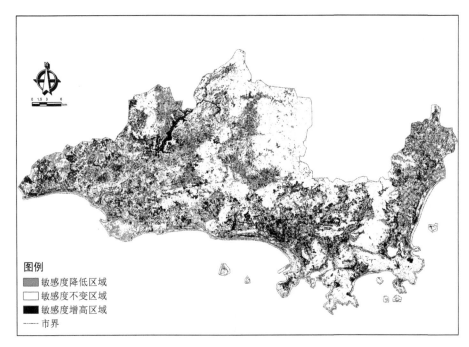

图 4-13a 2001—2010 年三亚市域土地景观的敏感度变化

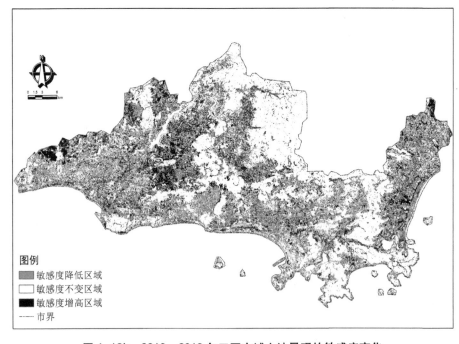

图 4-13b 2010—2018 年三亚市域土地景观的敏感度变化

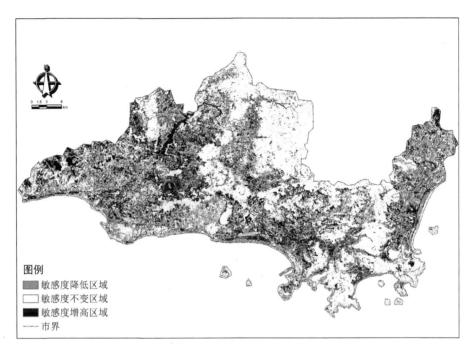

图4-13c　2001—2018年三亚市域土地景观的敏感度变化

表4-10　三亚市域土地景观敏感度变化区域的强弱面积对比

变化属性	变化程度	经济特区阶段		国际旅游岛阶段		总体	
		面积（km²）	比例（%）	面积（km²）	比例（%）	面积（km²）	比例（%）
降低区域	−20	0.00	0.00	0.00	0.00	0.00	0.00
	−19	0.00	0.00	0.00	0.00	0.00	0.00
	−16	0.09	0.01	0.03	0.00	0.11	0.02
	−15	0.10	0.02	0.15	0.02	0.09	0.01
	−14	0.00	0.00	0.02	0.00	0.01	0.00
	−12	1.37	0.21	1.18	0.18	1.29	0.19
	−11	0.81	0.12	0.34	0.05	0.74	0.11
	−10	0.16	0.02	0.36	0.06	0.17	0.02
	−9	1.64	0.25	1.56	0.24	1.68	0.25
	−8	3.94	0.60	4.91	0.75	3.89	0.57
	−7	2.93	0.45	2.04	0.31	2.06	0.30
	−6	10.48	1.61	24.72	3.80	14.16	2.08
	−5	0.51	0.08	8.76	1.34	0.79	0.12
	−4	41.76	6.40	117.65	18.07	51.46	7.55
	−3	45.19	6.93	60.58	9.30	38.63	5.67
	−2	59.13	9.07	51.72	7.94	42.77	6.28
	−1	47.85	7.34	43.63	6.70	50.11	7.35

续表

变化属性	变化程度	经济特区阶段		国际旅游岛阶段		总体	
		面积（km²）	比例（%）	面积（km²）	比例（%）	面积（km²）	比例（%）
提高区域	1	20.20	3.10	47.59	7.31	43.25	6.35
	2	67.56	10.36	77.97	11.97	99.31	14.57
	3	108.79	16.68	81.12	12.46	126.59	18.58
	4	169.09	25.92	91.63	14.07	139.07	20.41
	5	8.02	1.23	2.22	0.34	3.67	0.54
	6	39.87	6.11	16.57	2.55	41.95	6.16
	7	6.74	1.03	3.59	0.55	3.93	0.58
	8	10.35	1.59	5.64	0.87	7.85	1.15
	9	1.39	0.21	1.81	0.28	1.87	0.27
	10	1.34	0.21	1.99	0.31	2.50	0.37
	11	0.71	0.11	0.78	0.12	0.77	0.11
	12	1.51	0.23	1.12	0.17	1.38	0.20
	14	0.19	0.03	0.34	0.05	0.29	0.04
	15	0.48	0.07	0.94	0.14	0.90	0.13
	16	0.03	0.00	0.07	0.01	0.08	0.01
	19	0.00	0.00	0.00	0.00	0.00	0.00
	20	0.03	0.00	0.08	0.01	0.06	0.01

（三）基于 MCR 分析的土地景观适宜度分析

1. 土地景观适宜度分析方法

随着时间的推移，土地系统中各类土地景观要素的流动和相互作用需要克服地区在城乡发展建设与生态安全维育之间的矛盾冲突和景观阻力才能实现，是城乡建设发展用地扩张和生态安全保护用地扩张这一相互制约和耦合协调关系的直观反映。在进行实际的土地景观适宜性研究时，采用了最小累积阻力模型来模拟土地景观要素的扩散过程，用生态安全用地和城乡建设发展用地之间最小累积阻力的差值来反映土地景观的生态适宜度。原因有三：一是可视化程度较强，能够从视觉上直观反映土地景观要素随阻力扩张的区域和程度；二是在方法上能够弥补景观要素随阻力扩张的水平动态过程，要素源与要素源之间存在的此消彼长的生态过程实质上是二者之间相互约束的动态扩张过程；三是评价结果可以应用于城乡建设空间拓展趋势分析和自然生态空间的安全格局空间监控。因此，该方法能够实现土地景观适宜性评价方法的多元过程和多元目标。

2. 土地景观的最小累积阻力分布

由于生态安全保护用地和城乡建设发展用地的扩张过程是相互制约和耦合协调的，遵从最小累积阻力模型的建模步骤：首先，将土地利用类型为城乡建设用地的土地景观和具有生态维育功能的林地和水域景观作为城乡建设用地扩张和生态安全保护用地的源地（见图4-14）；其次，在同一个标准体系下选取高程、坡度、土地景观类型、水域缓冲区、建设用地面积等级等五个指数构建两种源地实现扩张过程的景观界面阻力赋值体系，应用GIS空间分析生成源地扩张的阻力基面（见表4-11、图4-15）；最后，应用Arc-GIS10.2.2的最小累积阻力模块生成生态安全保护用地和城乡建设发展用地扩张的最小累积阻力指数空间分布图（见图4-16），从而为土地景观敏感度分析的MCR差值指数分布图的形成提供依据。

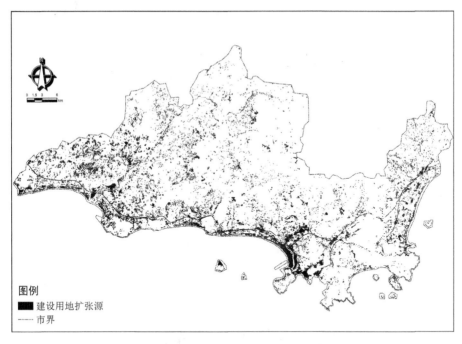

图例
▮ 建设用地扩张源
------ 市界

图4-14a　2001年三亚市建设用地扩张源的空间分布

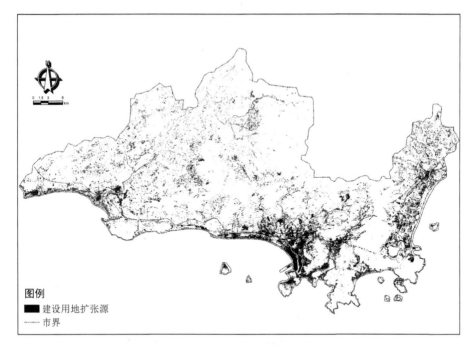

图 4-14b 2010 年三亚市建设用地扩张源的空间分布

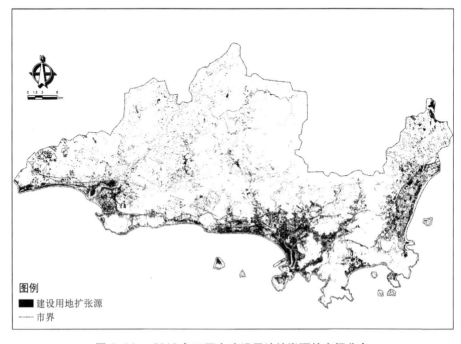

图 4-14c 2018 年三亚市建设用地扩张源的空间分布

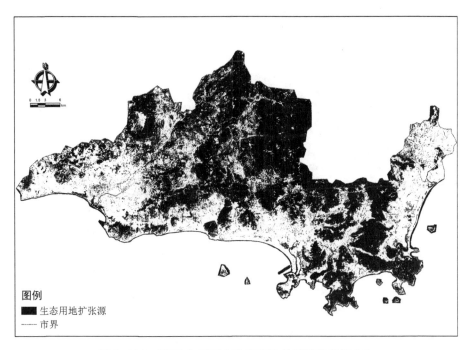

图4-14d　2001年三亚市生态用地扩张源的空间分布

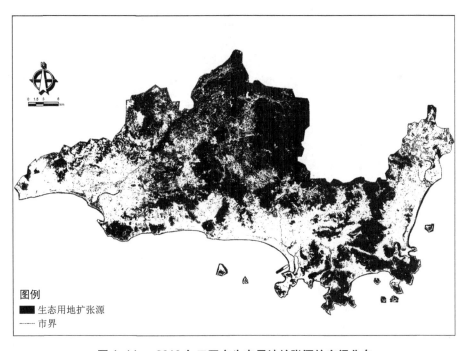

图4-14e　2010年三亚市生态用地扩张源的空间分布

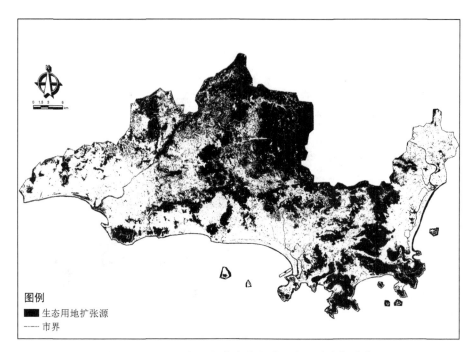

图 4-14f　2018 年三亚市生态用地扩张源的空间分布

表 4-11　景观基面阻力表面评价体系

扩张阻力系数		静态阻力基面		动态阻力基面		
生态源地	建设源地	高程等级指数（m）	坡度等级指数（%）	土地景观类型	水域系统（含缓冲区）	建设用地面积等级
1	5	≤110	0~3	林地、水域	非水域空间	弱
2	4	(110, 313]	3~8	耕地	—	较弱
3	3	(313, 553]	8~15	草地（园地）	—	一般
4	2	(553, 854]	15~25	未利用地	—	较强
5	1	(854, +∞]	>25	城乡建设用地	水域空间	强
权重	0.150	0.071	0.252	0.258	0.269	—

注：高程等级指数及建设用地面积等级指数的确定采用 GIS 中自然间断方式进行五级分类。

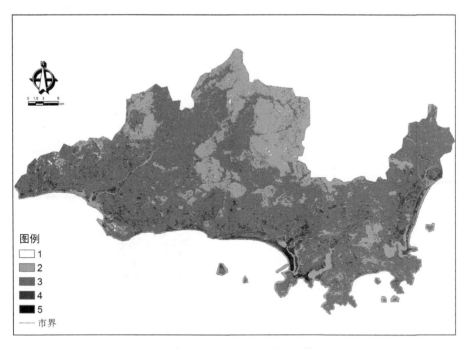

图 4-15a　2001 年三亚市域生态用地扩张的生态阻力基面

图 4-15b　2010 年三亚市域生态用地扩张的生态阻力基面

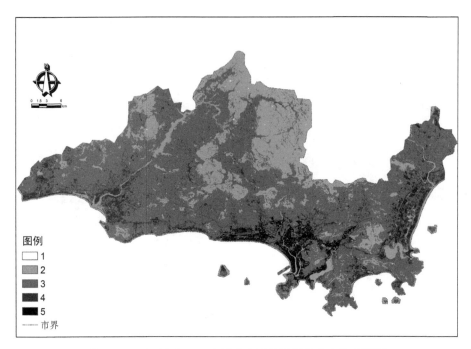

图 4-15c　2018 年三亚市域生态用地扩张的生态阻力基面

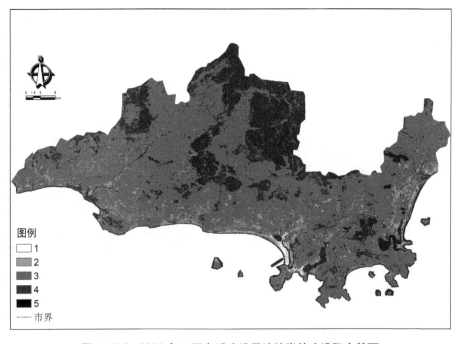

图 4-15d　2001 年三亚市域建设用地扩张的建设阻力基面

图 4-15e　2010 年三亚市域建设用地扩张的建设阻力基面

图 4-15f　2018 年三亚市域建设用地扩张的建设阻力基面

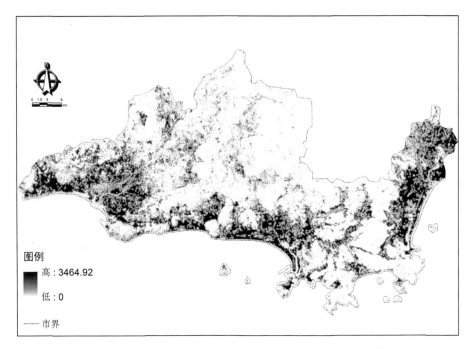

图 4-16a　2001 年三亚市域生态源地扩张的最小累积阻力基面

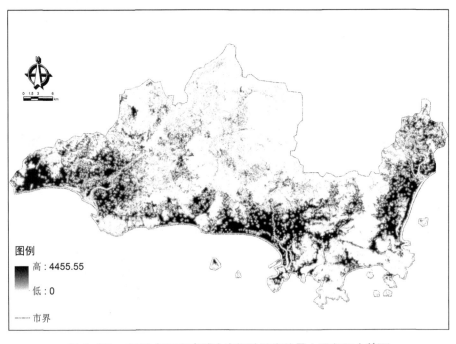

图 4-16b　2010 年三亚市域生态源地扩张的最小累积阻力基面

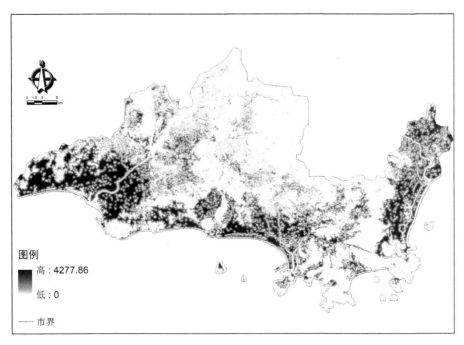

图4-16c　2018年三亚市域生态源地扩张的最小累积阻力基面

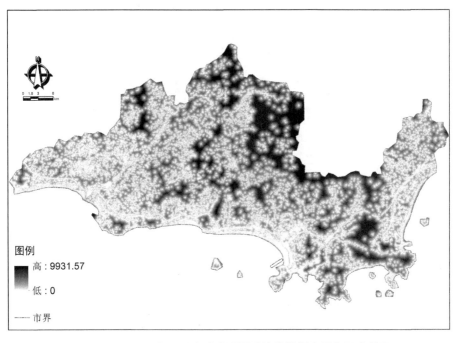

图4-16d　2001年三亚市域建设源地扩张的最小累积阻力基面

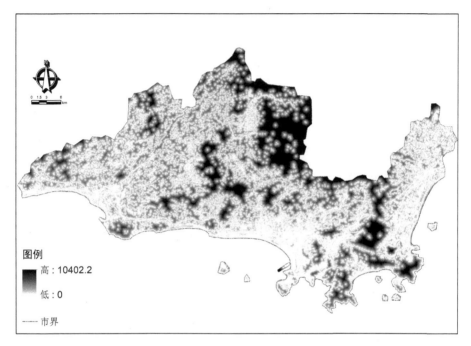

图 4-16e　2010 年三亚市域建设源地扩张的最小累积阻力基面

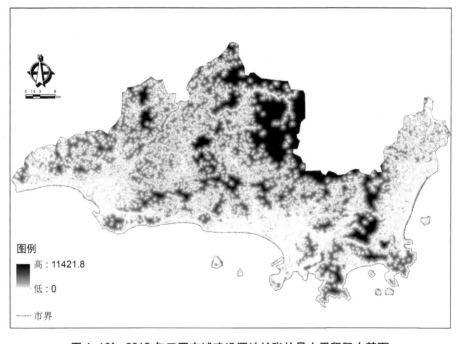

图 4-16f　2018 年三亚市域建设源地扩张的最小累积阻力基面

3. 土地景观适宜度的时空演变特征分析

在生态学中，同一土地景观同时具备对生态安全保护用地扩张源地和城乡建设发展用地扩张源地的推进或阻碍效用。因此，本书以生态安全保护源地和城乡建设发展源地的 MCR 差值大小来反映城乡建设发展和生态安全维育之间的平衡和耦合关系。通过解析分布图可以发现：①经济特区建设期间，城乡建设活动强度增强，全域土地景观的适宜度指数降低，且指数降低的区域空间分布较为均匀，非城市区域的人类活动密集区虽然拥有较高的适宜度指数，但景观生态系统稳定性有所增强。②国际旅游岛建设期间，主城区范围随城镇化发展的推进逐步外拓，土地景观的生态适宜度指数明显降低，三亚中心城区、海棠区等区域的适宜度指数下降明显。2014 年行政区划调整，海棠区建设活动增强的同时，历史文化名城、名村等保护措施与政策的实施限制了崖州区的建设进程，城乡建设源地扩张阻力增强。总而言之，土地景观适宜度指数值域范围增大，生态安全维育和城乡建设发展之间的耦合与协调关系随经济特区和国际旅游岛推进所呈现出的源地推进或抑制作用明显增强。北部局部林地土地景观的适宜度指数较低，生态扩张推进作用明显，有利于生态系统稳定性的提高，南部平原及台地等景观拥有较高的土地景观适宜度指数，且空间分布均匀，城乡建设活动更易开展，生态维育难度提高（见图 4-17）。

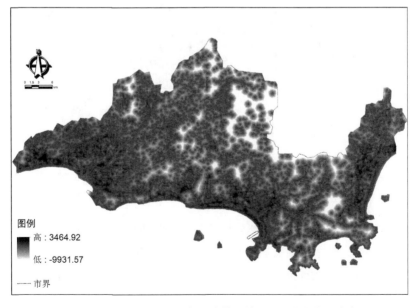

图例
高：3464.92
低：-9931.57
---- 市界

图 4-17a　2001 年三亚市土地景观的 MCR 差值空间分布

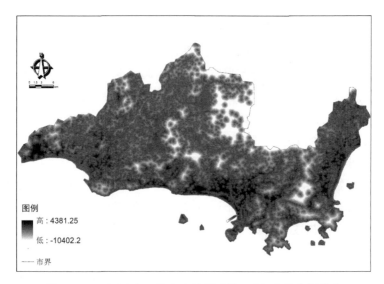

图 4-17b　2010 年三亚市土地景观的 MCR 差值空间分布

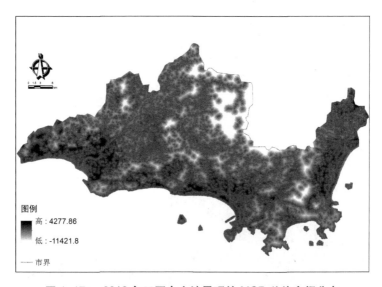

图 4-17c　2018 年三亚市土地景观的 MCR 差值空间分布

　　为了明确三亚市域土地景观生态适宜度的发展趋势和空间动态演变趋势，在 ArcGIS 栅格分析中采用自然断点法将其划分为五级土地景观生态适宜度分区，① 以便于提取土地景观在时间和空间层面的发展趋势和特征，也为后期土

---

　　① 划分标准：适宜度极高（−∞，−4310]、适宜度较高（−4310，−2420]、适宜度一般（−2420，−1160]、适宜度较低（−1160，−265] 和适宜度极低（−265，+∞）。

地景观生态适宜度强度变化的分析提供基础。

（1）空间演变特征。

①土地景观的生态适宜度强度空间分布与三亚土地景观类型的分布有着较高契合度和关联性，一方面，以分散布局的林地景观拥有较高的土地景观生态适宜性，生态扩张效应微弱，其自身所具有的生态特性决定了该区域拥有较高多样性，生态系统稳定性较高，这有利于该区域的生态系统稳定性提高，这也是林地景观生态适宜度强度较高的重要原因；另一方面，城镇、农村聚居点、农业生产生活空间等平原及台地区域的土地景观生态适宜度偏低，拥有较频繁的人类活动和较强的建设活动，建设源地的扩张作用增强，这种以连片形式布局的土地景观，其生态过程随开发与建设而减弱，稳定性降低。②城市区、城市边缘区、林地交界处及台地平原区域的土地景观适宜度降低是海南经济特区、国际旅游岛建设的直接反映。多年的海南特区建设使三亚城市格局发展成为现在的"一城两翼"，且城市的扩展仍在不断蔓延，致使土地景观的稳定性降低。同时，新型城镇化的推进、国家海岸和崖州科技新城的建设、全域城乡建设活动逐步增强致使平原及台地区域的高敏感性生活和生产空间的土地景观生态适宜度降低、生态系统稳定性减弱（见图4-18）。

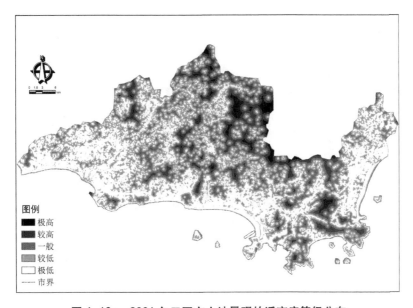

图4-18a 2001年三亚市土地景观的适宜度等级分布

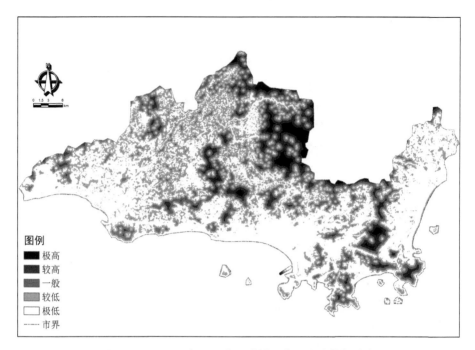

图4-18b 2010年三亚市土地景观的适宜度等级分布

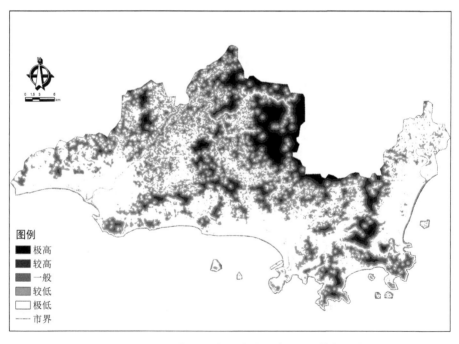

图4-18c 2018年三亚市土地景观的适宜度等级分布

（2）强度变化特征。

三亚在海南特区的建设中，北部林地具有较强的景观生态过程，且土地景观的生态适宜性强度变化明显；市域南部、东西部平原区域的城市建设用地、乡村聚居点、耕地等土地景观是建设源地扩张的主要区域（见图4-19）。①经济特区建设期间，三亚主城区及周边农业生产生活区等平原区域的生态源地扩张过程受城乡建设活动增强而影响显著，尤其以荔枝沟、红花村和罗蓬村等乡村农业生产生活为主的区域变化明显，建设活动增强、人类活动频繁。崖州区、海棠区绝大部分区域生态系统较为稳定，丘陵、台地区域的土地景观生态适宜度指数变化较大，系统内部生态过程较为复杂。②国际旅游岛建设期间，北部林地区域依旧保持着较丰富的系统内部生态过程，崖州区及天涯区两个区域内的局部土地景观生态稳定性降低。相比前一阶段，其土地景观生态适宜性强度变化减弱。

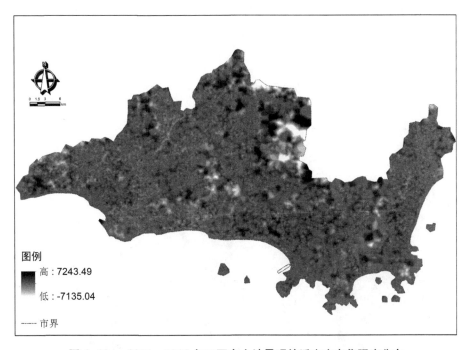

图4-19a 2001—2010年三亚市土地景观的适宜度变化强度分布

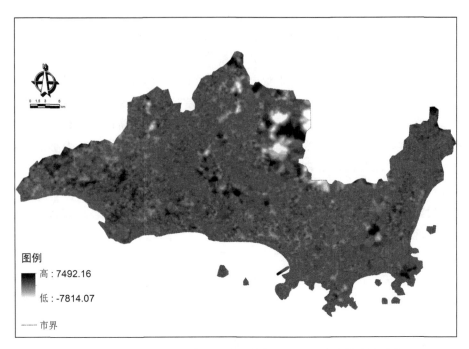

图 4-19b 2010—2018 年三亚市土地景观的适宜度变化强度分布

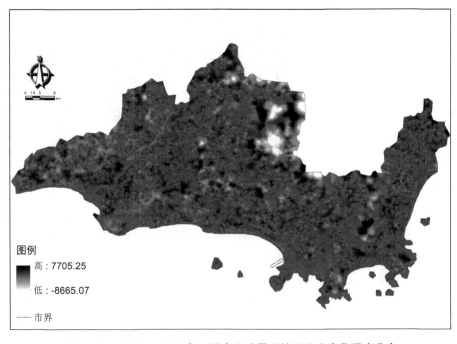

图 4-19c 2001—2018 年三亚市土地景观的适宜度变化强度分布

（四）基于 CA-Markov 应用的土地景观模拟

1. 土地景观模拟的原则和目标

新时期，人居环境发展的目标是追求人类活动、资源统筹和空间开发三者之间关系的三元耦合和互动多赢，开放空间系统的可持续发展要全面遵循风景园林健康理论的核心观点。一是土地作为开放空间系统的载体，具有可持续性，要强调地区城乡建设发展与生态安全维育之间的协调平衡关系；二是土地景观的布局结构能够影响人类活动、资源配置和空间开发的统一，应该全面落实好"人—天—地"三位一体的人居环境观；三是开放空间系统可持续发展是协调各土地景观要素之间的结构、功能和过程的变相方式，提升开放空间系统可持续性发展应该全面重视土地景观内部各景观要素的土地敏感度和适宜度。为此，在进行三亚市域土地景观模拟时，制定了三大原则和四大目标。

（1）土地景观模拟的"三大"原则。

研究基于系统动力学的特点和功能，结合可持续发展的实质和风景园林健康理论的核心观点制定了未来土地景观的演变原则，为后期国土空间开发利用的政策提出提供科学依据。具体有三：其一，遵循三生空间的敏感性。空间自身存在的格局敏感性是通过人类活动对空间利用的效率反映出来的，以协调"三区三线"为基础，强化规划的科学性和空间利用的合理性，进而实现对空间利用效率的控制。其二，坚持资源统筹的可持续性。人类活动的物质基础来源于资源，明确资源的空间分布和统筹资源的发展计划是实现以区域资源均衡配置为支撑的人居环境空间发展策略或战略。因此，协调好空间利用形式、统筹区域资源并均衡利用区域资源是实现地区健康发展可持续性的关键一步。其三，强调资源利用与开发空间的适宜性。国土空间范围内资源利用与空间利用的协调和均匀程度，反映的是资源利用的效率与地区空间开发的一致性程度，也是三生空间与资源服务范围契合关系的体现。

（2）土地景观模拟的"四大"目标。

进行土地景观动态模拟的目的是验证 SD 可持续发展模拟结果与土地景观空间分布模拟之间的一致性程度。在进行土地景观空间分布调控时，既可以通过可持续发展指标进行调控，也可以从空间属性上调控各类土地景观在空间上的分布，从而通过指数调控和图示调控互补的方式来实现土地景观调控的四个目标。一是丰富城市生态系统的稳定性和多样性。在城市建成区范围内完善绿地系统布局，用于提升区域生态效应。绿地系统的结构丰富度提升需要通过调整全域用地属性、维育水文敏感区的分布等方法来实现土地景观类型的健康性引导，从而达到提高区域生态系统敏感度和降低生态系统适宜度的根本目的。二是加强林地、水域等空间的生态功能维育。继续维育林地等山区区域的生态基质作用和生态安全保障作用，增强三亚市域绿地系统的结构和功能，通过严控人类活动对生态空间的干扰和破坏，减少林地系统对城乡建设活动的应激反应频率和强度。三是增强海绵体在空间上的分布平衡程度。协调城乡建设空间和生态安全保护空间的扩张和抑制作用，有计划地实施海绵体的维育、建设和恢复。尤其是要控制好中心城区、崖州区和海棠区的开发与利用强度，增强土地景观类型分布在全域空间层面的稳定性和平衡性。四是协调城乡建设用地和生态安全保护用地的抑制或扩张作用。城乡扩张要保护好周边区域的水文敏感区，严控水域、湿地、河流和湖泊的污染防治和开发强度，生态扩张要继续加强对土地生态扩张的引导。通过土地景观的健康性调控来优化市域开放空间系统的格局。综上所述，开放空间系统优化调控要融合地区健康发展的观点，尤其是要融合以风景园林健康理论为代表的健康发展核心观点。

2. 土地景观的模拟与精度检验

（1）动态演变模拟。

基于 CA-Markov 应用的三亚市土地景观模拟是在可持续发展模式基础上的模拟，其需求文件主要分为两部分。一是土地景观模拟底图。根据前文所述，选取 2001 年、2010 年和 2018 年的土地景观类型分布图作为模拟底图。该地图为 Markov 模型计算土地景观转换矩阵、土地景观变化速率和土地景观转换概率分布图提供统计依据。二是转换规则的设置。选取的时间节点跨度分别为 9 年和 8 年，在进行 CA-Markov 模型模拟时要注意模拟时间的跨度设置和模拟计算时的循环次数。因此，在进行土地景观模拟时采用了表 4-12 所示模拟时间跨度和模拟计算循环次数的设置，并最终通过改模型实现了三亚市 2018 年、2020 年、2022 年、2024 年、2026 年和 2028 年 6 个年份的未来十年土地景观类型分布图模拟（见图 4-20）。

表 4-12　基于 CA-Markov 的三亚市土地景观模拟规则制定

模拟图年份	底图及底图年份		模拟的时间跨度		CA-Markov 模拟循环次数
	T1	T2	底图跨度	模拟跨度	
2018	2001	2010	9	8	8
2020	2001	2018	9	10	10
2022	2010	2018	8	4	4
2024	2010	2018	8	6	6
2026	2010	2018	8	8	8
2028	2024	2026	2	2	2

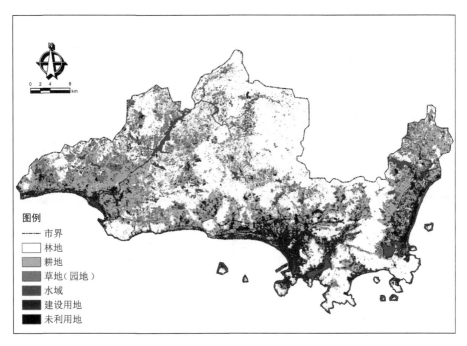

图 4-20a　2018 年三亚市土地景观分布的模拟结果

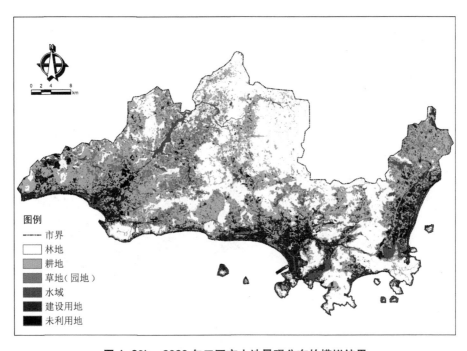

图 4-20b　2020 年三亚市土地景观分布的模拟结果

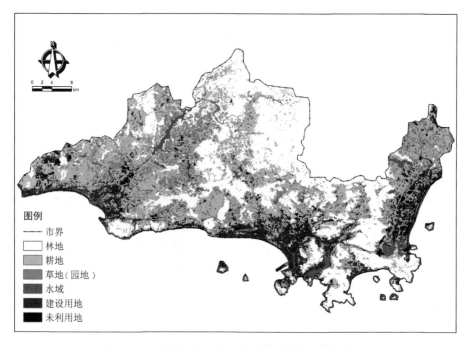

图 4-20c 2022 年三亚市土地景观分布的模拟结果

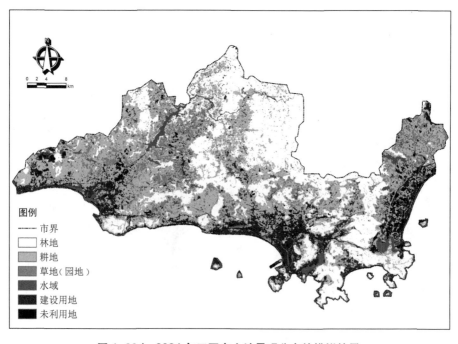

图 4-20d 2024 年三亚市土地景观分布的模拟结果

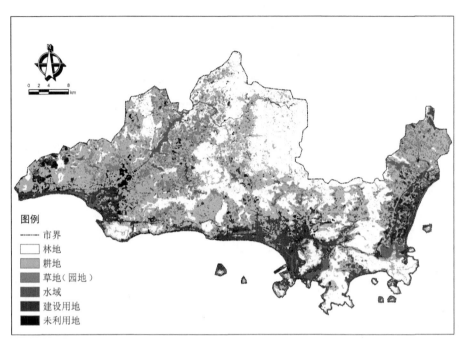

图 4-20e　2026 年三亚市土地景观分布的模拟结果

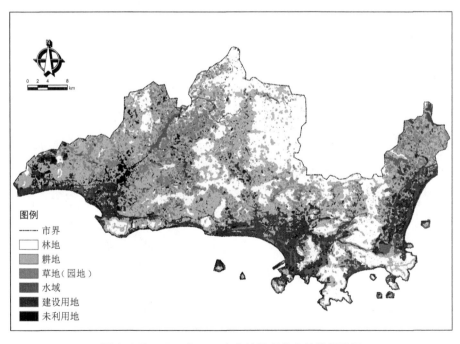

图 4-20f　2028 年三亚市土地景观分布的模拟结果

（2）模拟精度检验。

为了保证模拟结果的准确性，特选取特定年份（2018 年）的土地景观实际分布图与 Idrisi Selva 模型模拟结果进行精度检验。在方法上研究采用 Kappa 指数来衡量土地利用空间模拟分布结果与现实分布的一致性和准确性，为了减少计算 Kappa 指数的数学运算过程，使用 Idrisi Selva 模型中 GIS Analysis 模块自带的 Crosstab 工具进行 Kappa 指数分析，并结合 Kappa 指数的取值范围确定模拟结果的精度。为此，对于该指数的精度范围所做的规定见表 4-13，并最终计算得出 2018 年土地景观的现状分布图与模拟分布图之间的 Kappa 指数为 0.7414，模拟精度高度一致（见图 4-21）。

表 4-13 Kappa 指数的精度含义

Kappa 指数	模拟结果精度	取值范围含义
[0, 0.2]	极低一致性	Kappa 指数范围在 -1 ~ 1，其值越大，说明模拟结果与实际结果的一致性越好，且其值主要分布在（0, 1）
(0.2, 0.4]	一般一致性	
(0.4, 0.6]	中等一致性	
(0.6, 0.8]	高度一致性	
(0.8, 1]	几乎一致性	

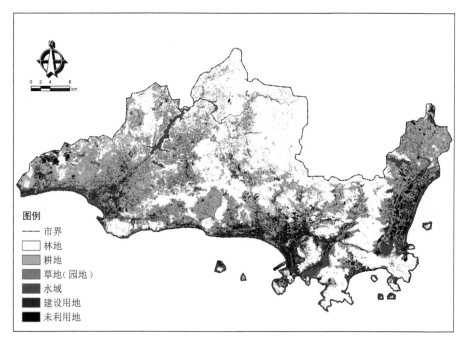

图 4-21a 三亚市 2018 年土地景观类型分布的现状情况

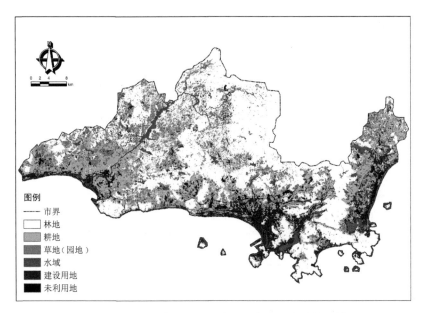

图 4-21b　三亚市 2018 年土地景观类型分布的模拟情况

3. 土地景观动态演变趋势分析

一方面，未来十年，三亚市土地景观的发展趋势在一定程度上能够影响地区的可持续发展，也决定了未来开放空间系统的格局，这也是为什么对三亚市的土地景观演变趋势进行模拟的根本原因。通过模拟发现，未来十年的三亚，地区土地景观的丰富度密度指数始终保持在 0.0031，景观丰富度的稳定性正好促进土地景观生态系统的多样性发展，模拟结果显示：多样性指数和均匀度指数呈稳定增长趋势，未来三亚生态系统的结构、功能和生态过程更趋复杂和稳定，有利于促进全域三亚生态系统的可持续发展（见图 4-22）。

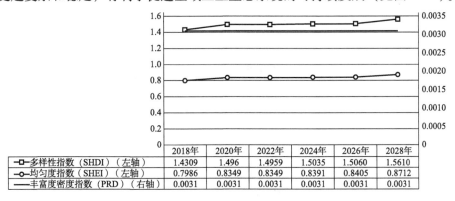

	2018年	2020年	2022年	2024年	2026年	2028年
多样性指数（SHDI）（左轴）	1.4309	1.496	1.4959	1.5035	1.5060	1.5610
均匀度指数（SHEI）（左轴）	0.7986	0.8349	0.8349	0.8391	0.8405	0.8712
丰富度密度指数（PRD）（右轴）	0.0031	0.0031	0.0031	0.0031	0.0031	0.0031

图 4-22　三亚市未来十年土地景观的景观水平变化趋势

　　另一方面，分析三亚市域土地景观未来十年的敏感度和适宜度的空间分布图可以得出土地景观系统的敏感度和适宜度发展趋势（见图4-23）。其中，敏感度趋势层面：未来十年，三亚市域土地景观的敏感度偏低，稳定性相对较好，生态系统稳定性较强，但随着时间的推移，土地景观的敏感度有所提高，敏感度强度多向一般敏感度区域转移，地区生态敏感度提升趋势明显（见图4-24）。适宜度趋势层面：三亚市域土地景观的生态发展具有一定的发展优势。一方面，生态安全保护源地的最小累积阻力远小于城乡建设发展源地，地区发展的城乡建设推进作用将逐步面临阻力；另一方面，适宜度总体偏低，但适宜度等级提升趋势较为明显（见图4-25）。换言之，未来十年三亚市的生态发展优势更趋明显，但发展速度相对缓慢。

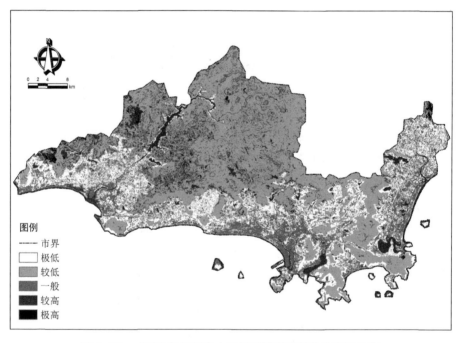

图例
------- 市界
　极低
　较低
　一般
　较高
　极高

图4-23a　2018年三亚市土地景观敏感度等级的空间分布

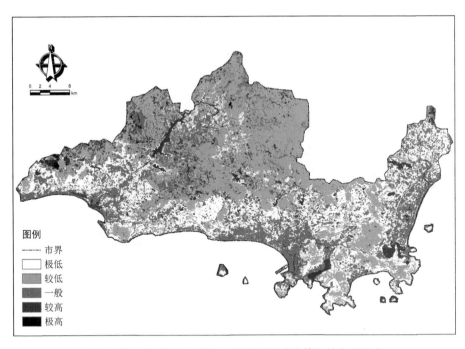

图 4-23b　2020 年三亚市土地景观敏感度等级的空间分布

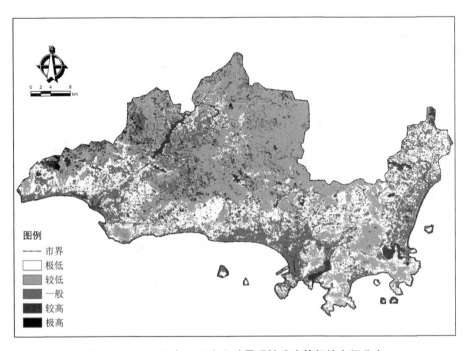

图 4-23c　2022 年三亚市土地景观敏感度等级的空间分布

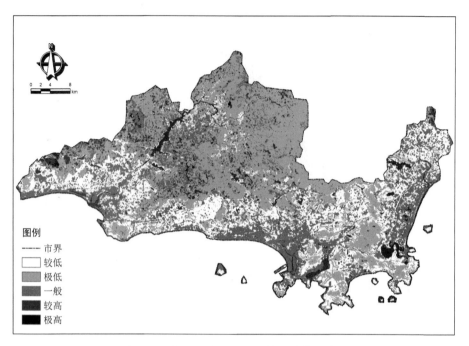

图 4-23d　2024 年三亚市土地景观敏感度等级的空间分布

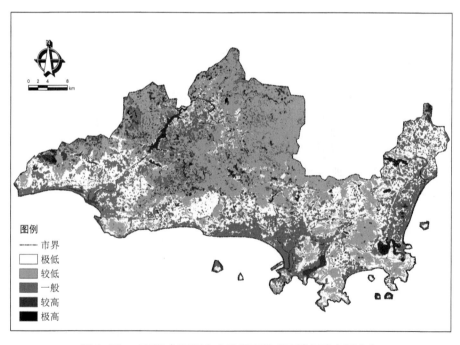

图 4-23e　2026 年三亚市土地景观敏感度等级的空间分布

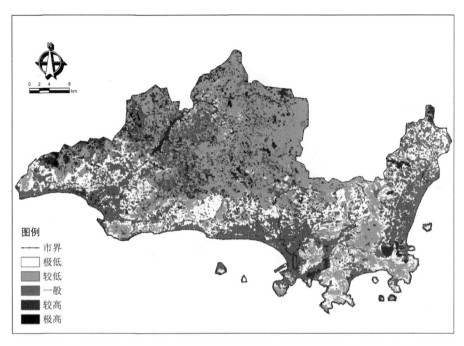

图 4-23f　2028 年三亚市土地景观敏感度等级的空间分布

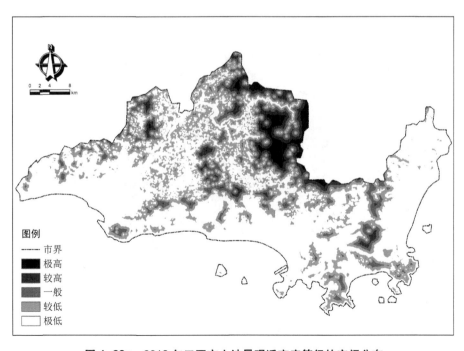

图 4-23g　2018 年三亚市土地景观适宜度等级的空间分布

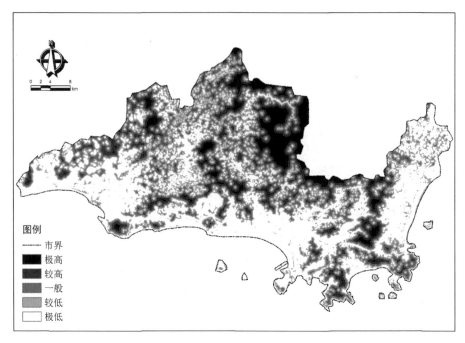

图 4-23h　2020 年三亚市土地景观适宜度等级的空间分布

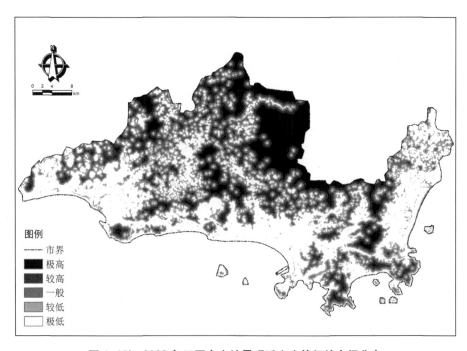

图 4-23i　2022 年三亚市土地景观适宜度等级的空间分布

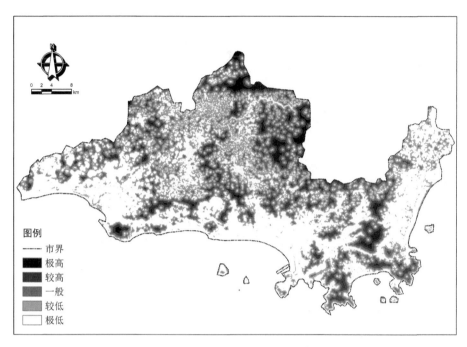

图 4-23j　2024 年三亚市土地景观适宜度等级的空间分布

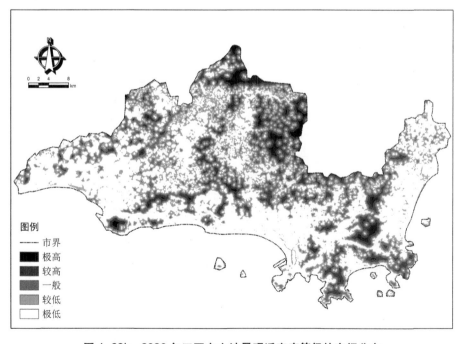

图 4-23k　2026 年三亚市土地景观适宜度等级的空间分布

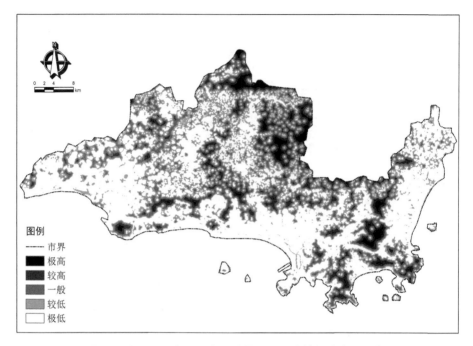

图 4-23| 2028 年三亚市土地景观适宜度等级的空间分布

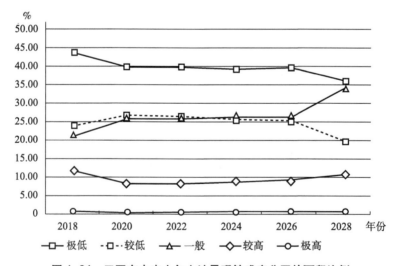

图 4-24 三亚市未来十年土地景观敏感度分区的面积比例

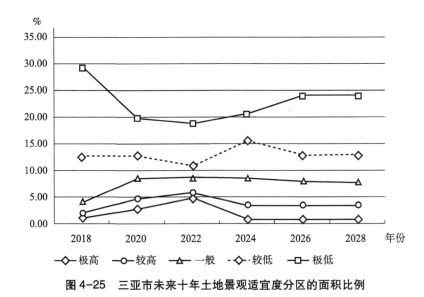

图 4-25 三亚市未来十年土地景观适宜度分区的面积比例

（五）开放空间系统的土地景观优化调控策略

1. 基于土地景观与国土空间规划相互关系的空间布局优化策略

（1）土地景观与国土空间规划的相互关系。

土地景观是国土空间利用的表现形式，合理、科学的国土空间规划有利于区域可持续发展。土地景观作为土地系统的组成要素，具有调控国土空间内部结构和功能的作用，其实质是土地利用方式与形式的解析和引导。在本书中，对土地景观的动态演变分析就是对土地利用的形式、方法和变化趋势进行解析，尤其是在进行"三区三线"的国土空间规划边界划分时，可以为其提供较为科学的参考依据。具体实现方法可以按照"土地景观提取与模拟→动态数据计算与分析→发展趋势分析与调控→'三区三线'界线划定时间确定→提取确定时间点的控制指标和土地景观分布→明确'三区三线'界线分布"的步骤进行划定与提取，从而实现研究与国土空间规划之间的无缝衔接。简言之，土地景观的趋势模拟和调控是进行国土空间"三区三线"划定的科学依据。

（2）三亚市域空间布局优化导引策略。

三亚市国土空间规划应保持海南全岛空间的连续性和提升局部空间的异质性，增强其内部景观的生态过程，提升其景观多样性水平。具体策略有三：①提升生态空间景观结构、功能和过程的完整性。三亚市生态空间构建要秉承生态维育宗旨，对全域生态功能区进行布置，使其构成空间内外部具有生态保障功能的景观基质区域。②增强生产、生活和生态三类空间之间的协调关系。在现有非建设用地的布局和满足"百千工程"需要的基础上,研析"三生空间"的土地功能形态,强调人类活动对空间敏感性的感知以及空间利用与资源开发之间的适宜性,从而达到统筹布局和管制国土空间及土地利用等规划的目的。③完善生态空间结构的系统性。构建市域生态保育体系时要强调人类活动与空间利用之间的敏感性,注重结构、功能和过程在国土空间发展过程中的决定性作用,逐步将三亚市域生态体系融入海南"生态绿心+生态廊道+生态岸段+生态海域"的全域生态空间结构中。

2. 基于 SD 指数调控的海绵体分布发展策略

由前文可知,综合改善发展模式是三亚市域未来可持续发展的必经之路。为了科学、有序地推进可持续发展,分别以人口增长率、水资源消耗率、单位第二产业 GDP 污染物、人均耕地面积和科技教育投资率等五项指标的数据调控为依据,提出改善三亚市域可持续发展的导引策略,也为市域开放空间系统的生态效应提升提供支撑。

(1) 推进城市化发展进程。

城市化是现代化的重要标志,是经济发展从量的扩张到质的提升的必然途径。为此,加快城市化进程应该注意以下三点:①坚持规划先行,科学绘制城市发展蓝图。以海南省城乡总体规划为依据,全面遵循国土空间规划所划定的"三区三线"控制内容,在优先保证地区生态环境安全的基础上,落实国土空间所确定的各类专项规划,尤其是促进地区城乡一体化的逐步完善。②多元筹措资金,加快城市基础设施建设。加强引导建设资金的多元化吸取,全面推进地区海绵城市建设,修编和完善全市海绵城市规划,完善海绵体在市域空间的合理分布以及绿色基础设施的布局规划和建设。③加大改革力度,创造城市建设的良好环境。改革城市管理体系,丰富城市职能,把城镇化的推进全面落实到城市质量层面。

(2) 发展高效型生态农业。

一方面,提高单位面积的产量。三亚市的城镇化推进相对较快,但受退耕还林、耕地被征用等影响,耕地面积在不断下降,农村生产生活空间逐渐受限;同时,受最为严格的生态安全保护限制和地区地理限制,可开垦荒地面积较少。鉴于此,为保证正常的人均粮食产量,应发展新型现代化农业和生态农业,提高第一产业科技强度,倡导科学种田、科学养殖,提高耕地产出率。另一方面,大力发展生态型农业。改变传统农业"以粮为纲"的观念,禁止占用和毁坏林草地开荒种粮,改善生态条件;结合三亚市多山地的实际情况,改变农作物种植结构,推行以生态农业为指导思想的现代农业。此外,最大化利用山区土地资源，做好景观格局设计和绿地系统规划。

（3）加大生态保护的力度。

①加大对全域生态环境建设的投入力度，从短期看，增加对生态环境的投入会减缓三亚市经济发展速度，但这种投入有利于全域环境的美化和可持续发展水平的提高。②通过国土国情变化情况监控全域，及时全面掌握可持续发展的现状和变化趋势，完善可持续发展预警系统的科学性和稳定性，也为国土、规划和建设等部门提供科学的决策依据。③完善生态环境建设法律法规体系，以法制的约束力来维护三亚市的可持续发展。

（4）限制环境污染物排放。

针对三亚市环境污染物逐年增加的状况，开展以改善区域生态环境为目的的管理技术研究，对工业污染物排放、污染物处置等影响三亚市生态环境的主要因子进行重点治理，严控污染型企业废气的排放标准，实行污染物达标排放，贯彻落实国家有关可持续发展和环境保护的各项法律法规。

（5）加强科技教育的投入。

科技教育关乎社会发展的人口、经济、社会、资源和环境等各个方面，一方面，较高的科技水平不仅能带来更快的经济增长速度，还能使生产方式和手段获得进步。因此，三亚市可持续发展要全面提高对科技教育建设的投入，农业方面以提高耕地产出率为目标，工业方面降低工业生产能耗，环境方面降低环境污染物处置成本等。另一方面，较高的教育水平可以提高居民整体素质，间接提高居民环保意识，这也是实现地区可持续发展的根本。因此，增加对科技教育的投资在人口、经济、社会、资源和环境等多个方面的可持续发展都极具积极意义。

3. 基于土地景观调控的海绵体分布发展策略

（1）遵从国土空间的规划管制。

土地景观类型在空间上的分布形式是土地利用与开发的结果呈现，不同的土地利用形式在空间上所反映出的土地扩张或阻碍效用不同。鉴于此，以国土空间变革为契机，明确三亚区域生态安全维育和城乡建设发展之间的安全阈值，严格遵循《海南省总体规划》所确定的生态、农业和城镇空间的控制范围，重新核查、修编城镇开发边界、永久基本农田和生态保护红线的空间边界，严控执行国土空间规划所确定的"三区三线"，控制因城镇开发、农业生产活动等干扰因素对土地景观类型敏感度和适宜度的影响。

（2）调控土地景观的景观格局。

经历了30年海南经济特区建设的三亚，虽拥有较为稳定的生态安全格局，但随着时间的推移和政策的推行，其土地景观生态系统敏感度和适宜度有不同程度的降低。鉴于此，在景观格局层面分别对土地景观的结构、功能和生态过程进行调控。①结构方面以"基质—廊道—斑块"模式优化土地景观的空间格局。保持林地景观的生态安全屏障作用，使其充分发挥基质要素的生态本底作用，继续维育河流、海岸带等水域廊道的生态湿地、红树林生态效应，加强对重要交通性道路廊道的生态安全防护和动植物活动通道的构建，控制各土地景观敏感区的土地景观流转强度和速度，加大对斑块型土地景观的生态性流转引导，保护好点状生态型斑块的生态功能效应。②功能方面以"三区三线"土地空间管控引导市域土地景观的生态型扩张。遵从"三区三线"的空间管控范围，引导土地景观的功能流转，强化国际旅游岛生态安全保护的地区发展理念，通过降低城乡建设发展的实施范围和强度来削弱生态安全保护源地的生态扩张阻力，以土地生态性流转推动林地等生态安全保护源地的扩张。③动态过程方面以降低土地景观斑块密度的方式增强土地景观的完整性。通过土地景观流转降低平原、台地及城市边缘区域等破碎化程度较高的土地空间，增强其土地景观的生态敏感度和适宜度，以化零为整的方式增大土地景观的斑块面积，提升土地景观内部的生态过程，增强全域土地景观生态系统的多样性和均匀性。

（3）控制土地流转方式和形式。

改善土地景观敏感度的空间分布可以通过土地流转来实现控制和引导（见图4-26）。①稳固和提升林地景观的生态系统稳定性，降低景观的破碎化程度。通过破坏土地生态系统稳定性的人类活动，退台地、丘陵等地区的草地（园地）为林地，逐步削减全域丘陵、台地区域的非林地景观斑块面积和数量，增强林地边界生态系统的稳定性。②充分开发和建设城镇空间内外部的未利用土地，减少城乡建设活动对生态和农业空间的扩张。优先开发城市内部和城市边缘区的未利用土地景观，恢复林地边界、基本农田保护区范围内未利用土地景观的生态效应，严控城乡建设发展源地的扩张效应。③控制城镇空间的边界和建设用地的拓展，提升空间开发的土地利用率。在不突破城镇开发边界的前提下，坚持走可持续发展道路，合理调配生态型土地景观在城镇空间的分布和生态服务能力，强化城市生态系统的稳定性，提高城镇空间的人居环境质量。④稳固农业生产生活区域的空间分布，降低对林地景观边界区域的干扰强度。降低农村聚落点的密度，将农村零碎的建设用地流转为具有生态功能的林地、草地、源地景观，恢复其自身的土地生态属性。

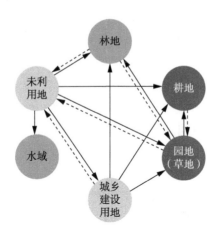

图4-26 三亚市土地景观流转方向引导

注：● 代表建设扩张源地；● 代表生态扩张源地；● 代表低扩张能力土地景观；━━► 代表促进流转；- ► 代表抵制流转。

四、万泉河流域开放空间系统的景观格局优化调控分析

（一）流域开放空间系统的空间结构分析

1. 景观类型的空间分布特征

土地景观类型的空间分布能通过其内部的各种生态过程将其特征反映在区域的景观格局上，而这些特征能够决定整个区域开放空间系统的生态效益、功能整体性、生物多样性和景观异质性，从而在大尺度空间层面体现其景观格局与功能之间所存在的内在联系。以万泉河流域为例，通过研究其景观要素的空间分布特征，分析万泉河流域景观内部丰富的生态过程与景观结构和功能特征之间存在的内在联系，为完善流域景观结构、功能和生态过程提供了区域开放空间系统的调控引导。从土地景观总体分布格局来看，万泉河流域各个土地景观的类型分布特征如下（见图4-27）：①耕地东聚西疏，差异性大。耕地景观体现为较强的集中分布特征，主要集中于流域东北部的琼海市以及琼中以北、屯昌以南。由于沿海农业发展蓬勃，耕地景观占主导地位，与流域范围内的其他耕地景观相比，其分布稀疏，破碎化程度较高。②林地西密东疏，南密北疏。林地景观遍布万泉河流域，其主要分布于万泉河流域西南部的琼中市以南、琼海以西区域，其空间分布特征为西密东疏，南密北疏。③园地东部减少趋势明显。万泉河流域的园地景观主要分布于西部琼中

的丘陵地区，受旅游业发展和城市化进程的影响，琼海的城市建设和农业发展迅猛，流域东部地区园地分布极少。④水域贯通，水库湖泊东密西疏。万泉河流域水域景观分为河流景观和水库湖泊景观两种类型，河流景观除主要贯穿研究区的万泉河外，还有粉东河、九曲江和塔洋河等，研究区大型水库主要有牛路岭水库和新建的红岭水库，水库和湖泊景观空间分布特征为东部分散，西部密集。⑤建设用地分布不均。建设用地空间布局整体沿着水域布局，主要集中于琼海市沿海区域，其他区域零星分布，其空间分布特征为东密西疏，且建设用地的分布与流域的水域景观、耕地景观具有密切联系，它们空间分布特征相似，其分布特征主要取决于城镇人口对水资源和农产品的需求以及农作物对水资源的需求。⑥未利用地景观分布于琼海市博鳌入海口，主要为有待建设开发的土地。

综上所述，由于人类长期以来对大自然的开发利用活动，使万泉河流域的各景观要素在其空间分布和功能特征上具有一定的互补和利用关系，但城镇开发建设活动和第一产业的发展与生态环境保护相悖，从而揭示了社会经济的发展和生态文明建设之间的矛盾，且流域东部和西部景观类型的景观功能具有较强的综合性和复杂性，为了减轻城乡建设与生态维育之间矛盾突出的问题，需要通过调整各景观类型的空间分布，以优化其结构。

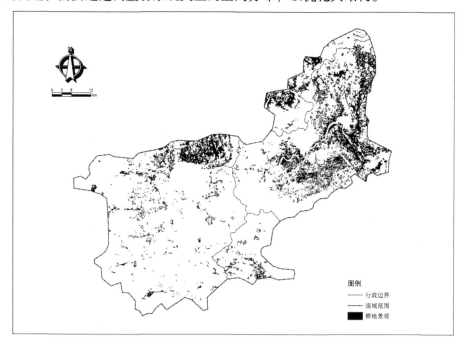

图 4-27a 耕地景观

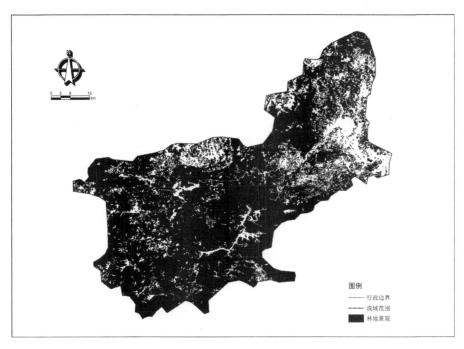

图 4-27b　林地景观

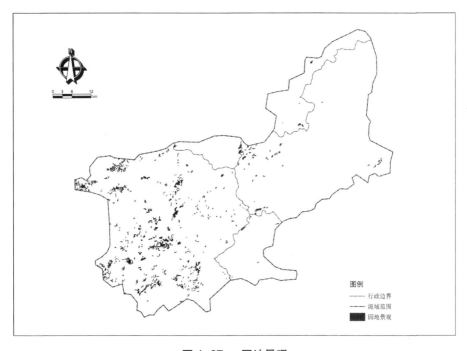

图 4-27c　园地景观

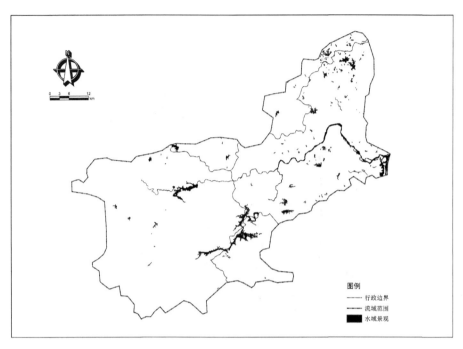

图 4-27d　水域景观

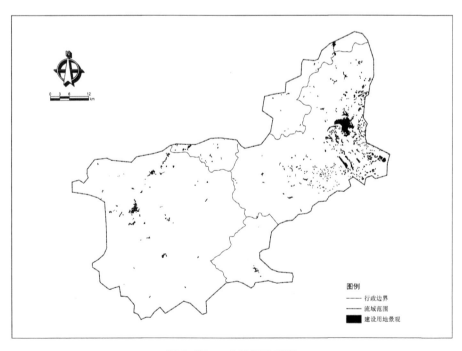

图 4-27e　建设用地景观

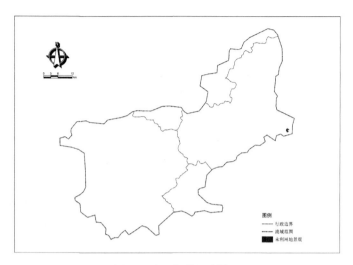

图 4-27f　未利用地景观

2. 景观类型的空间结构特征

在岛屿生物地理学中，景观结构单元主要分为三种，即斑块、廊道和基质，"斑块—廊道—基质"模式为具体描述万泉河流域开放空间系统的景观结构、景观功能和景观动态提供了一种"空间语言"，这些景观结构单元的组合也是一系列生态过程和土地利用方式的镶嵌体（吕一河、陈利顶、傅伯杰，2007）。结合 6 类开放空间系统要素的空间分布特征，将万泉河流域生态系统划分为斑块、廊道和基质三种景观结构单元，即以城乡建设用地、城镇和农村居民点以及闲置用地景观作为比较重要的"斑块"，水域作为线型景观要素"廊道"，林地、耕地和园地作为重要"基质"（见图 4-28）。

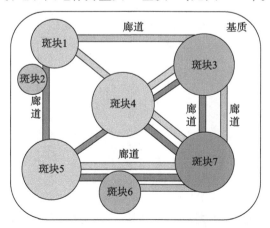

图 4-28　"斑块—廊道—基质"模式

从万泉河流域的景观结构单元空间分布来看，在景观尺度上，斑块、廊道和基质三者之间的相互作用对物种迁移和种群扩散具有重大影响，从而控制着种群动态（赵青，等，2005）（见图4-29）。①万泉河流域的建设用地和未利用地斑块具有内部均质性，其特殊性质、内部均质程度以及其所处区位对生物多样性的保护具有重要生态学意义。两类土地景观的斑块面积大小和数量多少影响着食物、养分和生物栖息地的分布，从而影响了物种的分布，生物多样性随斑块面积的增大而增大，斑块数量越多越能保证生物的栖息地和物质能量；斑块聚集程度对生态过程影响很大，形状越密集越有利于生物和能量的存储，越松散越能促进生态过程的进行。②万泉河及其枝干作为流域内的廊道，是连接各斑块的纽带，对生态过程具有通道和屏障功能。一方面，有利于生物的迁移和物质能量的交流；另一方面，可以作为生态环境的保护屏障。此外，廊道通常被看作带状斑块隔离不同景观，同时作为运输通道连接不同景观，廊道能为生物提供栖息地、食物和水分等，可以作为物种迁移的桥梁，促进不同物种的交流和种类扩散。③万泉河流域的基质由耕地、林地和园地组成，面积最大，具有绝对景观优势，它对整体景观有巨大的影响，对生物多样性的保护具有决定性作用。

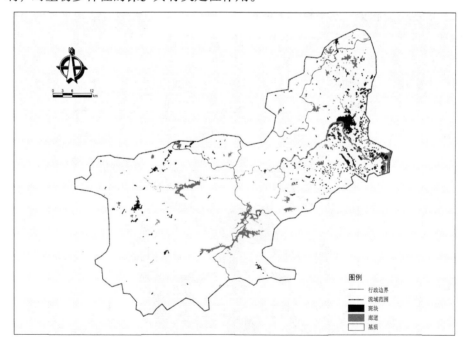

图4-29 基于"斑块—廊道—基质"模式的景观结构单元空间分布

　　结合景观结构单元空间分布图和流域开放空间系统的要素格局分析和空间分布特征，将其进行"源—汇"景观空间划分（见图 4-30）。源是指对发展过程具有正向推动作用的景观类型，主要用于生态维护与保育，是重要的生态保障区。汇是对发展过程具有阻碍作用的景观类型，是需要进行生态调节和生态恢复的区域，是人类活动最频繁且影响生态最大的区域。结合景观格局指数分析和"源—汇"景观的特点可以发现万泉河流域在景观结构、功能和生态过程中具有一定的稳定性（禹莎，2009）。因此，在流域范围内景观类型丰富、生态环境良好、生物多样性丰富、景观内部生物过程复杂，在空间分布较为复杂的林地景观、园地景观具有"源地"景观的功能，这些区域在整个景观中具有生态维护和保育的作用，更是该区域的重要生态保障区。这样的景观要素在空间上的布局形态对流域生态的平衡程度、生物多样性的丰富度和景观生态安全格局有着决定性作用。与此同时，在万泉河流域，城乡建设用地景观及闲置用地景观是人类活动最为频繁的区域，受人为干扰相对较大，在生态过程中不适合目标物种的生存，具有负向滞缓作用。

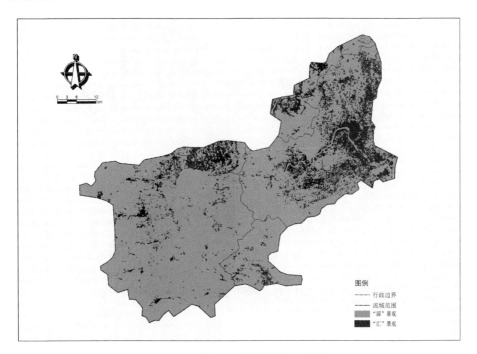

图 4-30　"源—汇"景观空间分布

（二）流域景观类型的空间动态分析

不同形态与面积的景观要素受生态过程及景观格局的影响构成不同组合特征的景观。同时，结构与功能各异的景观对景观生态过程有着重要的影响。通过 ENVI 数据对万泉河流域 2010 年、2013 年、2016 年和 2019 年 4 期遥感数据进行解译，得出万泉河流域土地系统的各类景观要素动态分布情况和面积数据变化情况（见图 4-31）。2010 年，万泉河流域主要景观类型是耕地和林地，耕地和林地景观类型占研究区总面积的 93.52%，园地、水域、建设用地占研究区总面积的 6.47%。林地为明显的优势景观类型，面积占整个研究区大部分区域面积的 80.51%，其分布遍布整个流域。相较其他用地，除林地有较大幅度下降外，其他各用地仅有小幅度上升，其中建设用地增幅最大。

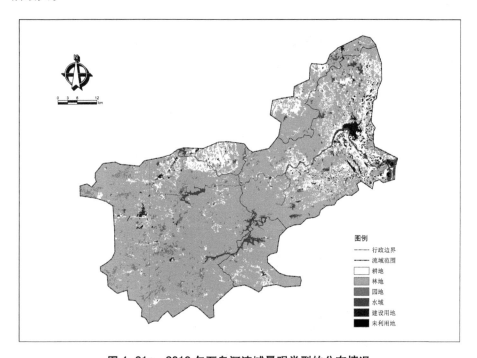

图 4-31a　2019 年万泉河流域景观类型的分布情况

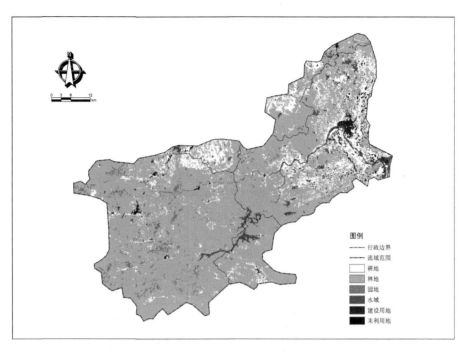

图 4-31b　2016 年万泉河流域景观类型的分布情况

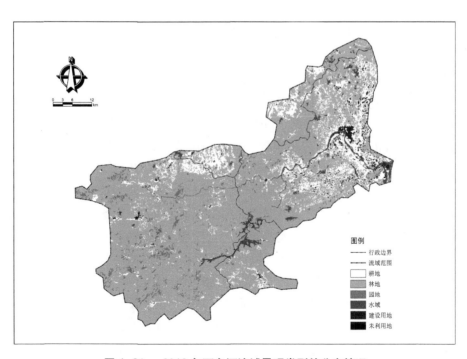

图 4-31c　2013 年万泉河流域景观类型的分布情况

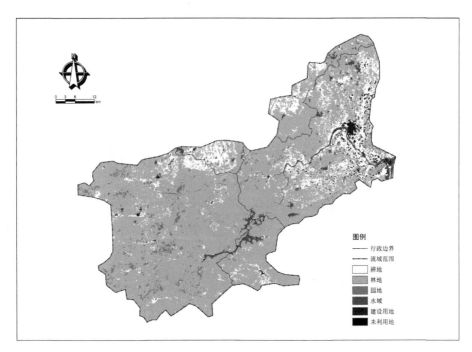

图 4-31d 2010 年万泉河流域景观类型的分布情况

　　通过对比各类景观的类型面积及面积比例构成可以发现如下特点（见表 4-14、表 4-15）：①林地景观具有较强的生态主导优势，但受城乡建设发展扩张作用的影响，林地面积及其面积比例下降趋势明显。林地面积减少了5350.41 平方百米，所占比例下降 1.39%，其中 2013 年面积减少最多，为2750.22 平方百米，所占比例下降 0.71%，2013 年之后面积下降较少。②耕地景观保有量相对稳定，并呈现较弱的增加趋势。2010—2019 年，耕地面积增加了 962.82 平方百米，所占比例上升 0.25%，其中 2013 年面积增加最多，为 2400.47 平方百米，比例上升 0.62%，2013 年以后耕地面积均有所下降，但总体上呈现为增长趋势，占比量相比研究初期增加 0.25 个百分点。③园地景观保有量较少，且增长量较为稳定。园地面积增加 374.49 平方百米，所占比例上升 0.09%，其中 2013 年面积增加最多，为 368.23 平方百米，比例上升 0.09%，2019 年相较于 2016 年园地面积下降 12.06 平方百米，比例下降0.01%。④水域景观类型占比稳定。水域面积增加了 1385.19 平方百米，所占比例上升 0.37%，其中 2019 年面积增加最多，相较 2016 年，面积增加2400.47 平方百米，比例上升 0.27%。⑤建设用地景观扩张明显。建设用地面积增加了 2548.62 平方百米，所占比例上升 0.66%，其中 2013 年面积减少

339.66 平方百米，比例下降 0.09%，2016 年面积增加最多，相较 2013 年，面积增加 2169.18 平方百米，比例上升 0.56%。⑥未利用地占比稳定，且占比极小，未利用地面积增加了 90.27 平方百米，所占比例上升 0.02%，其中 2019 年面积增加最多，相较 2016 年，面积增加 89.1 平方百米，比例上升 0.02%。

表 4-14　万泉河流域 2010 年、2013 年、2016 年、2019 年景观构成及覆盖率

景观要素	2010 年	2013 年	2016 年	2019 年	变化量（%）
耕地	13.01	13.63	13.32	13.26	0.25
林地	80.51	79.80	79.53	79.12	−1.39
园地	2.30	2.39	2.40	2.39	0.09
水域	2.55	2.64	2.65	2.92	0.37
建设用地	1.62	1.53	2.09	2.28	0.66
未利用地	0.01	0.01	0.01	0.03	0.02

表 4-15　万泉河流域 2010 年、2013 年、2016 年、2019 年景观构成面积

单位：hm^2

景观要素	2010 年	2013 年	2016 年	2019 年	平均面积
耕地	50055.39	52455.96	51223.59	51018.21	51188.29
林地	309768.39	307018.17	306000.99	304417.98	306801.38
园地	8838.54	9206.82	9225.09	9213.03	9120.87
水域	9833.31	10152.27	10211.67	11218.50	10353.94
建设用地	6220.08	5880.42	8049.60	8768.70	7229.70
未利用地	31.59	32.58	32.76	121.86	54.70

（三）流域景观格局的动态分析

1. 流域景观格局分析的指数选取

景观格局是指由景观类型、数目以及空间分布与配置的空间格局，是景观空间变异程度的具体表现（邬建国，2004）。各种尺度下的不同生态过程相互作用形成了具有特色的景观格局，并控制着各种生态过程。景观指数是描述景观格局变化特征的量化指标，用以反映景观结构组成和空间配置，并高度浓缩景观格局信息（高丽楠，2017）。在不同尺度上，众多景观指数能够定量表述景观特征，指数与指标之间具有显著相关关系（孙天成，2019）。景观指标的选取应针对研究区域的特征对选取的指数开展综合比对和分析。

　　景观格局可以分为景观水平、斑块类型、斑块三个层面，各层面均可获得具有一定统计意义的景观格局指数数据，用以反映研究区景观的各种生态过程。其中，景观水平层面的景观格局指数可以对景观的整体格局进行分析，能够快速解析出其区域景观生态系统的聚集程度、多样性和均匀度等景观格局特征；斑块类型层面的景观格局指数主要用来反映同一类景观类型的平均斑块面积、斑块的聚集程度和密度等特征情况，强调的是同一景观生态系统中不同景观类型之间的差异性和内在关联程度；斑块层面的景观格局指数主要针对各景观斑块的特征进行分析，常用以反映斑块的边界蔓延状况、面积大小以及形状等特征。基于以上原理和景观格局指数含义，对万泉河流域的土地景观系统进行解析时，分别选取了景观水平层面的 8 个景观格局指数和斑块类型层面的 6 个景观格局指数进行动态变化解析（见表 4-16）。

表 4-16　万泉河流域景观格局指数分析指数

指数层次	景观指数
景观水平	斑块数量（NP）、斑块密度（PD）、边缘密度（ED）、蔓延度指数（CONTAG）、周长面积分维（PAFRAC）、香农多样性指数（SHDI）、香农均匀度指数（SHEI）、景观形状指数（LSI）
类型水平	斑块面积比例（PLAND）、斑块数量（NP）、斑块密度（PD）、斑块形状指数（SHAPE）、斑块边缘密度（ED）、斑块聚合度指数（AI）

2. 流域景观水平层面的景观格局

　　选取斑块数量（NP）、香农多样性指数（SHDI）、香农均匀度指数（SHEI）、斑块密度（PD）、周长面积分维（PAFRAC）、景观形状指数（LSI）、边缘密度（ED）、蔓延度指数（CONTAG）等来分析万泉河流域景观的破碎化程度、空间异质性、景观多样性和景观形状等动态变化特征，进而剖析万泉河流域的整体景观格局和内部结构特点，找出其景观格局存在的问题及未来的发展趋势（见表 4-17）。

表 4-17　万泉河流域 2010 年、2013 年、2016 年、2019 年景观水平层面景观格局指数

指数名称	指数英文名称	单位	年份			
			2010	2013	2016	2019
斑块数量	NP	个	3874	3274	3407	3344
斑块密度	PD	个/hm²	1.0069	0.8510	0.8855	0.8691
边缘密度	ED	m/hm²	22.6072	25.5783	25.2127	25.9070

续表

指数名称	指数英文名称	单位	年份			
			2010	2013	2016	2019
蔓延度指数	CONTAG	%	76.3347	75.4927	75.0536	74.4736
周长面积分维	PAFRAC	—	1.3346	1.4921	1.4504	1.4848
香农多样性指数	SHDI	—	0.6877	0.7017	0.7181	0.7344
香农均匀度指数	SHEI	—	0.3838	0.3916	0.4008	0.4099
景观形状指数	LSI	—	36.8998	41.4989	40.9399	42.0168

（1）景观破碎化程度。

区域的生态环境在人为干预和自然灾害等因素影响下，生态稳定的大斑块被分割成多个小型斑块，这就是景观破碎化。为了较为清晰地剖析出万泉河流域的景观破碎化程度，选取斑块密度和斑块数量两个指标来探索其发展趋势。对比 2010 年、2013 年、2016 年、2019 年的斑块数量和斑块密度指数可看出：①流域土地景观的破碎化程度呈波动减弱趋势。斑块数量由 2010 年的 3874 个减少至 2019 年的 3344 个，9 年间斑块数量减少了 530 个；斑块密度由 1.0069 个/平方百米减小至 0.8691 个/平方百米，减少量为 0.1378 个/平方百米。②万泉河流域拥有较低的斑块数量与斑块密度值。2010 年以后，万泉河流域内土地景观的斑块密度保持在 0.85～0.9，流域景观破碎化程度较低，表明流域内人为干扰较小。具体表现为，2010—2019 年斑块数量及斑块密度均减少，流域景观破碎化程度进一步降低，人为干扰活动越来越少。其中 2013 年斑块数量为 3274 个，斑块密度为 0.851 个/平方百米，是研究期间的最低数值，为景观破碎化程度最低时期（见图 4-32）。

图 4-32　研究区 2010 年、2013 年、2016 年、2019 年斑块密度

（2）景观空间异质性。

景观空间异质性是景观要素及其属性在空间上的变异性，或者说是景观要素及其属性在空间分布上的不均匀性和复杂性。万泉河流域的景观空间异质性选取蔓延度指数和边缘密度来衡量优势景观的聚散程度。简言之，景观的聚集性越强，其蔓延度指数越大，边缘密度也就越小，其优势景观的聚集程度也就越大，内部空间异质性增强；反之则反是。通过对比四个时间节点的蔓延度指数和边缘密度指数发现：①万泉河流域优势景观类型有连接性变弱，各景观斑块类型聚集程度降低，景观异质性增强趋势明显，该趋势的形成归因于边缘密度的变大趋势和蔓延度指数的减小趋势。②景观斑块类型的聚集程度或延展趋势较高，且连接性较强的景观类型占据主导地位。研究时段为 2010 年、2013 年、2016 年、2019 年，蔓延度指数分别为 76.3347、75.4927、75.0536、74.4736，边缘密度分别为 22.6072 米/平方百米、25.5783 米/平方百米、25.2127 米/平方百米、25.907 米/平方百米，总体呈现为蔓延度指数较高和边缘密度较低的特征。③万泉河流域景观异质性较低。究其原因是景观内各景观类型分布较聚集，尤其是林地类型景观之间连接水平较高；2010—2019 年蔓延度指数下降了 1.8611，边缘密度上升了 3.3628 米/平方百米，表明研究时段内，景观中的优势景观类型的连接性有所下降，同时，边缘密度的上升也验证了景观要素越来越散布，分散趋势明显（见图 4-33、图 4-34）。

图 4-33 2010 年、2013 年、2016 年、
2019 年万泉河流域边缘密度变化趋势

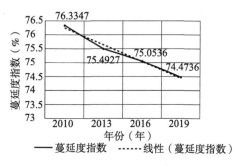

图 4-34 2010 年、2013 年、2016 年、
2019 年万泉河流域蔓延度指数变化趋势

（3）多样性和均匀度。

景观类型的丰富程度和景观斑块在空间上的分布状态决定了区域景观的多样性和区域景观要素分布的均匀度。万泉河流域开放空间系统的景观多样性选取香农多样性指数和香农均匀度指数来反映区域内景观系统的空间结构、功能基质和时间动态方面的多元化和变异性，以及各类景观多样性的丰富程度。其中，香农多样性指数主要用于反映各斑块类型的非均衡分布状况，香

农均匀度指数则用于表征分布的均匀性和景观优势度。通过对比万泉河流域2010 年、2013 年、2016 年和 2019 年的香农多样性指数和香农均匀度指数可以看出：①万泉河流域的景观多样性和景观均匀度总体上偏低。四个时期的香农多样性指数和香农均匀度指数值都偏小，并且香农均匀度指数值接近于0，表明各景观类型在研究区域内的分布不够均匀，并且有明显优势景观存在于景观中。由于分类不够细，香农多样性指数较低，景观斑块组成较少。②万泉河流域景观的丰富程度有所增强、多样性趋势增高，且均匀度提高趋势明显，单一景观优势度明显降低。2010—2019 年，香农多样性指数和香农均匀度指数均略有增长，但仍可看出，2010—2019 年万泉河流域各景观的景观类型变得更加丰富多样，并且分布更加均匀。研究区景观受地理和气候条件影响，景观类型复杂多样，物种丰富，由于将多种景观类型视作同种景观，使流域景观多样性和丰富度降低（见图 4-35、图 4-36）。

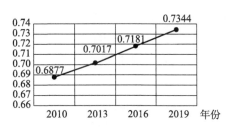

图 4-35 2010 年、2013 年、2016 年、2019 年万泉河流域香农多样性指数变化趋势

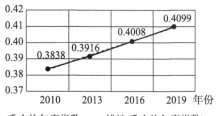

图 4-36 2010 年、2013 年、2016 年、2019 年万泉河流域香农均匀度指数变化趋势

（4）景观内部稳定性。

万泉河流域具有良好的生态环境优势，其景观内部的稳定性决定了流域开放空间系统的稳定性强度，为此，选取具有表征流域景观形状复杂程度的周长面积分维度和景观形状指数来分析其景观系统的稳定性。通过对比分析表明：未来万泉河流域的景观形状复杂程度会变得愈加丰富。2010 年、2013 年、2016年和 2019 年四个时间点的周长面积分维度和景观形状指数分别为 1.3346、1.4921、1.4504、1.4848（见图 4-37）和 36.8998、41.4989、40.9399、42.0168（见图 4-38），周长面积分维度和景观形状指数的微弱上升趋势反映为万泉河流域内景观形状复杂程度增加趋势明显，间接表现为区域受人为干扰的影响较小。

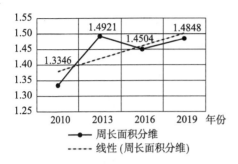

图 4-37 2010 年、2013 年、2016 年、2019 年万泉河流域周长面积分维度指数变化趋势

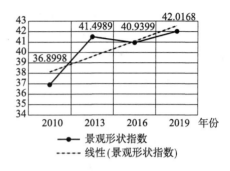

图 4-38 2010 年、2013 年、2016 年、2019 年万泉河流域景观形状指数变化趋势

3. 流域斑块类型层面的景观格局

万泉河流域开放空间系统的研究选用斑块面积、最大斑块指数、斑块形状指数、斑块密度、斑块聚合度和斑块数量等六项指标来综合考察斑块类型破碎化程度、空间异质性和斑块形状等各景观类型在空间中的分布特征，并分析各景观类型斑块之间的内在联系，了解斑块类型内部特征及整体格局（见表4-18）。

表 4-18 万泉河流域各景观类型斑块形状指数变化趋势

斑块类型	年份	斑块面积比例（PLAND）（%）	斑块数量（NP）（个）	斑块密度（PD）（个/hm²）	斑块形状指数（SHAPE）	斑块边缘密度（ED）（m/hm²）	斑块聚合度指数（AI）（%）
耕地	2010	13.0099	1997	0.5190	1.5799	16.1945	90.7003
	2013	13.6339	1584	0.4117	1.8589	18.5189	89.8491
	2016	13.3137	1650	0.4289	1.7867	17.8358	89.9885
	2019	13.2598	1596	0.4148	1.8482	18.2134	89.7343
林地	2010	80.5122	561	0.1458	1.5704	20.8122	98.0235
	2013	79.7976	593	0.1541	1.6509	23.7244	97.7319
	2016	79.5337	596	0.1549	1.6299	23.2886	97.7659
	2019	79.1193	592	0.1539	1.6526	23.8967	97.6964
园地	2010	2.2972	506	0.1315	1.5640	3.2566	89.5809
	2013	2.3930	460	0.1196	1.6975	3.5436	89.0947
	2016	2.3977	463	0.1203	1.6770	3.5029	89.2450
	2019	2.3945	464	0.1206	1.6942	3.5621	89.0413

续表

斑块类型	年份	斑块面积比例（PLAND）（%）	斑块数量（NP）（个）	斑块密度（PD）（个/hm²）	斑块形状指数（SHAPE）	斑块边缘密度（ED）（m/hm²）	斑块聚合度指数（AI）（%）
水域	2010	2.5558	303	0.0788	1.6529	2.7329	92.1554
	2013	2.6387	173	0.0450	2.1893	3.1646	91.1747
	2016	2.6541	193	0.0502	2.0763	3.1055	91.3941
	2019	2.9157	168	0.0437	2.0845	3.2795	91.7339
建设用地	2010	1.6167	506	0.1315	1.3207	2.2069	90.0398
	2013	1.5284	463	0.1203	1.3581	2.1837	89.5662
	2016	2.0922	504	0.1310	1.3732	2.6804	90.6255
	2019	2.2790	523	0.1359	1.3835	2.8403	90.8760
未利用地	2010	0.0082	1	0.0003	1.8947	0.0112	94.8795
	2013	0.0085	1	0.0003	2.0513	0.0125	94.0146
	2016	0.0085	1	0.0003	2.0000	0.0122	94.3396
	2019	0.0317	1	0.0003	1.9054	0.0220	97.4563

（1）斑块类型的破碎化程度。

在分析万泉河流域的景观类型破碎化程度时，选用斑块数量、斑块密度和斑块面积比例共同来反映景观类型的破碎化程度和人类活动对景观系统的干扰强弱，进而反映出景观系统的内部稳定性和复杂性。分析数据发现（见图 4-39、图 4-40、图 4-41）：首先，耕地破碎化程度明显。各时期的斑块数量分别为 1997 个、1584 个、1650 个、1596 个，斑块密度分别为 0.519 个/平方百米、0.4117 个/平方百米、0.4289 个/平方百米、0.4148 个/平方百米，耕地斑块面积比例仅占 13% 左右，说明万泉河流域耕地被分割的破碎化程度很高。其次，林地破碎化程度不高，但园地和水域破碎化程度高。虽然林地、园地、水域和建设用地的斑块数量和斑块密度都相差不大，但林地斑块面积占比 80% 左右，说明林地斑块类型较为聚集，破碎化程度不高，园地、水域和建设用地斑块类型破碎化程度相对较高。再次，耕地、园地、水域等景观的破碎化程度降低趋势明显。在数值上表现为：2010—2019 年，耕地、园地和水域斑块数量和斑块密度都有不同程度的降低，其中以耕地和水域景观的数值降低趋势尤为明显。复次，林地和建设用地的斑块数量和斑块密度都有微弱的增长，说明它们的破碎化程度有较小的增长趋势。最后，未利用地的斑块数量和斑块密度均没有变化，所占面积比例有所增加，说明在研究时段内破碎化程度没有改变。

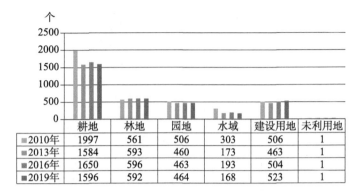

	耕地	林地	园地	水域	建设用地	未利用地
2010年	1997	561	506	303	506	1
2013年	1584	593	460	173	463	1
2016年	1650	596	463	193	504	1
2019年	1596	592	464	168	523	1

图 4-39　万泉河流域各景观类型斑块数（NP）变化趋势

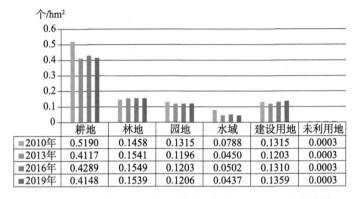

	耕地	林地	园地	水域	建设用地	未利用地
2010年	0.5190	0.1458	0.1315	0.0788	0.1315	0.0003
2013年	0.4117	0.1541	0.1196	0.0450	0.1203	0.0003
2016年	0.4289	0.1549	0.1203	0.0502	0.1310	0.0003
2019年	0.4148	0.1539	0.1206	0.0437	0.1359	0.0003

图 4-40　万泉河流域各景观类型斑块密度（PD）变化趋势

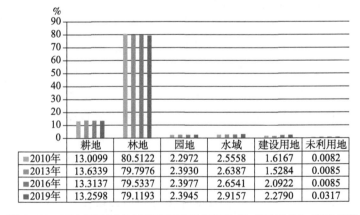

	耕地	林地	园地	水域	建设用地	未利用地
2010年	13.0099	80.5122	2.2972	2.5558	1.6167	0.0082
2013年	13.6339	79.7976	2.3930	2.6387	1.5284	0.0085
2016年	13.3137	79.5337	2.3977	2.6541	2.0922	0.0085
2019年	13.2598	79.1193	2.3945	2.9157	2.2790	0.0317

图 4-41　万泉河流域各景观类型斑块面积比例（PLAND）变化趋势

（2）斑块类型的空间异质性。

万泉河流域斑块类型水平的异质性动态变化选取斑块边缘密度和斑块聚合度指数来分析。其中，边缘密度可以表征某个景观类型的异质性程度，反映景观类型的聚集程度和景观连通性；斑块聚合度指数则是反映景观类型的内部斑块之间连通性的指数，是通过计算同种斑块像元内部公用边缘的长短大小来体现某景观类型的连通性。对比万泉河流域 2010 年、2013 年、2016 年、2019 年斑块边缘密度的数据可看出：①耕地和林地景观的景观异质性较强。万泉河流域各景观类型中，耕地和林地的斑块边缘密度最大，历年值均在 15 米/平方百米以上，其中林地边缘密度历年均位于 20 米/平方百米以上，表明在斑块类型水平上研究流域耕地和林地景观类型聚集程度低，且景观异质性较强。②万泉河流域园地、水域、建设用地景观类型聚集度较高，景观连通性较好，景观异质性较弱。从数值上看，园地、水域、建设用地、未利用地边缘密度较低，其值均在 5 米/平方百米以下。其中，未利用地边缘密度接近于 0，景观类型聚集度最高，景观连通性好，景观异质性最弱。总而言之，2010—2019 年万泉河流域各景观类型均有不同程度增长，说明自 2010 年国际旅游岛建设以来，万泉河流域各景观类型的异质性变化有增强的发展趋势（见图 4-42）。

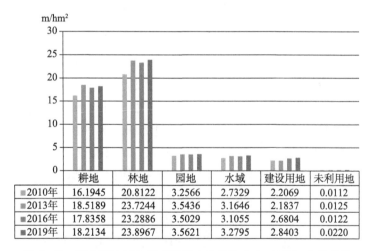

m/hm²	耕地	林地	园地	水域	建设用地	未利用地
■2010年	16.1945	20.8122	3.2566	2.7329	2.2069	0.0112
■2013年	18.5189	23.7244	3.5436	3.1646	2.1837	0.0125
■2016年	17.8358	23.2886	3.5029	3.1055	2.6804	0.0122
■2019年	18.2134	23.8967	3.5621	3.2795	2.8403	0.0220

图 4-42　万泉河流域各景观类型斑块边缘密度（ED）变化趋势

对比万泉河流域 2010 年、2013 年、2016 年、2019 年斑块聚合度指数的数据可看出：受国际旅游岛建设和快速城镇化建设的影响，万泉河流域各景观类型的斑块聚合度指数均较高，整体连接程度较高。其表现有二：其一，林地景观和未利用地的内部斑块之间连通性较强，斑块的聚集程度高。具体表现为林地和未利用地的斑块聚合度指数较大。其二，耕地、园地、水域和建设用地的斑块聚合度指数相差不大，介于89%~92%，拥有较高的连接程度和较为密集的格局，人为活动干扰较大。从发展趋势看，2010—2019年，流域内耕地、林地和园地的斑块聚合度指数有不同程度下降，说明这些景观类型斑块连接程度有小幅度下降的趋势，建设用地和未利用地趋势相反；另外，水域斑块聚合度指数在2010—2013年有所降低，此后，斑块聚合度指数有所回升，斑块连接性稍有增强（见图4-43）。

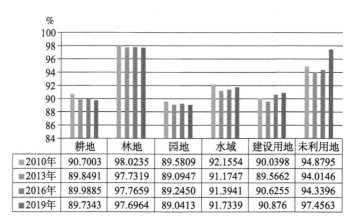

图4-43 万泉河流域各景观类型斑块聚合度指数（AI）变化趋势

（3）斑块类型的形状复杂性。

选择景观格局指数中的斑块形状指数来研究万泉河流域景观斑块类型的形状特征及其变化趋势。斑块形状指数可以作为反映斑块景观形状复杂程度的定量指标，可用来表征各斑块类型的变异性，对比万泉河流域2010年、2013年、2016年、2019年的数据可看出：①水域和未利用地斑块形状指数均很大，相较其他斑块类型来说边缘形状较复杂，且具有很好的内部生态过程。②耕地、林地和园地斑块形状指数比水域和未利用地略低，但依然大于1.5，且接近于2，其景观斑块类型边缘形状依然较为复杂，斑块长轴与短轴的比值很大，其斑块内部生态过程依然较好。但斑块形状指数较大的斑块类型边缘效应较大，其稳定性也欠佳。③建设用地斑块形状指数历年一直处于最低水平，其形状较为规则，边缘效应较弱，内部生态环境较稳定。④除建设用地景观外，其他景观类型斑块形状指数均接近于2，表明万泉河流域内部大部分景观斑块的形状较为复杂，生态环境受人类活动影响小，但边缘效应较差，生态环境的稳定性欠佳。在发展趋势层面，万泉河流域各景观类型斑块形状指数变化呈增长趋势，流域景观要素的斑块形状越复杂，内部生态过程越完善。其中，水域和耕地斑块形状指数增长值相对较大，水域和耕地的增长量分别为 0.4316 和 0.2683，其景观边缘化效应较为强烈（见图 4-44）。

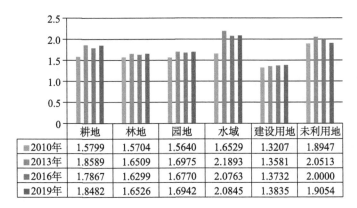

	耕地	林地	园地	水域	建设用地	未利用地
■2010年	1.5799	1.5704	1.5640	1.6529	1.3207	1.8947
■2013年	1.8589	1.6509	1.6975	2.1893	1.3581	2.0513
■2016年	1.7867	1.6299	1.6770	2.0763	1.3732	2.0000
■2019年	1.8482	1.6526	1.6942	2.0845	1.3835	1.9054

图 4-44　万泉河流域各景观类型斑块形状指数（SHAPE）变化趋势

（四）流域开放空间系统的问题分析

1. 流域存在的生态问题

万泉河流域一直面临着一些突出的生态环境问题，在重视经济社会发展的过程中，忽略生态环境问题，留下许多历史问题亟待解决（见图 4-45）。万泉河是老百姓心目中的母亲河，其污染防治及生态环境修复等任务繁重，需要了解流域存在的生态环境问题及问题成因。

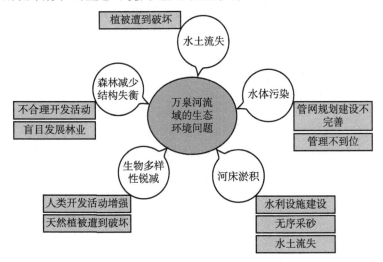

图 4-45　万泉河流域生态环境存在的问题

首先，森林植被层次结构失衡，生态功能下降，水土流失严重。20世纪80年代以前，主要考虑经济效益，发展林业，导致万泉河两岸中、上游大片森林遭受损坏。尽管现有森林植被覆盖率很高，但以人工经济林为主，森林植被层次不合理，管理不善，树种单一，优势树种明显，研究区的生态系统中森林群落的自我循环功能较弱，并且缺乏自我更新和再生的动力，森林系统不稳定，不能有效地涵养水源，防治水土流失。

其次，河床淤积，河道阻塞，防洪力弱，航运不畅。水土保持低效，水土流失态势明显，由于水土流失以及近年来上游大型水库及水利设施的建设，使河槽淤积。加之无序的采砂活动，导致河岸坍塌、河床淤积，过水面小，蓄洪行洪能力弱。由于河床淤积，导致河道堵塞，航运功能下降，除博鳌、牛路岭库区等河道外，其余河道几乎已不能通行。

再次，流域水体仍遭受污染，污水排放超标。由于城镇配套管网规划建设不够完善，管理不到位，管网运行体系中仍存在雨污合流、堵塞、渗漏等问题，导致城镇的污水治理效果未达环保预期，水环境恶化。万泉河流域村庄污水治理不足，生活污水随意排放，农业种植过程产生的农药化肥等污染物使万泉河流域水土遭受污染。各市县垃圾处理做法不一，琼海以焚烧为主，琼中以卫生填埋为主，给水体污染留下严重隐患。

最后，生物多样性遭到破坏。万泉河流域地处热带季风及海洋湿润气候带，景观结构复杂多样，植被茂密，物种丰富多样，生态环境稳定。随着人类开发利用活动增强，盲目进行建设和开垦，导致天然植被生态环境遭到破坏。大规模的人工经济林结构较为单一且生态稳定性较差，从而导致森林群落的垂直结构不均衡，物种减少。

2. 空间结构问题分析

根据景观生态学的基本概念，将万泉河流域划分为"斑块、廊道、基质"三种景观结构单元，并进一步对其进行"源—汇"景观的空间划分，可以看出万泉河流域景观结构中，景观空间格局较为破碎化，景观结构和生态过程不稳定，空间分布范围较广的林地景观和分布较分散的园地景观具有"源"的生态功能，具有维护生态安全和进行生态保育的作用。研究区的基质景观类型中，林地所占面积最大，遍布整个研究区，是最为重要的斑块，但类型之间分布分散，景观较为破碎，结构复杂。研究区东部斑块集中分布，其余地区分布较为分散，景观结构复杂，同时斑块破碎程度高，这缘于东部琼海市的城市化进程加快、人为干扰严重、林地退化等。除博鳌与嘉兴一带，河流廊道景观连通性较弱，连通面较窄，使各要素之间的物质能量交换减弱，生态过程减弱，这与上游水土流失、河道淤塞有关。

3. 景观水平层面存在的问题

（1）空间异质性方面，通过对万泉河流域的定量分析可知，各景观类型之间的连通性弱且聚集程度低，边缘密度上升趋势和蔓延度指数减小趋势明显，说明万泉河流域优势景观类型的连接性将变弱，各景观斑块类型聚集程度较差且变弱形成散布格局，景观异质性变大可能性较高。其中，2010—2013年，蔓延度指数下降最多，边缘密度增加最多，说明在这期间，万泉河流域景观异质性变化程度较大，人为干扰较为强烈。

（2）多样性和均匀度方面，通过定量分析万泉河流域的景观格局指数可知，虽然万泉河流域景观复杂多样，但各类型景观在空间上的分布不均匀，且无规律可循，优势景观类型较为突出，整个研究区景观中有明显的优势类型。

4. 斑块类型层面存在的问题

（1）人类活动对流域内各类土地景观的影响较大。园地、水域和建设用地斑块类型破碎化程度相对较高，人类活动干扰较大，连通性较弱，且林地和建设用地破碎化程度有逐年加深的趋势。

（2）万泉河流域土地景观的异质性增长趋势明显。通过对万泉河流域划分的景观类型边缘密度分析可知，流域内各景观中，耕地和林地的斑块边缘密度最大，表明在斑块类型水平上流域内耕地和林地景观类型聚集程度低，且景观异质性较强；同时，在研究时段内，各景观类型的边缘密度值均有不同程度增长，流域各景观类型的景观异质性变化有逐年增长的趋势。

（3）人类建设是影响流域内聚散程度的关键因素。对比万泉河流域2010—2019年的斑块聚合度指数，流域内各景观类型中，林地、未利用地、耕地、园地、水域和建设用地有较高的连接程度，格局较为密集，人为活动干扰较大。此外，万泉河流域各景观类型斑块聚合度指数均较高，整体连接程度较高，这是由于自国际旅游岛建设以来海南省城市化进程迅速推进，各斑块在人为干扰下越来越聚集。

（五）流域景观格局的调控策略

1. 流域的功能结构优化

（1）流域的结构优化。

景观格局优化的目标是通过调整斑块的大小、形状、数量等，以及斑块内部的景观结构、内部均质状况以及空间分布的调节和优化，从而使研究区各景观类型之间和谐、有序地交流和发展，从而提高整体景观生态环境的稳定性，最终能够实现区域可持续发展的目标。结合各层级生态过程、景观功能和景观格局之间的景观生态学方面的理解，通过定量分析选择景观指标，总结问题，优化原则，从斑块、廊道、基质层面入手合理规划三要素空间分布，提出如下优化方案（见图 4-46）：

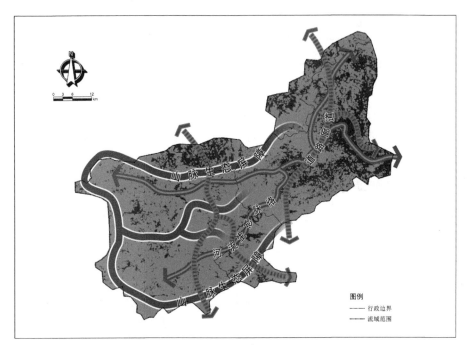

图 4-46　万泉河流域空间结构优化图

斑块层面

斑块是指与基质背景不同的内部相对均质的、具有一定区域范围的景观空间，是景观格局的重要组成部分。地球生态各层级的系统中，斑块都普遍存在，斑块能够反映系统内部环境和各系统之间的时间和空间的联系，以及它们之间存在的异同。可以通过调节斑块的性质以及斑块的位置和周边斑块的间隔，来调节生态过程和景观功能结构，最终优化景观格局。流域内各景观类型或景观斑块的特征，如景观形状、景观破碎化程度以及空间异质性等，对保护生态环境和物种多样性具有重要影响。近年来，在社会经济发展的驱动下，人类不断涌向城市，城市化进程加快，人类的一系列开发利用活动对生态环境产生了巨大的影响，景观结构发生了巨大变化，部分景观类型之间用地相互转化，使一些景观要素破碎化程度加剧，斑块破碎化程度加剧的趋势导致研究区域的生态功能变弱，稳定性降低。根据万泉河流域的实际情况，整合研究区较破碎的斑块以降低景观破碎化程度，控制建设用地向林地或园地的扩张，将闲置用地转换为建设用地，省市内部建设主要考虑旧城更新规划设计，保护好耕地、园地、林地基质景观，处理好建设用地景观类型与其他景观类型的空间关系，将较破碎的耕地实行退耕还林，修复遭到破坏的林地斑块，将散布的湖泊、水库和河流建立连接，使其形成一个物种更加丰富的大斑块，使斑块数量减少、斑块密度进一步降低、斑块边界形状更加复杂。

廊道层面

景观生态学中的廊道是指不同于周围景观基质的线状或带状的景观要素，一般可分为线状廊道和带状廊道，如河流廊道、山脉廊道和道路廊道等。作为斑块之间的桥梁，景观生态廊道连通各斑块，使斑块之间进行物质能量交流和生物迁移等，其连通性的强弱展示功能的大小。生态廊道承担着多种功能，其中包括物质能量传输媒介的功能、物种和信息过滤与保护的屏障功能，充当"源"景观和"汇"景观的功能等。要使廊道具有廊道的功能，即所谓的廊道效应，必须使廊道达到一定的宽度，因为廊道的功能效益在廊道内存在梯度，其大小由中线逐渐走向衰弱。通过指数的定量分析可知，由于人类活动日益频繁，导致万泉河流域斑块之间连通性变弱，分布不均匀且呈散布格局，需要调整景观结构和斑块的空间分布，通过增加斑块之间的廊道连接，增强斑块之间的连通性，达到减弱景观异质性的目的。

万泉河流域通过建立山脉廊道、水系廊道和道路廊道来进行优化，从而提高斑块之间的连通性。山脉廊道方面，增强研究区山脉之间的联系，丰富现有山脉的植被结构层次，提高其稳定性；水系廊道方面，根据万泉河流域景观生态实际情况，对流域的主要支干河流以及主干河流的淤塞地段进行河面拓宽，构建林地与各斑块之间的生态廊道，以增强连通性及生态效益，并合理地控制生态廊道宽度，确定一定范围的缓冲区；道路廊道方面，通过增强万泉河流域国道、省道、乡道等道路廊道、铁道干线、高压走廊的防护绿带与其他斑块之间的接触，连接多个斑块，使斑块之间的连通性增强，从而优化流域景观功能结构；同时，应尽量避免景观生态廊道斑块的切割，以保证斑块的完整性以及人类活动对水环境的破坏，最终提升景观的连通性，实现对廊道景观的优化，保证物质能量流通、生物迁徙等生态过程的发生。

基质层面

基质是景观中面积最大，连接性最好的景观要素类型。林地是研究区占地最广的景观类型，研究将耕地、林地和园地作为基质景观，面积最大、分布最广的基质景观为生物活动、物质能量流动等生态活动过程提供了场所，景观格局反映生态过程，生态过程体现景观格局，基质为生物提供了良好的生存环境，通过对景观类型的定量分析，可以看出耕地、林地和园地都表现出一定程度的破碎化，我们需要在不破坏现在基质景观的生态环境的基础上减少斑块的破碎化程度，从而达到对研究区功能结构上的优化。

优化万泉河流域基质要素需要从两方面入手：一方面，需要竖向增强机制内部景观的多样性与复杂性，从而使基质要素内部稳定性更强，主要是丰富植被垂直面层次，使上层乔木，中层灌木，底层草地在竖向空间分布上的种类丰富多样。另一方面，需要通过人力来调整斑块面积的大小、斑块数量以及斑块形状等，从而增强斑块之间的边缘接触面积，使生态过程更加频繁。

（2）流域的功能优化。

万泉河流域的功能优化主要从基于大气污染的"源、汇"理论提出，根据不同景观类型的功能，可以划分为"源"景观和"汇"景观两种景观类型，其中"源"景观是指那些能促进过程发展的景观类型，"汇"景观是那些能阻止或延缓过程发展的景观类型。"源""汇"景观理论提出的主要目的是探究不同景观类型在空间上的动态平衡对生态过程的影响，从而找到一个适合地区的景观空间格局，推动景观格局与生态过程的深入研究。

景观对生态环境可持续发展和生物多样性保护的贡献，是景观格局空间优化中识别"源""汇"景观的重要依据。要想保护生物的多样性必须从保护生态环境入手，生物多样性保护关键在于对濒危物种栖息地的保护，只有保护好物种生存的栖息地才能有效地保护目标物种（陈利顶、傅伯杰、赵文武，2006）。将对万泉河流域生态环境发展有促进作用和对物种栖息以及能量获取提供资源的斑块视作"源"景观，包括林地和水域；将对研究区生态环境发展有抑制作用和不适合物种生存栖息以及人类活动频繁的斑块列为"汇"景观，包括耕地、园地、建设用地和未利用地。万泉河流域景观根据其功能特征划分为两大功能区，并对这两种功能区分别提出优化策略。

"源"景观功能区优化

林地和水域是对万泉河流域生态环境可持续发展和生物多样性保护生态过程具有促进作用的"源"景观，维持着研究区生态环境的健康可持续发展与物种的多样性，保持万泉河流域生态环境系统的完整性、多样性、生态性和健康性。要对万泉河流域的"源"景观即林地和水域进行优化，需要综合考虑林地和水域两种景观类型所呈现的景观格局在空间上的功能特征，结合海南省国际旅游岛建设的号召和研究区城市化建设实情设计优化方案。我国城市化进程不断加快，城市用地不断向"源"景观扩张，从而导致林地缩小，水体污染严重，这些日益频繁的人类活动对生态环境造成了破坏，生物栖息地减少，生物可利用资源遭到破坏，不利于生态环境可持续发展和生物多样性的保护。我们需要对作为"源"景观的林地和水域划定保护范围，优化范围内"源"景观内部山林水体系，通过对自然山脉水平层面和垂直层面进行丰富优化，使其形成天然稳固的生态廊道，水系中的重点河流、湖泊、水库建立蓝色水系廊道，与绿色山脉廊道纵横交错，使其他"源"景观紧密相连，构建健康、稳定的生态体系，改善流域生态系统的结构，从而优化整体生态过程。同时，注意控制城市的扩张对林地的吞噬及水域的污染，为生态环境可持续发展和生物多样性保护提供契机。

"汇"景观功能区优化

对万泉河流域生态环境发展有抑制作用和不适合物种生存栖息以及人类活动频繁的"汇"景观包括耕地、园地、建设用地和未利用地，"汇"景观对研究区的生态环境健康与物种生物多样性具有消退作用，对维护万泉河流域生态系统的完整性、多样性、生态性和健康性有诸多不利影响。我们需要对"汇"景观功能区进行优化，保护生态环境与生物栖息地，保护耕地环境，建设城乡之间的生态廊道，将森林河流景观引入城市，园林景观植入村庄，融合森林与园林景观，城市和乡村攻坚生态文明建设，实现"山、河、湖、海、城和乡"的生态空间有机协调（王胜男、蹇凯、李琴，2019）。琼中山区可以执行"退耕还林还草"政策，实行坡耕地退耕还林，宜林荒山荒地造林，具体以责任制的形式，明确造林种草者权益，落实管护措施，责权利挂钩，使群众在获得利益的同时，为生态环境建设做出贡献。在城乡建设方面，调整土地资源，置换用地功能，控制城市蔓延，合理增加城乡建设用地中的绿地面积，从而提升人均公园面积、城市绿地率和绿化覆盖率，协调好各圈层不同城市绿地类型的空间分布和构成比，通过利用引导的方法和强制性手段，控制人类开发活动带来的不利影响，对流域内城乡建设用地区域、城乡接合部、水域空间等生态恢复进行资源合理利用和生态修复与补偿，进而实现一定程度的结构、功能和生态过程的优化与提升（王胜男、蹇凯、李琴，2019）。

2. 流域景观格局的优化

对万泉河流域景观格局的优化主要是通过分析能反映整体格局特征的指数、能反映景观水平层面格局特征的指标以及能体现斑块类型水平层面格局特征的指标，通过景观格局指数的分析可知，在景观水平层面存在各景观类型连接性差、呈散布的发展趋势和各斑块类型分布不均匀的问题；斑块类型水平存在某些斑块类型破碎化程度高且连通性弱，某些斑块类型聚集度低且景观异质性区域增长的趋势，某些斑块类型景观格局较为密集，人为活动干扰较大等问题。通过调整斑块的内部均质程度、完善整体结构以及调整空间布局，提高各景观斑块之间的联系，使其关系更加和谐，生态过程更加有序，提高斑块内部环境的稳定性从而提高整体景观生态的稳定性，改善并赋予景观多重功能，最终实现区域的可持续发展。

（1）景观水平格局的优化。

对水平层面景观格局的优化，应对其选取的景观格局指标进行定量分析和定性总结，得出实际存在的问题，针对问题，采用集中和分散相结合的方法，根据研究区域的实际情况以及现状条件，合理地构建整体空间结构，形成相宜的空间格局和发展模式。万泉河流域的植被覆盖率很高，目前针对景观水平存在的问题对景观格局进行优化，方法如下：

①针对流域的空间异质性问题，选取蔓延度指数和边缘密度来分析研究，定量分析结果得出，作为优势景观类型的林地景观，内部的连通性有所下降，且多种景观类型有微弱的在空间上的散布格局趋势，研究时段内万泉河流域景观异质性变化程度较大，人为干扰较为强烈，有较强的形成多要素散布格局的趋势。通过景观水平景观指数空间分布可以看出，流域整体景观类型呈散布趋势，且各类型之间聚集度差，由于景观内部的各景观类型之间的连接度较差，且分布较为分散，导致景观内各斑块之间有较高异质性。为了提高万泉河流域的生态质量，针对景观异质性问题，应采取一定的措施保护各景观类型集中分布的区域，同时增加斑块之间的连通性，注意合理维护经济林、天然林以及乔木和灌木之间的比例，从而降低景观异质性。优势景观类型对生物多样性的维护以及城市生态环境的保护具有关键性作用，所以保护优势景观类型林地的集中多层次分布至关重要，且在区域景观水平优化模式的建设中意义重大。

②针对多样性和均匀度方面的问题，万泉河流域通过对香农多样性指数、香农均匀度指数定量分析可知，景观中林地为优势景观类型，较为明显，虽然景观类型丰富多样，但在空间上有组团分布的情况，空间分布不均匀，无规律可循。万泉河流域受地理和气候条件影响，其物种丰富，景观类型复杂多样。由于地理和土壤成分复杂多样以及气候等原因，本地植物种类丰富，分布较广，热带和亚热带植被的成分具有明显优势，其中又以泛热带、旧世界热带和热带亚洲成为主，同时也分布着部分温带植物，但在植物群落中所占的比例较小，说明研究区主要植物成分具有明显的热带和亚热带的性质。针对均匀度方面存在的问题，应采取一定的有效措施，正确处理城乡发展与生态环境保护之间的平衡，使空间景观要素均匀、合理分布，形成良好的生

态环境。研究区域内可以通过选择当地特有树种提高景观的多样性，选择具有明显的热带、亚热带特性的树种，根据地理高程、气候水文环境等实行植被恢复经营模式，使生物多样性指数及森林成分更加健康，群落结构更加完善。不仅要保持景观横向上的多样性与均匀度，还要保持景观竖向上的多样性与均匀度，即保持植被层次结构的均衡与多样，保证乔木、灌木、草地的科学均衡搭配，使万泉河的景观格局更加稳定。

（2）斑块类型水平格局的优化。

通过对万泉河流域斑块类型水平结构层面的斑块破碎化程度、斑块类型空间异质性以及斑块形状进行定量分析，总结出存在的问题，针对这些斑块类型结构上存在的问题提出以下优化方案：

①针对园地、水域和建设用地斑块类型破碎化程度相对较高、人类活动干扰较大、连通性较弱、林地和建设用地破碎化程度有逐年加剧的趋势等问题，提出适当的优化方案。对其景观格局进行优化不能单单提高面积，应使用科学合理的方法，结合研究区的地域特征以及景观格局中存在的问题，因地制宜地提出优化策略，协调景观生态过程、景观功能和景观格局三者之间的关系，根据斑块的破碎化程度以及斑块大小，整合小斑块碎片，使其相连通，成为生态效益较好的大斑块，从而修复较为破碎的景观类型，使其生态环境得到修复。针对斑块破碎化严重的区域应设立重点修复区域，目前研究区内，林地是占地面积最广的区域，其破碎化程度不高，且历年破碎化程度有减弱发展的趋势，因此在保护林地景观的前提下，根据复杂的地理、土壤、水文气候条件和景观斑块较为破碎的景观状况，在合适的区域划定重点斑块保护区，对保护区内的植物积极护育，控制人口暴增，防止人类活动对保护区的干扰，从而防止斑块的破碎化程度加剧。

②研究区在斑块类型水平上耕地和林地景观类型聚集程度低，景观异质性较强；研究时段内，各景观类型景观异质性变化有逐年增长的趋势，所以提出优化方法。均衡耕地、林地结构，提高连通性，由于环境的破碎，导致耕地和林地景观各类型之间的连通性不好，为了各景观类型聚集度增高，景观异质性减弱，需要分别调节林地与耕地的结构，均衡林地与耕地的空间分布，建立生态廊道，提高各景观斑块的连通性，增强斑块间的物种迁移、能量流动和信息交流。研究区可以通过水系、山脉和道路来营造空间联系，从而分别增加耕地和林地连通性。道路方面，可以把国道、省道和乡道等斑块连接起来；水系方面，可以将各湖泊和水库联系起来，形成生态自然的连接廊道。从而增强斑块类型的连通性，降低景观的异质性，优化流域空间结构。

③万泉河流域林地、未利用地、耕地、园地、水域和建设用地，有较高

的连接程度，格局较为密集，人为活动干扰较大，生态栖息地遭到破坏，所以提出了优化方案。需要加强流域生态建设，健全林地保护管理体制，在增强经济发展的同时保护生态环境和生物多样性，可以通过制定合理的地方保护管理办法，完善法律法规，促进生态环境良性发展，保证生物栖息地的健康完善，同时保证物质流的正常流转以及其他生态过程的发生，从而使研究区景观格局得到优化。

随着我国城市化进程的不断加快以及海南省国际旅游岛的建设，万泉河流域城镇建设用地不断扩张，天然林地遭到破坏，面积减少，破坏了当地生态环境，由于人工经济林和人工绿化林缺乏管理，使其结构单一，群落植被竖向结构缺乏层次，尤其缺乏中间层次的灌木林，从而导致生态栖息地遭到严重破坏，物种的多样性降低。需要保护或者再生中间层次的灌木林，使灌乔木以及草地在垂直面合理搭配，丰富群落的竖向结构，丰富生物多样性，使生态栖息地得到维护。研究天然林地的空间结构形态，通过人工手段丰富人工林的群落组织，以此来保证人工林及天然林结构的完整和生态的稳定。

对生态栖息地的修复和生态环境的改善和保护最为高效的方式是设计植被恢复经营模式（见图4-47）。为减少对生态环境的破坏，切实做到保护有范围、经营讲科学、利用要合理，并根据植被恢复的森林生态学理论、景观生态学理论、生态生理学等，设计植被恢复经营模式（佘济云，等，2012）。通过退耕还林、还草，造林更新等方式，对难以自我更新的疏林地选择壮苗人工造林，树种配置上采用常绿落叶混交；采用封山育林模式，对未成林封育地和生态效益有待提高的公益林，根据具体情况采取全封、半封或轮封的方式；对林密度过大对灌木杂草等生长有影响的，采用抚育间伐模式；对于未成林地，采用幼林抚育模式，对幼林进行松土、施肥、适当割除灌草等措施。通过建设自然保护区、森林公园、风景名胜区、生态走廊、生态示范区，通过改变经济结构、生活用能等方式，通过编制禁渔期制度、环保法律和法规等措施来保护万泉河流域的生态环境。

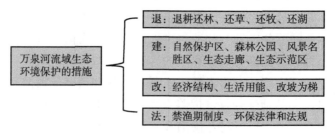

图4-47　万泉河流域生态环境保护措施

第五章 / 结 论

一、市区开放空间系统

借助遥感影像、市区土地利用、社会经济统计数据多方面的基础数据支撑，有效结合各种定量研究方法，以城镇化进程中洛阳市区的用地变化、人口—用地相互关系为切入点，通过分析市区开放空间系统的结构变化过程，评测系统功能发挥的现状，探寻科学合理的优化实施方法，实现洛阳市区开放空间系统的有效调控。研究得出以下结论。

（一）城镇化是推动洛阳市区开放空间系统内部变革的最根本原因

20世纪90年代以来，洛阳市逐渐步入快速城镇化阶段。城镇化进程中，洛阳市区内部的空间结构发生了显著变化，市区开放空间系统的总体格局随之产生了巨大的变革。总体来看，绿色开放空间要素的变化最显著，灰色开放空间的变化次之，蓝色开放空间的变化最小。以ArcGIS 9.3为技术支撑，运用Fragstats 3.3软件计算得到多个景观格局指数在不同时期的数值变化，充分验证了城镇化进程对洛阳市区开放空间系统内部不同类型要素的影响，开放空间系统的内部结构在景观水平上的分布呈现突出的方向性和带状特征，是其对城镇化进程中各项发展政策导引的积极响应。

（二）不同类型的开放空间要素系统对城镇化的响应表现各不相同

城镇化主导了洛阳市区开放空间系统内部结构的变化，绿色、灰色、蓝色等不同类型的开放空间要素系统因其自身属性的差异，对城镇化也表现出截然不同的响应过程。①绿色开放空间系统因结构失衡导致功能削弱。城镇化进程中绿色开放空间系统的建设有明显的城市规划印记，在城市的重点建设地区，各项景观指数的指标值变化最为显著；内里圈层的绿地数量少、面积小，主体圈层的各种类型绿地在内里圈层无法贯通、延伸，外围圈层各类绿地的分布方向性特征明显，整体性较差，结构的失衡较大程度上制约了市区绿地系统生态服务功能的发挥；内部布局结构不合理削弱了市区绿地的供应能力，同时也增大了市民休闲游憩的时间成本。②灰色开放空间系统的广场、道路网变化迥异。城镇化进程加快了市区广场的建设步伐，市区内每个广场的自身建设、与周边建筑物的围合关系以及广场的周边环境等多方面都有了长足的进步，但不同单体广场要素之间的发育情况却极不均衡。如1988—2008年，洛阳市区路网交通体系的发展迅速，新区开发既促进了市区路网的结构调整，也加重了跨涧河、跨洛河截面的交通压力，总体来看，洛南城区的路网性能好于整个市区路网，市区路网优于洛北城区。③蓝色开放空间的水质下降影响了系统的功能发挥。蓝色开放空间内部的格局变化突出表现在洛河和伊河所在的第三、第四、第五象限和第三圈层之外的地区，市区人口规模增加，城镇化水平提高，城市生活用水量比重逐年增加，洛河、伊河、涧河、瀍河等水体在市区段内大量接纳沿途的工业排污和生活污水，水质受到很大程度的影响，河流水质严重下降，影响了市区水生态系统的功能发挥。

（三）市区景观格局变化评测是开放空间系统优化的前提

市区开放空间系统的结构决定了系统功能的优劣，以 ArcGIS 9.3 为技术支撑，运用结构均衡性指数测度模型判读洛阳市区开放空间系统内部发育的均衡程度，研究表明，城镇化导致洛阳市区开放空间系统内部在不同方向和不同梯度上的均衡性均有所降低。结合不同行政区内居住人口迁移与开放空间保有量之间的变化关系，通过开放空间对市区内人口迁移的影响，判断开放空间系统功能的优劣，研究表明，市区开放空间系统功能的好坏决定了城市人居环境质量的优劣，影响着市区内部人口的居住分布模式，洛阳市区人口主要流向了开放空间资源丰富、结构相对均衡的涧西区和洛龙区。

（四）城市开放空间系统的认识论是优化实践的理论支撑

城镇化进程中的开放空间系统优化是一个崭新的研究领域，基本概念的解析、理论基础的辨识、方法论体系的建构都是极有意义、充满挑战性的科研探索，可以指导不同城市优化的实践。城市开放空间系统的认识论是在可持续发展及生态城市建设理论的科学理念指导下，建立包括对象、范围、内容、方案等在内的基本研究框架，遵循恰当的研究路径，选择合理的空间扩展分析与评价、景观格局分析、城市设计与景观生态规划等研究方法，设计OSCE 理论模型、绿心组团模型、网络组团模型等多种有效的优化模型，依托地理信息系统（GIS）、遥感数字影像处理（RS）、空间句法（Space Syntax）等多项关键性技术的支撑，完成科学、合理、有效的优化实践。

（五）开放空间系统的优化是实现城市空间布局合理调控的前提

市区内部空间结构的调控优化要体现生态格局优于功能结构、生态模式重于城市形态的思想，应更加重视开放空间系统的生态功能发挥，以开放空间系统内部的布局结构优化作为城市空间布局结构调整的前提。研究从洛阳市区开放空间系统的格局优化着眼，选择绿心组团模型作为开放空间系统的优化模型，进而确定洛阳市区内部空间的组成方式为"绿心+环形+放射"结构。从静态布局、动态扩展和功能定位等三个方面出发，理顺市区各功能地域分区的空间关系，设计未来城市的拓展方向和形式，强化各行政分区、功能组团间的联系，实现洛阳市区空间布局结构的有序、合理调控。

（六）圈层一体化是实现开放空间系统优化的关键

圈层一体化是从不同圈层内部和圈层之间实施开放空间系统的优化调控措施，完善开放空间系统内部复杂的纵横连接网络体系，是市区开放空间系统优化的关键环节。圈层内部的一体化在于完善同一圈层内较小空间尺度上的镶嵌式空间格局，提高内里圈层、主体圈层、外围圈层等不同圈层的整体功效。洛阳市区的内里圈层优化突出开放空间、争取空间和美化环境的功能，改善绿色、灰色、蓝色等多种类型开放要素之间的镶嵌结构；主体圈层优化突出各类开放空间要素的统一设计，协调绿色、灰色、蓝色等不同性质开放空间要素的结构关系；外围圈层优化依据洛阳市区龙门山、周山、邙山、涧河、瀍河、伊河、洛河等天然屏障的山水大势，统一规划市区开放空间系统的布局轮廓，构建绿色、灰色、蓝色等各种类型开放空间要素的完整结构。圈层之间一体化在于改善不同圈层之间较大空间尺度上的圈层式空间结构，增强开放空间系统对城市生态系统乃至市区空间结构的调控功能。主体圈层与内里圈层的一体化是在现有空间布局结构的基础上，以主体圈层开放空间为根基，兼顾不同行政区的功能特点，体现两个圈层开放空间的沟通和融合；主体圈层与外围圈层的一体化是以主体圈层开放空间的布局结构为依托，把控好城市进一步生长扩展的脉络和趋势，结合城市固有的自然山水屏障，突出两个圈层开放空间的通畅和顺达，为城市的发展建设提供更广阔的环境平台和更大的生态容量支撑。

（七）要素系统优化是实现开放空间系统优化的核心

开放空间的要素系统优化，着眼于调整绿色、灰色、蓝色等不同类型要素系统内部的不同圈层、不同等级的同类型要素斑块之间的构成比例、布局方式，从最基本、最底层的开放空间组成单元的调控处理入手，针对绿地、广场、道路、河流、滨水区等每一类型的开放空间要素实施优化设计，从细枝到主干、从末节到中心，把握每一个细节，纵向调整开放空间的系统结构，提升开放空间系统功能。洛阳市区开放空间要素系统的优化从绿色、灰色、蓝色等不同类型要素的自身属性出发，依据分析、评价的结果，借助 ArcGIS 9.3、Huff 模型、空间句法等关键性技术，提出针对性、应用性、可操作性强的优化方案，并模拟不同方案的实施结果，以期达到调控城市生态系统结构和功能的最终目的。不同类型要素系统的优化是构建开放空间系统内部网络化结构的必需，是促进开放空间系统生态功能发挥的基石，是实现开放空间系统优化的核心。

（八）优化城市开放空间系统是实现城市可持续发展的有效途径

以系统论为总原则，在城市生态系统调控理论、城市发展理论、开放空间系统理论的指导下，从优化城市开放空间系统入手，通过调节开放空间要素系统的结构，强化开放空间系统的圈层一体化，可以实现城市空间结构的科学调控，达到完善城市生态系统结构、提升系统生态功能的效果，是城市实现生态建设、可持续发展的有效途径。从快速城镇化进程中洛阳市区的用地变化特征、人口规模—用地扩展关系入手，依托景观格局分析的数据结果，对 1988—2008 年洛阳市区开放空间系统进行了分析，并依据定量化的分析、评价结果，设计了洛阳市区开放空间的优化实施方案。研究表明，通过优化市区开放空间系统的结构可以适度调控城市生态系统的整体功效，进而促进城市空间结构形态和生态功能的优化，逐步达到建设生态城市、城市可持续发展的目的。

二、市域开放空间系统

（一）可持续发展层面

通过分析三亚市域人口、经济、社会、资源和环境等五方面的发展现状，在可持续发展理念的指导下构建了三亚市域可持续发展系统动力学仿真模型，结合"压力—状态—响应"（P-S-R）指标体系制定了市域可持续发展的评价体系，通过 SD 敏感性因子的调控制定了可持续发展的三种发展模式，科学、合理地落实了可持续发展的最佳发展模式和发展导引策略，从而得出改善可持续发展趋势的关键结论。

1. 综合改善型发展模式中的 SD 敏感性因子调控是改善三亚市域可持续发展的关键方法

可持续发展的调控是基于 SD 模型中敏感性因子的指数调控实现的，因此，一个合适的发展指标是决定可持续发展有效调控的关键所在。换言之，通过调控人口增长率、水资源消耗率、单位第二产业 GDP 污染物、人均耕地面积和科技教育投资率等 5 项指标，可以改善可持续发展的发展趋势。

2. 综合改善型发展模式的应用是有效改善三亚市域可持续发展趋势的根本措施

传统发展模式和单一治理型发展模式在忽视人口、经济、社会、资源和环境的相互影响的同时，忽略了人类活动、资源统筹和国土空间利用之间的协调和耦合。因此，综合改善型发展模式的应用可以加强人口、经济、社会、资源和环境等子系统之间的协同和耦合关系，以及有效改善可持续发展的趋势。

3. 综合改善型发展模式下的可持续发展是三亚市域土地景观和海绵体健康演变的科学指导

综合改善型发展模式分别从城镇化发展、农业生产、产业结构调整和资源统筹分配等方面调控了可持续发展的影响因子，从根本上解决了可持续发展水平下降的问题，从而有利于三亚市土地景观类型和海绵体分布的可持续化演变。

（二）土地景观发展方面

土地所具有的属性包括稳定性、脆弱性、生态性等，土地景观敏感度和适宜度的实质是解析土地系统的生态效应。本书研究以遥感数据解译为支撑，结合 IDRISI 系统的 CA-Markov 土地类型分布模拟，采用 ArcGIS 空间分析模块来划分土地景观的"敏感度—适宜度"分区和动态演变特征。可见三亚全域生态系统基本稳定，虽然生态系统有变坏的趋势，但由于拥有较为良好的生态本底，全域土地景观的敏感度与适宜度变化强度较弱。

1. 土地景观类型流转是导致三亚市域空间结构和功能转变的根本原因

三亚市"一城两翼"城市空间布局结构是在海南特区建设政策推动下的结果，国际旅游岛期间的建设发展强度远低于经济特区建设阶段的强度，且生态扩张效应明显。同时，经济特区建设期间的建设扩张是三亚市域土地景观敏感度和脆弱度降低的根本原因。

2. 人类活动是造成城乡建设用地和生态安全用地源地扩张的关键因素

土地景观敏感度变化区域的面积基本稳定，敏感度变化强度较小，变化区空间分布较为分散。一方面，北部丘陵及山地区域的土地景观生态系统具有较好的生态多样性和较为复杂的内部生态过程，自身对人类活动的应激反应较小、敏感度相对稳定。另一方面，具有极高和较高土地景观敏感度的南部海岸带、水域、湿地等区域的土地景观敏感度虽拥有较高的人类活动强度和土地景观敏感度，但自身生态系统的调节能力和适应能力较强，敏感度变化的强度极小，具有较强的建设活动和频繁的人类活动。

3. 合理分配土地景观布局是实现三亚市域土地系统稳定性的有效途径

土地景观适宜度强度的空间分布与三亚土地景观类型的分布有着较高契合度和关联性，城市区、城市边缘区、林地交界处及台地平原区域的土地景观适宜度降低是对海南经济特区、国际旅游岛建设的直接反映。一方面，以分散布局的林地景观拥有较高的土地景观生态适宜性，生态扩张效应微弱，生态系统稳定性较高；另一方面，城镇、农村聚居点、农业生产生活空间等平原及台地区域的土地景观生态适宜度偏低，建设源地的扩张作用增强，其生态过程随开发与建设而减弱，稳定性降低。

4. 土地景观类型转换是土地景观格局的结构、功能和过程等的作用结果

城乡空间格局的演变是全域城乡建设发展过程的体现，也是土地景观不同等级敏感度研究变化的结果。土地景观类型的空间分布对土地景观敏感度空间等级分布划分的决定性作用明显。不同等级敏感度土地景观的空间分布由连片集中分布演变为分散分布，一般和极低敏感度的土地景观分散化演变趋势尤为明显。城乡建设用地、园地（草地）和耕地以及林地边缘区等易受人类活动及其他干扰因素影响的土地景观成为敏感度变化的主要空间。

三、流域开放空间系统

万泉河流域景观格局以及生态环境质量事关生态文明试验区和海南国际

旅游岛建设成效。根据万泉河流域的四期遥感影像，通过 ENVI 5.3 自动解译，再配合人工识别的方法分别对遥感影像进行解译，将解译结果导入 FRAGSTAT 4.2 得到万泉河流域四期影像的景观格局指数，选取研究所需指标，分析总体景观格局、景观水平层面和斑块类型水平景观格局以及景观结构和功能，并提出优化策略，主要研究结果如下：

（1）从景观整体层面来看，随着城镇化进程的加快和经济社会的发展，研究区其他用地取代了部分林地，由于建设用地增长迅速，人类活动干扰日趋严重，一定程度上破坏了万泉河流域景观生态环境。自 2010 年国际旅游岛开始建设到 2019 年，相较其他用地，除林地大幅度下降 1.39%，面积减少了 5350.41 平方百米外，其他各种用地仅有小幅度上升，其中建设用地增长 0.66%，面积增加 2548.62 平方百米，增幅最大。说明我国城镇化进程的加快和海南省国际旅游岛的建设是推动万泉河流域景观结构发生变化的根本原因。

（2）从景观水平层面来看，研究区 9 年间斑块数量减少了 530 个，斑块密度减少 0.1378 个/平方百米，虽然万泉河流域景观破碎化程度低，且有越来越低的变化趋势，景观形状较复杂，整体生态环境安全性较高，但由于其建设活动频繁，流域整体景观类型呈散布格局趋势，各景观之间的连接性较差，景观异质性较强。

（3）从斑块类型水平层面来看，园地、水域和建设用地斑块类型破碎化程度相对较高，连通性较弱；林地和建设用地破碎化程度有逐年增长的趋势；耕地和林地景观类型聚集程度低，且景观异质性较强，各景观类型的景观异质性有逐年增长的趋势。因此，万泉河流域要实现整体景观格局的优化，首先要对景观内部各景观类型进行优化，着重于调整各景观类型水平层面的斑块数量、斑块构成比例、斑块聚集程度以及空间分布均匀度等，在各景观类型的垂直层面，注意调整植被的空间结构层次，注重植被上、中、下层结构的完整性，加强各景观类型内部景观生态环境的稳定性。各景观类型的优化是实现研究区域景观格局优化的核心任务。

（4）从流域的空间结构来看，各景观类型的空间分布不均，结构不够完善。其优化需通过合理的景观内部网络体系，建立自然山脉廊道和水系廊道等构建整体的景观骨架，增强景观连通性，完善研究区内部的网络体系，改善各景观要素的镶嵌结构。从个别到整体，从枝干到主干，竖向丰富空间层次，提升生态环境稳定性，调整空间结构，优化景观系统功能。景观一体化优化突出各景观类型的统一调节和设计，协调各景观类型之间的关系，把握好现有景观山水格局，构建丰富、稳定的网络体系。景观一体化网络的构建是实现研究区域景观格局优化的关键。

（5）研究区景观内部要想实现生态格局和功能结构优化，首先要控制城镇的无限扩张，可以通过国土空间规划进行"双评估"，然后划定"三区三线"，严格控制和保护在生态空间区域内具有重要生态功能的区域，不得开发和占用永久保护耕地，严格控制城镇开发边界，确保城镇空间、农业空间和生态空间保护和控制范围。因此，控制人类开发利用活动对景观格局的负面影响是实现研究区景观要素合理布局的前提。

（6）以景观生态学为总指导，在"源、汇"景观理论的指引下，针对特定的生态过程，万泉河流域的景观类型分为对生态环境保护和生物多样性有促进作用的"源"景观和对此生态过程有抑制作用的"汇"景观，对林地等"源"景观进行生态环境保护和优化现有景观结构，以增强其稳定性，对建设用地等"汇"景观进行内部环境优化等以减弱其对生态过程的抑制作用，最终达到优化研究区景观格局的目的。因此，对研究区内景观类型进行"源""汇"景观的辨别，是明确各景观类型在生态过程中从功能上对景观格局进行优化的根本途径。

参考文献

［1］［德］迪特·哈森普罗格，蔡永洁，等．走向开放的中国城市空间［M］．上海：同济大学出版社，2005.

［2］［德］格哈德·库德斯．城市结构与城市造型设计［M］．北京：中国建筑工业出版社，2007.

［3］［德］沙尔霍恩，施马沙依特．城市设计基本原理（空间·建筑·城市）［M］．上海：上海人民美术出版社，2004.

［4］［美］埃德蒙·N.培根．城市设计［M］．北京：中国建筑工业出版社，2003.

［5］［美］理查德·瑞吉斯特．生态城市——建设与自然平衡的人居环境［M］．北京：社会科学文献出版社，2002.

［6］［美］斯坦·艾伦．点+线——关于城市的图解与设计［M］．北京：中国建筑工业出版社，2007.

［7］［英］拉斐尔·奎斯塔，克里斯蒂娜·萨里斯，保拉·西格诺莱塔．城市设计方法与技术（第二版）［M］．北京：中国建筑工业出版社，2006.

［8］［英］妮古拉·加莫里，雷切尔·坦南特．城市开放空间设计［M］．张倩，译．北京：建筑工业出版社，2007.

［9］Krier R. 城市空间［M］．钟山，等译．上海：同济大学出版社，1991.

［10］赖纳·施密特，朱强，黄丽玲.21世纪城市设计和开放空间规划中的浪漫主义精神［J］．中国园林，2004（8）：24-27.

［11］Zhang T., Sorensen A. 提高城市边缘地区自然开敞空间连续性的设计方法论［J］．黄剑，译．国外城市规划，2002（4）：17-20.

［12］白德懋．城市空间环境设计［M］．北京：中国建筑工业出版社，2002.

［13］鲍文东．基于GIS的土地利用动态变化研究［D］．山东科技大学，2007.

［14］毕恺艺，牛铮，黄妮，寇培颖．道路网络对景观格局的影响分析——以"中国—中南半岛经济走廊"为例［J］．遥感信息，2019，34（2）：

129-134.

［15］蔡林. 系统动力学在可持续发展中的应用［M］. 北京：中国环境科学出版社，2008.

［16］曹宇，肖笃宁，赵羿. 近十年来中国景观生态学文献分析［J］. 应用生态学报，2001（3）：474-477.

［17］曾红春. 基于GIS的平果县土地利用适宜性评价［D］. 中国地质大学，2018.

［18］曾敏，赵运林，张曦. 城乡一体化视角下县域土地多用途适宜性评价方法研究——以嘉禾县为例［J］. 湖南科技大学学报（自然科学版），2014，29（1）：37-41.

［19］柴锡贤. 可持续发展城市规划初探——绿色城市规划与创新［J］. 城市规划汇刊，1999（5）：15-19.

［20］陈端吕，董明辉，彭保发，等. GIS支持的土地利用适宜性评价［J］. 国土与自然资源研究，2009（4）：42-44.

［21］陈利顶，傅伯杰，赵文武. "源""汇"景观理论及其生态学意义［J］. 生态学报，2006（5）：1444-1449.

［22］陈明星，沈非，查良松，金宝石. 基于空间句法的城市交通网络特征研究——以安徽省芜湖市为例［J］. 地理与地理信息科学，2005，21（2）：40-42.

［23］陈述彭，鲁学军，周成虎. 地理信息系统导论［M］. 北京：科学出版社，1999.

［24］陈仲光，徐建刚，蒋海兵. 基于空间句法的历史街区多尺度空间分析研究——以福州三坊七巷历史街区为例［J］. 城市规划，2009，33（8）：92-96.

［25］董家华，包存宽，黄鹤，舒廷飞. 土地生态适宜性分析在城市规划环境影响评价中的应用［J］. 长江流域资源与环境，2006（6）.

［26］董雷，李青丰. 干旱草原区查干淖尔湖滨植被景观格局及种间关联性分析［J］. 环境与发展，2014，26（5）：97-102.

［27］董宪军. 生态城市论［M］. 北京：中国社会科学出版社，2002.

［28］董雅文，赵荫薇. 城市现代化发展的生态防护研究［J］. 城市环境与城市生态，1996，9（1）：20-23.

［29］窦玥，戴尔阜，吴绍洪. 区域土地利用变化对生态系统脆弱性影响评估——以广州市花都区为例［J］. 地理研究，2012，31（2）：311-322.

［30］段进，比尔·希列尔．空间研究3：空间句法与城市规划［M］．南京：东南大学出版社，2006.

［31］段瑞兰，郑新奇．基于空间句法的城市道路结构与地价关系研究［J］．测绘科学，2004，29（5）：76-79.

［32］方创琳，鲍超，乔标，等．城市化过程与生态环境效应［M］．北京：科学出版社，2008.

［33］方一平，陈国阶，李伟．成都市生态城市建设的路径设计［J］．城市环境与城市生态，2001（2）：50-53.

［34］房庆方，宋劲松，马向明，许瑞生．营造开放空间，提高城市品质——广东省《城市广场规划设计指引》绪论［J］．城市规划，1998，22（6）：33-35.

［35］冯健．转型期中国城市内部空间重构［M］．北京：科学出版社，2004.

［36］傅佩霞．关于城市开放空间保护与再生的思考［J］．引进与咨询，2004（1）：13-15.

［37］高欢．基于"3S"技术的玛多县土地生态脆弱性评价［J］.南方农业，2016，10（10）：25-27，30.

［38］高峻，宋永昌．上海西南城市干道两侧地带景观动态研究［J］．应用生态学报，2001，12（4）：605-609.

［39］高原容重．城市绿地规划［M］．杨增志，等译．北京：中国建筑工业出版社，1983.

［40］顾朝林等．中国城市地理［M］．北京：商务印书馆，2004.

［41］郭旭，郭恩章，吕飞．营造高质量的城市空间休闲环境——以邯郸市休闲空间环境设计为例［J］．哈尔滨建筑大学学报，2002（1）：84-91.

［42］海热提·涂尔逊．城市生态环境规划——理论、方法与实践［M］．北京：化学工业出版社，2005.

［43］韩少卿，杨兴礼．土地生态适宜性分区及土地生态开发——以重庆市忠县为例［J］．安徽农业科学，2007（3）.

［44］韩西丽，俞孔坚．伦敦城市开放空间规划中的绿色通道网络思想［J］．新建筑，2004（5）：7-9.

［45］韩煦，赵亚乾．海绵城市建设中"海绵体"的开发［J］.地球科学与环境学报，2016，38（5）：708-714.

［46］郝凌子．城市绿地开放空间研究［D］．南京林业大学，2004.

[47] 何常清. 国土空间开发适宜性评价的若干思考 [J]. 江苏城市规划, 2019 (4): 44-45.

[48] 何东进, 洪伟, 胡海清. 景观生态学的基本理论及中国景观生态学的研究进展 [J]. 江西农业大学学报, 2003 (2): 276-282.

[49] 何永娇. 空间规划视野下的洱海流域土地利用适宜性研究 [D]. 华中师范大学, 2018.

[50] 何芷. 基于 ArcGIS 的赣州市土地脆弱性分析与评价 [J]. 测绘与空间地理信息, 2018, 41 (7): 187-191.

[51] 贺虹琳, 王小兰. 构建优质海绵体评价指标体系的思路探讨 [J]. 商, 2016 (26): 130, 153.

[52] 洪亮平, 刘奇志. 武汉市城市开放空间系统初步研究 [J]. 华中建筑, 2001 (2): 78-81.

[53] 胡巍巍, 苏伟忠, 王发曾. 城市开放空间的空间组织研究 [J]. 地域研究与开发, 2004, 23 (4): 48-51.

[54] 华昇. 基于 GIS 的长沙市景观格局定量分析与优化研究 [D]. 湖南大学, 2008.

[55] 黄光宇, 陈勇. 生态城市理论与规划设计方法 [M]. 北京: 科学出版社, 2004.

[56] 黄先明, 赵源. 基于景观格局的金口河区土地系统脆弱性分析 [J]. 安徽农业科学, 2015, 43 (9): 183-184, 205.

[57] 黄肇义, 杨东援. 国内外生态城市理论研究综述 [J]. 城市规划, 2001, 25 (1): 59-67.

[58] 江斌, 黄波, 陆锋. GIS 环境下的空间分析和地学视觉化 [M]. 北京: 科学出版社, 2002.

[59] 江海燕, 肖荣波, 梁颖严, 等. 城乡开放空间系统协同型规划方法与实践——以佛山市南海区为例 [J]. 城市规划, 2018, 42 (8): 44-50.

[60] 荆其敏, 张丽安. 生态的城市与建筑 [M]. 北京: 中国建筑工业出版社, 2005.

[61] 鞠美庭, 王勇, 孟伟庆, 何迎. 生态城市建设的理论与实践 [M]. 北京: 化学工业出版社, 2007.

[62] 康家瑞, 刘志斌, 杨荣斌. 基于 GIS 的土地生态适宜性模糊综合评价 [J]. 系统工程, 2010 (9).

[63] 柯丽娜, 庞琳, 王权明, 韩增林, 王辉. 围填海景观格局演变及存

量资源分析——以大连长兴岛附近海域为例 [J]. 生态学报, 2018, 38 (15): 5498-5508.

[64] 孔云峰, 林珲. GIS 分析、设计与项目管理 [M]. 北京: 科学出版社, 2005.

[65] 黎夏, 刘凯. GIS 与空间分析——原理与方法 [M]. 北京: 科学出版社, 2006.

[66] 李彪, 卢远, 许贵林. 南流江流域土地利用与生态脆弱性评价 [J]. 环保科技, 2016, 22 (3): 5-10.

[67] 李锋, 王如松, Juergen Paulussen. 北京市绿地空间生态概念规划研究 [J]. 城市规划汇刊, 2004 (4): 61-64.

[68] 李锋, 王如松. 城市绿色空间生态服务功能研究进展 [J]. 应用生态学报, 2004, 15 (3): 527-531.

[69] 李江, 段杰. 基于 GIS 和空间句法的城市空间形态多尺度描述 [J]. 华中师范大学学报 (自然科学版), 2004, 38 (3): 383-387.

[70] 李江, 郭庆胜. 基于句法分析的城市空间形态定量研究 [J]. 武汉大学学报 (工学版), 2003, 36 (2): 69-73.

[71] 李猛. 交互式 Huff 模型的实现 [D]. 河南大学, 2009.

[72] 李敏. 论城市绿地系统规划理论与方法的与时俱进 [J]. 中国园林, 2002 (5): 17-20.

[73] 李青圃, 张正栋, 万露文, 杨传训, 张杰, 叶晨, 陈裕婵. 基于景观生态风险评价的宁江流域景观格局优化 [J]. 地理学报, 2019, 74 (7): 1420-1437.

[74] 李仁东, 庄大方, 王宏志, 吴胜军. 洞庭湖区近 20 年土地利用/覆盖变化的时空特征 [J]. 地理科学进展, 2003 (2): 164-169, 222.

[75] 李卫锋, 王仰麟, 蒋依依. 城市地域生态调控的空间途径——以深圳市为例 [J]. 生态学报, 2003 (9): 1823-1831.

[76] 李秀珍, 布仁仓, 常禹, 等. 景观格局指标对不同景观格局的反应 [J]. 生态学报, 2004 (1): 123-134.

[77] 李秀珍, 肖笃宁. 城市的景观生态学探讨 [J]. 城市环境与城市生态, 1995, 8 (2): 26-30.

[78] 李云, 杨晓春. 对公共开放空间量化评价体系的实证探索 [J]. 现代城市研究, 2007 (2): 15-22.

[79] 李云辉. 南方丘陵区土地开发建设适宜性研究——以长汀县为例

[J]. 黑河学院学报，2018，9（7）：70-71.

[80] 李贞，王丽荣，管东生. 广州城市绿地系统景观异质性分析 [J]. 应用生态学报，2000，11（1）：127-130.

[81] 李铮生. 城市园林绿地规划与设计 [M]. 北京：中国建筑工业出版社，2006.

[82] 连芳，张峰，王静爱. 滨海盐碱区盐渍化威胁下的土地利用脆弱性评价——以河北省黄骅市为例 [J]. 灾害学，2015，30（4）：209-215.

[83] 梁雪，肖连望. 城市空间设计 [M]. 天津：天津大学出版社，2000.

[84] 刘承良，余瑞林，熊剑平，曾菊新. 武汉都市圈路网空间通达性分析 [J]. 地理学报，2009，64（12）：1488-1498.

[85] 刘德莹，戴世智，张宏伟. 大庆市东城区开放空间体系构建 [J]. 低温建筑技术，2001（2）：22-23.

[86] 刘贵利. 城市生态规划理论与方法研究 [M]. 南京：东南大学出版社，2002.

[87] 刘晶，胡文婷. 海绵城市，从源头控制走向综合管理　既要做好雨水花园等分散的"小海绵体"，也要建构山水林田湖等"大海绵体" [Z]. CNKI，2016，183（Z7）：74-77.

[88] 刘静玉，王发曾. 基于空间信息技术的城市开放空间信息系统设计 [J]. 地域研究与开发，2005，24（5）：114-119.

[89] 龙卿富. 浅析城市开敞空间 [J]. 湖南教育学院学报，2001，19（6）：35-37.

[90] 卢济威，郑正. 城市设计及其发展 [J]. 建筑学报，1997（4）：4-8.

[91] 陆敏玉. 实现"建筑、城市、园林绿地的再统一——厦门自然开放空间系统的研究"[J]. 建筑学报，2000（4）：57-60.

[92] 路林. 北京旧城城市公共开放空间的保护与发展 [J]. 北京规划建设，2002（4）：19-24.

[93] 洛阳市地方史志编纂委员会. 洛阳市志（第3卷）[M]. 郑州：中州古籍出版社，2000.

[94] 骆天庆，王敏，戴代新. 现代生态规划设计的基本理论与方法 [M]. 北京：中国建筑工业出版社，2008.

[95] 吕一河，陈利顶，傅伯杰. 景观格局与生态过程的耦合途径分析 [J]. 地理科学进展，2007（3）：1-10.

［96］马武定．走向集约化的城市规划与建设（三）［J］．城市规划，1997（30）：51-53．

［97］满红，孙王琦．城市开放空间人性化设计——看沈阳城市建设［J］．设计研究，2004（3）：46-48．

［98］戚颖璞．上海：夯实"海绵体"打造韧性生态之城［J］．中华建设，2017，150（11）：26-28．

［99］秦尚林．开放空间的模型理论研究［J］．武汉工业大学学报，2000（3）：42-44．

［100］任晋锋．美国城市公园与开放空间发展［J］．国外城市规划，2003，18（3）：43-46．

［101］任志远，张晗．银川盆地土地利用变化对景观格局脆弱性的影响［J］．应用生态学报，2016，27（1）：243-249．

［102］荣绍辉．基于 SD 仿真模型的区域水资源承载力研究［D］．华中科技大学，2009．

［103］沈德熙，熊国平．关于城市绿色开敞空间［J］．城市规划汇刊，1996（6）：7-11．

［104］宋明晓．基于 3S 技术的辽河流域（吉林省段）景观格局演变及关键性生态空间辨识研究［D］．吉林大学，2017．

［105］苏伟忠，王发曾，杨宝忠．城市开放空间的空间结构和功能分析［J］．地域研究与开发，2004，23（5）：24-27．

［106］苏伟忠，杨宝英．基于景观生态学的城市空间结构研究［M］．北京：科学出版社，2007．

［107］苏伟忠．城市开放空间的理论分析与空间组织研究［D］．河南大学，2002．

［108］孙斌，王晓晨．天津城市建成区"海绵体"更新初探［J］．住宅产业，2015，182（12）：36-38．

［109］孙鸿超，张正祥．吉林省松花江流域景观格局脆弱性变化及其驱动力［J］．干旱区研究，2019，36（4）：1005-1014．

［110］孙天成，刘婷婷，褚琳，等．三峡库区典型流域"源""汇"景观格局时空变化对侵蚀产沙的影响［J］．生态学报，2019，39（20）：7476-7492．

［111］孙万龙，孙志高，卢晓宁，王苗苗，王伟．黄河口岸线变迁对潮滩盐沼景观格局变化的影响［J］．生态学报，2016，36（2）：480-488．

［112］谭纵波．城市规划［M］．北京：清华大学出版社，2005．

［113］汤国安，杨昕. ArcGIS 地理信息系统空间分析教程［M］. 北京：科学出版社，2006.

［114］汤鹏，王浩. 基于 MCR 模型的现代城市绿地海绵体适宜性分析［J］. 南京林业大学学报（自然科学版），2019，43（3）：116-122.

［115］汤思遥. 基于 RS 与 GIS 技术的景观格局分析及生态适宜性评价——以黄石市阳新县为例［J］. 价值工程，2019，38（12）：139-141.

［116］唐勇. 城市开放空间规划与设计［J］. 规划师，2002（10）：21-27.

［117］王超，王沛芳. 城市水生态系统建设与管理［M］. 北京：科学出版社，2004.

［118］王朝晖. 关于可持续城市形态的探讨［J］. 国外城市规划，2001（2）：41-45.

［119］王翠萍，刘宝军，孙景梅，韩小红，申建军. 基于 GIS 的临泽县土地生态适宜性评价［J］. 林业资源管理，2011（2）：78-82.

［120］王发曾. 论我国城市开放空间系统的优化［J］. 人文地理，2005（2）：1-8，113.

［121］王发曾. 城市生态系统基本理论问题辨析［J］. 城市规划汇刊，1997（1）：15-20.

［122］王发曾. 开封市生态城市建设中的开放空间系统优化［J］. 地理研究，2004（3）：281-290.

［123］王发曾. 论我国城市开放空间系统的优化［J］. 人文地理，2005（1）：1-9.

［124］王发曾. 洛阳市双重空间尺度的生态城市建设［J］. 人文地理，2008，23（3）：49-53.

［125］王发曾. 我国生态城市建设的时代意义、科学理念和准则［J］. 地理科学进展，2006，25（2）：25-31.

［126］王芳，谢小平，陈芝聪. 太湖流域景观空间格局动态演变［J］. 应用生态学报，2017（11）：3720-3730.

［127］王洪涛. 德国城市开放空间规划的规划思想和规划程序［J］. 国外规划研究，2003（1）：64-71.

［128］王慧颖. 基于适应性的城市滨水敏感区开发与控制研究［D］. 东北林业大学，2014.

［129］王建国. 城市设计［M］. 南京：东南大学出版社，2004.

[130] 王静文，毛其智，党安荣. 北京城市的演变模型——基于句法的城市空间与功能式演进的探讨 [J]. 城市规划学刊，2008（175）：82-88.

[131] 王柯，夏键，杨新海. 城市广场设计 [M]. 南京：东南大学出版社，1999.

[132] 王昆. 基于适宜性评价的生产—生活—生态（三生）空间划定研究 [D]. 浙江大学，2018.

[133] 王如松，胡聃，王祥荣，唐礼俊. 城市生态服务 [M]. 北京：气象出版社，2004.

[134] 王如松. 系统化、自然化、经济化、人性化——城市人居环境规划方法生态转型 [J]. 城市环境与城市生态，2001，14（3）：1-5.

[135] 王胜男，蹇凯，李琴. 海南岛万泉河流域开放空间系统的调控研究 [J]. 许昌学院学报，2019，38（5）：23-30.

[136] 王胜男，王发曾. 我国开放空间的生态设计 [J]. 生态经济，2006，173（9）：120-123.

[137] 王胜男，吴晓淇，蹇凯，等. 基于风景健康的海南省自贸区人居环境空间研究 [J]. 中国园林，2019，35（9）：21-25.

[138] 王胜男，闫卫阳. 基于 Voronoi 图的洛阳城市绿地系统分析与设计 [J]. 河南大学学报，2009，39（1）：42-46.

[139] 王胜男. 洛阳老城区城市开放空间系统的优化设计 [A] // 地理学与生态文明建设——中国地理学会 2008 年学术年会论文摘要集 [C]. 中国地理学会，中国科学院东北地理与农业生态研究所，东北师范大学，中国科学院地理科学与资源研究所，中国地理学会，2008.

[140] 王祥荣. 论生态城市建设的理论、途径与措施——以上海为例 [J]. 复旦学报（自然科学版），2001（4）：349-354.

[141] 王祥荣. 生态建设论——中外城市生态建设比较分析 [M]. 南京：东南大学出版社，2004.

[142] 王晓俊，王建国. 关于城市开放空间优先的思考 [J]. 中国园林，2007（3）：53-56.

[143] 王欣，沈建军. 建设有活力的绿色空间网络——浅谈 21 世纪城市绿地系统 [J]. 浙江林业科技，2001（5）：53-55.

[144] 王远飞，张超. GIS 和引力多边形方法在公共设施服务域研究中的应用——以上海浦东新区综合医院为例 [J]. 经济地理，2005，25（6）：800-809.

[145] 王云才. 景观生态规划原理 [M]. 北京：中国建筑工业出版

社，2007.

[146] 王云才. 论都市郊区游憩景观规划与景观生态保护 [J]. 地理研究，2003（3）：324-334.

[147] 王兆峰，胡郑波. 消费环境与零售企业扩张研究——基于 Huff 模型的商圈分析 [J]. 消费经济，2008，24（1）：47-50.

[148] 韦薇. 县域城乡一体化与景观格局演变相关性研究 [D]. 南京林业大学，2011.

[149] 魏明欢，胡波洋，杨鸿雁，等. 山区县域土地利用变化对生态脆弱性的影响——以青龙满族自治县为例 [J]. 水土保持研究，2018，25（6）：322-328.

[150] 温兆飞，张树清，白静，丁长虹，张策. 农田景观空间异质性分析及遥感监测最优尺度选择——以三江平原为例 [J]. 地理学报，2012，67（3）：346-356.

[151] 邬建国. 景观生态学——格局、过程、尺度与等级 [M]. 北京：高等教育出版社，2001.

[152] 邬伦，刘瑜. 地理信息系统原理、方法与应用 [M]. 北京：科学出版社，2001.

[153] 吴良镛. 人居环境科学导论 [M]. 北京：中国建筑工业出版社，2001.

[154] 吴伟，杨继梅.1980 年代以来国外开放空间价值评估综述 [J]. 城市规划，2007，31（6）：45-51.

[155] 吴育松. 城市开放空间设计和建设中的一些问题 [J]. 当代建设，2003（6）：90-91.

[156] 肖笃宁，高峻，石铁矛. 景观生态学在城市规划与管理中的应用 [J]. 地球科学进展，2001（6）：813-819.

[157] 解伏菊，胡远满，李秀珍. 基于景观生态学的城市开放空间格局优化 [J]. 重庆建筑大学学报，2006，28（6）：5-9.

[158] 肖笃宁，李秀珍，高峻，等. 景观生态学 [M]. 北京：科学出版社，2003.

[159] 肖笃宁，李秀珍. 当代景观生态学进展与展望 [J]. 地理科学，1997（4）：355-364.

[160] 肖笃宁. 国际景观生态学研究的最新进展——第五届景观生态世界大会介绍 [J]. 生态学杂志，1999（6）：75-76.

［161］肖笃宁．景观生态学理论、方法及应用［M］．北京：中国林业出版社，1991.

［162］许学强．城市地理学［M］．北京：高等教育出版社，2006.

［163］严惠明．土地资源建设开发适宜性评价方法对比研究——以福建省为例［J］．南方国土资源，2019（5）：41-44，49.

［164］杨锦瑶，黄璐，严力蛟，霍思高．城市化下的民族乡镇景观格局变化——以内蒙古莫力达瓦达斡尔族自治旗阿尔拉镇为例［J］．应用生态学报，2016，27（8）：2598-2604.

［165］杨滔．从空间句法角度看可持续发展的城市形态［J］．北京规划建设，2008b（4）：93-100.

［166］杨滔．分形的城市空间［J］．城市规划，2008a，32（6）：61-64.

［167］杨学成，林云，邱巧玲．城市开敞空间规划基本生态原理的应用实践——江门市城市绿地系统规划研究［J］．中国园林，2003（3）：69-72.

［168］杨志峰，徐琳瑜．城市生态规划学［M］．北京：北京师范大学出版社，2008.

［169］易奇，赵筱青，陈玉姝．生态城市建设中的绿地系统问题研究——以昆明市为例［J］．经济地理，2001（3）：310-314.

［170］尹海波．城市开敞空间——格局·可达性·宜人性［M］．南京：东南大学出版社，2008.

［171］余建民，周静增，柯鹤新，等．杭州"海绵体"城市建设开发模式探寻［J］．浙江建筑，2015，32（10）：51-53.

［172］余建英，何旭宏．数据统计分析与 SPSS 应用［M］．北京：人民邮电出版社，2003.

［173］余琪．现代城市开放空间系统的建构［J］．城市规划汇刊，1998（6）：49-56.

［174］余新晓，牛健植，等．景观生态学［M］．北京：高等教育出版社，2006.

［175］余亦奇，胡民锋，郑玥，王立舟．基于 MCR 模型的土地利用适宜性评价创新研究［A］．//共享与品质——2018 中国城市规划年会论文集（05 城市规划新技术应用）［C］．中国城市规划学会，2018.

［176］俞孔坚，段铁武，李迪华等．景观可达性作为衡量城市绿地系统功能指标的评价方法与案例［J］．城市规划，1999，23（8）：8-11.

［177］俞孔坚．景观：文化、生态与感知［M］．北京：科学出版

社，1998.

[178] 禹莎．基于景观格局优化的城市生态带功能布局研究［D］．复旦大学，2009.

[179] 岳晨，崔亚莉，饶戎，等．基于生态规划的长春市土地生态适宜性评价［J］．水土保持研究，2016，115（2）：324-328，365.

[180] 翟慧敏，谢文全，杨先武，等．基于生态海绵体评价的海绵城市规划研究——以信阳市为例［J］．信阳师范学院学报（自然科学版），2018，31（3）：443-448.

[181] 张恩金，谢倩丽．预留"海绵体"的功能与效益——城市边缘废弃地景观再生研究［J］．美与时代（城市版），2016，647（3）：71-72.

[182] 张虹鸥，岑倩华．国外城市开放空间的研究进展［J］．城市规划学刊，2007，171（5）：78-84.

[183] 张晋石．费城开放空间系统的形成与发展［J］．风景园林，2014，110（3）：116-119.

[184] 张京祥，李志刚．开敞空间的社会文化含义：欧洲城市的演变与新要求［J］．国外城市规划，2004，19（1）：24-28.

[185] 张菁，侯康，李旭祥，等．基于 GIS 和 RS 的延安地区土地利用及生态脆弱性评价［J］．测绘与空间地理信息，2015，38（6）：26-31.

[186] 张磊，武友德，李君，李灿松．中缅泰老"黄金四角"地区缅甸段土地利用与景观格局变化分析［J］．世界地理研究，2018，27（4）：21-33，117.

[187] 张龙，宋戈，孟飞，等．宁安市土地生态脆弱性时空变化分析［J］．水土保持研究，2014，21（2）：133-137，143.

[188] 张乔松．城市绿地海绵体的营造与管理［J］．园林，2016，295（11）：54-57.

[189] 张帅，董会忠，曾文霞．土地生态系统脆弱性时空演化特征及影响因素——以黄河三角洲高效生态经济区为例［J］．中国环境科学，2019，39（4）：1696-1704.

[190] 张文军．生态学研究方法［M］．广州：中山大学出版社，2007.

[191] 张欣，孙贤斌，赵立辉，等．基于 GIS 的霍邱县土地适宜性评价与利用对策研究［J］．皖西学院学报，2019，35（2）：19-24.

[192] 张奕凡．烟台市国土空间开发适宜性分区研究［D］．鲁东大学，2018.

［193］张永民．土地利用/覆被变化模型研究面临的几个问题［J］．干旱区资源与环境，2009，23（10）：53-58．

［194］张宇星．城镇生态空间理论初探［J］．城市规划，1995（2）：17-19.

［195］赵宏宇，解文龙，赵建军，等．生态城市规划方法启示下的海绵城市规划工具建立——基于敏感性和适宜度分析的海绵型场地选址模型［J］．上海城市规划，2018（3）：17-24.

［196］赵珂，吴克宁，朱嘉伟，吕巧灵，张雷．土地生态适宜性评价在土地利用规划环境影响评价中的应用——以安阳市为例［J］．中国农学通报，2007（6）：586-589.

［197］赵青，胡玉敏，陈玲，陈志斌．景观生态学原理与生物多样性保护［J］．金华职业技术学院学报，2004（2）：39-44.

［198］赵源，黄成敏，温军会．土地系统脆弱性研究进展和展望［J］．中国农业资源与区划，2013，34（5）：121-127.

［199］郑妙丰．泉州古城点状开敞空间的认知与评价［J］．华中建筑，2001，17（3）：119-121.

［200］郑曦，李雄．城市开放空间的解析与建构［J］．北京林业大学学报，2004（2）：13-18.

［201］中国科学技术协会，中国城市科学研究会．城市科学学科发展报告（2007—2008）［M］．北京：中国科学技术出版社，2008.

［202］周晓娟．西方国家城市更新与开放空间设计［J］．现代城市研究，2001（1）：62-64.

［203］周岩，张艳红，翟羽娟．基于土地利用变化的辉南县生态脆弱性时空变化分析［J］．国土与自然资源研究，2013（6）：29-32.

［204］朱冬冬，陈更，沈慧雯．灾后街区重构中的空间句法的应用——以四川富新镇街区设计为例［J］．现代城市研究，2009，24（11）：53-59.

［205］宗跃光．城市景观规划中的廊道效应研究［J］．生态学报，1999（2）：145-150.

［206］宗跃光．廊道效应与城市景观结构［J］．城市环境与城市生态，1996，9（3）：21-25.

［207］Zube E. Greenways and the US National Park System［J］. Landscape and Urban Planning, 1995（33）：17-25.

［208］Abdullah S. A., Nakagoshi N. Changes in landscape spatial pattern in the highly developing stage of Selangor, peninsular Malaysia［J］. Landscape and

Urban Planning, 2006, 77 (3): 263-275.

[209] Ahern J. Greenways as a ecological networks in rural areas [J]. Land Planning and Ecological Networks, 1994 (1): 159-177.

[210] Ahern J. Planning and design for and extensive open space system: Linking landscape structure to funtion [J]. Landscape and Urban Planning, 1991 (21): 131-145.

[211] Amnon F. The potential effect of national growth-management policy on urban sprawl and the depletion of open spaces and farmland [J]. Land Use Policy, 2004 (21): 357-369.

[212] Austin M. Resident perspectives of the open space conservation subdivision in Hamburg Township, Michigan [J]. Landscape and Urban Planning, 2004 (69): 245-253.

[213] Bafna S. A brief introduction to its logic and analytical techniques [J]. Environment and Behavior, 2003, 35 (1): 17-29.

[214] Ben B., Netusil R. the Impact of open spaces on property values in portland, oregon [J]. Journal of Environmental Management, 2000 (59): 185-193.

[215] Bengston D., Fletcher J., Nelson K. Public policies for managing urban growth and protecting open space: Policy instruments and lessons learned in the United States [J]. Landscape and Urban Planning, 2004 (69): 271-286.

[216] Benson D., et al. Pricing residential amenities: The value of a view [J]. Journal of Real Estate Finance and Economics, 1998, 16 (1): 55-73.

[217] Bille C., Melissa B., Matthew K., et al. Increasing walking: How important is distance to, attracitveness, and size of public open space? [J]. American Hournal of Preventive Medicin, 2005e, 28 (2S2): 169-172.

[218] Bochard K., Leitbild S. Deutsche bauzeitschrift [J]. 1989 (10): 1326-1327.

[219] Bond G., Burnside N. G., Metcalfe D. J., et al. The effects of landuse and landscape structure on barn owl (Tyto alba) breeding success in southern england, U. K [J]. Landscape Ecology, 2005, 20 (5): 555-566.

[220] Bowman T., Thompson J., Colletti J. Valuation of open space and conservation features in residential subdivisions [J]. Journal of Environmental Management, 2007 (4): 1-10.

[221] Breffle S., Morey R., Lodder S. Using contigent Valuation to estimate

a neighborhood's willingness to pay preserve undevelopment urban land ［J］. Urban Studies, 1998, 35 (4): 715-727.

［222］ Breuste J. Decision making, planning and design for the conservation of indigenous vegetation within urban development ［J］. Landscape and Urban Planning, 2004 (68): 439-452.

［223］ Broussard S. , Camille Washington-Ottombre, Miller B. Attitudes toward policies to protect open space: A comparative study of government planning officials and the general public ［J］. Landscape and Urban Planning, 2008 (86): 14-24.

［224］ Brueckner K. , Thisse F. , Zenou Y. Why is central Paris rich and downtown Detroit poor? -An amenity-based theory ［J］. European Economy, 1999, 43 (1): 91-107.

［225］ Burley J. International greenways: A Red River valley case study ［J］. Landscape and Urban Planning, 1995 (33): 195-210.

［226］ Chakrabarty K. Optimal design of multifamily dwelling development systems ［J］. Building and Environmenr, 1996, 31 (1): 67-74.

［227］ Chiras D. , Wann D. Superbia: 31 ways to create sustainable neighborhoods ［M］. Gabriola Island: New Society Pbulisher, 2007.

［228］ Choy D. , Prineas T. Parks for people: Meeting the outdoor recreation demands of growing regional population ［J］. Annals of Leisure Research, 2007 (4): 86-109.

［229］ Church R. L. Geographical information systems and location science ［J］. Computers and Operations Research , 2002 (29): 541-562.

［230］ Clark M. J. GIS: Democracy or delustion? ［J］. Environment and Planning, 1996, 30 (2): 303-316.

［231］ Croissant C. Landscape patterns and parcel boundaries: An analysis of composition and configuration of land use and land cover in south-central Indiana ［J］. Agriculture Ecosystems & Environment, 2004, 101 (2): 219-232.

［232］ DTLR. Green spaces, Better Places. Report of the urban green spaces taskforce ［Z］. 2002.

［233］ Elena G. , Nancy E. Land Use Externalities, open space preservation and urban sprawl ［J］. Regional Science and Urban Economics, 2004 (34): 705-725.

［234］ Eppli M. How critical is a good location to a regional shopping center? ［J］. The Journal of Real Estate Research, 1996, 12 (3): 334-349.

［235］ Erickson D. The relationship of historic city form and contemporary greenway implementation: A comparison of Milwaukee, Wisconsin (USA) and Ottawa, Ontario (Canada) ［J］. Landscape and Urban Planning, 2004 (68): 199-221.

［236］ Forman R. Some general principles of landscape and regional ecology ［J］. Landscape Ecology, 1995a, 10 (3): 133-142.

［237］ Forman R. T. T. , Godron M. Landscape ecology ［M］. New York: Wiiley, 1986.

［238］ Fortheringham S. A new set of spatial interaction models: The theory of competing destinations ［J］. Environment and Planning, 1983 (15): 15-36.

［239］ Frank L. , Kaplowitz M. , Hoehn J. The economic equivalency of drained and restored wetlands in michigan ［J］. American Journal of Agricultural Economics, 2002 (84): 5-1355.

［240］ Freeman C. Development of a simple method for site survey and assessment in urban areas ［J］. Landscape and Urban Planning, 1999 (44): 1-11.

［241］ Freestone R. , Nichols D. Realising new leisure opportunities for old urban parks: The internal reserve in Australia ［J］. Landscape and Urban Planning, 2004 (68): 109-120.

［242］ Gao Hongkai, Sabo John-L. , Chen Xiaohong. Landscape heterogeneity and hydrological processes-a review of landscape-based hydrological models ［J］. Landscape Ecology, 2018, 33 (9): 1461-1480.

［243］ Gautam A. P. , Webb E. L. , Shivakoti G. P. , et al. Land use dynamics and landscape change pattern in a mountain watershed in Nepal ［J］. Agriculture Ecosystems & Environment, 2003, 99 (1): 83-96.

［244］ Geoffery S. , Mark D. , Coakes S. Lot size, garden satifaction and local park and wetland visitation ［J］. Landscape and Urban Planning, 2001 (56): 161-170.

［245］ Geoghegan J. The value of open spaces in residential land use ［J］. Land Use Policy, 2002 (19): 91-98.

［246］ Gobster P. Visions of nature: Conflict and compatibility in urban park restoration ［J］. Landscape and Urban Planning, 2001 (56): 35-51.

［247］ Gomez A. Jr, Edgardo J. Waterfront design without policy? The actual uses of Manila' s Baywalk ［J］. Cities, 2008 (3): 34-39.

［248］ Goodchild M. , Janelle D. Spatially integrated social science ［M］.

Oxford: Oxford University Press, 2004.

［249］Gret L. , Gerrit K. Willingness to pay for urban greenway projects ［J］. Journal of the American Planning Association, 1999 (65): 3-297.

［250］Haaren C. , Reich M. The german way to greenways and habitat networks ［J］. Landscape and Urban Planning, 2006 (76): 7-22.

［251］Herzele V. , Wiedemann T. A monitoring tool for the provision of accessible and attractive urban green spaces ［J］. Landscape Urban Plan, 2003 (63): 109-126.

［252］Hildebrand F. Designing the city: Towards a more sustainable urban form ［M］. London: Routledge, 1999.

［253］Hillier B. , Hanson J. The social logic of space ［M］. Cambridge: Cambridge University Press, 1984.

［254］Hillier B. Space is the machine (3rd ed.) ［M］. London: Cambridge University Press, 1996.

［255］Huang S. J. Estimating drug locations in Cincinnati using the Huff model ［D］. Cincinnati: University of Cincinnati, 2004.

［256］Huff D. Parameter estimation in the Huff model ［J］. ArcUser, 2003 (4): 34-36.

［257］Huff J. O. Distance decay models of residential search ［M］. New York: Reidel, 1984.

［258］Ian B. , Mitchell J. Balancing user exceptions and open space management resources in canberras's "Garden City" ［J］. Parks and Leisures, 2001 (9): 34-37.

［259］Jim Y. , Chen S. Comprehensive greenspace planning based on landscape ecology principles in compact Nanjing city, China ［J］. Landscape and Urban Planning, 2003 (65): 95-116.

［260］Jianjun Lv, Teng Ma, Zhiwen Dong, et al. Temporal and Spatial Analyses of the Landscape Pattern of Wuhan City Based on Remote Sensing Images ［J］. 2018, 7 (9) .

［261］Kanevan R. , Gersonderolf F. , Lutzjames A. , et al. Patch dynamics and the development ofstructural and spatial heterogeneity in Pacific Northwest forests ［J］. Canadian Journal of Forest Research, 2011, 41 (12): 2276-2281.

［262］Kaplowitza M. , Machemer P. , Pruetz R. Planners' experiences in managing growth using transferable development rights (TDR) in the United States [J]. Land Use Polic, 2008 (25): 378-387.

[263] Karen S., Jared H., Hodgson J. Spatial accessibility and equity of playgrounds in Edmonton, Canada [J]. The Canadian Geographer, 2004 (48): 3-287.

[264] Kaul S. A conceptual note on influencing store loyalty: Implications for Indian Retailers [M]. IIMA: Research and Publications, 2006.

[265] Koomen E., Dekkers J., Dijk T. Open – space preservation in the Netherlands: Planning, practice and prospects [J]. Land Use Policy, 2008 (25): 361-377.

[266] Lee C., Linneman P. Dynamics of the greetbelt amenity effect on the land market: The case of seoul' s greenbelt [J]. Real Eastate Economics, 1998 (26): 1-107.

[267] Lee M., Fujita M. Efficient configuration of a greenbelt: Theoretical modeling of greenbelt amenity Envionment [J]. Plan, 1997 (29): 11-1999.

[268] Levin N., Lahav H., Ramon U., Ayelet Heller, Guy Nizry, Asaf Tsoar, Yoav Sagi. Landscape continuity analysis: A new approach to conservation planning in Israel [J]. Landscape and Urban Planning, 2007 (79): 53-64.

[269] Levinson M. Accessibility and the journey to work [J]. Journal of Transport Geography, 1998 (6): 1-11.

[270] Li F., Wang R. S., Paulussena J. et al. Comprehensive concept planning of urban greening based on ecological principles: A case study in Beijing, China [J]. Landscape and Urban Planning, 2004 (48): 105-118.

[271] Lindsey G. Use of urban greenways: Insights from Indianapolis [J]. Landscape and Urban Planning, 1999 (45): 145-157.

[272] Linehan J., Grossa M., Finnb J. Greenway planning: Developing a landscape ecological network approach [J]. Landscape and Urban Planning, 1995, (33): 179-193.

[273] Longley P., Batty M. The CASA book of GIS: Advanced spatial analysis [M]. Redlands: ESRI Press, 2003.

[274] Lupi F., Kaplowitz M., Hoehn J. The economic equivalency of drained and restored wetlands in michigan [J]. American Journal of Agricultural Economics, 2002, 84 (5): 1355-1361.

[275] Lupi F., Kaplowitz M., Hoehn J. The economic equivalency of

drained and restored wetlands in michigan [J]. American Journal of Agricultural E-conomics, 2002, 84 (5): 1355-1361.

[276] Luttik J. The value of trees, water and open space as reflected by house prices in the Netherlands [J]. Landscape and Urban Planning, 2000 (48): 161-167.

[277] Lutzenhiser M., Netusil R. The effect of open spaces on a home's sale price [J]. Contemporary Economic Policy, 2001 (19): 285-291.

[278] Macdonald K. A. Ecology's last frontier: Studying urban areas to monitor the impact of human activity [J]. Chron: Higher Educ, 1998.

[279] Mahan L., Polasky S., Adams R. M. Valuing urban wetlands: A prop-erty price approach [J]. Land Econ, 2000 (76): 1-100.

[280] Manfred K. Greenbelt and Green Heart: Separating and integrating landscapes in European city regions [J]. Landscape and Urban Planning, 2003 (64): 19-27.

[281] Marjan H., Andre T. Beyond fragmentation: New concepts for urban-rural development [J]. Landscape and Urban Planning, 2002 (58): 297-308.

[282] Maruani T., Irit Amit-Cohen. Open space planning models: A review of approaches and methods [J]. Landscape and Urban Planning, 2007 (81): 1-13.

[283] Maurer U., Peschel T., Schmits. The flora of: Elected urban land-use types in Berlin and Potsdam with regard to nature conservation in cities [J]. Landscape and Urban Planning, 2000, 46 (4): 209-215.

[284] Michael T., Huang C. S., Rodiek J. Open space planning for travis country, austin, texas: A collaborative design [J]. Landscape and Urban Plan-ning, 1998 (42): 259-268.

[285] Miller H. J. Geographic representation in spatial analysis [J]. Journal of Geographical Systems, 2000 (2): 55-60.

[286] Misgav A., Perl N., Yoram Avnimelech. Selecting a compatible open space use for a closed landfill site [J]. Landscape and Urban Planning, 2001 (55): 95-111.

[287] Mitchell A. The Esri guide to GIS analysis volume1: Geographic Patterns & Relationships [M]. Redlands: Esri Press, 1999.

[288] Mooney S., Eisgruber M. The influence of riparian protection measures on residential property values: The cse of oregon plan for salmon and watersheds [J]. Journal of Real Estate Finance and Economics, 2001, 22 (2): 273-286.

[289] Moorhouse J. , Smith M. The market for residential architecture: 19th century row houses in boston's south end [J]. Journal of Urban Economics, 1995, 35 (3): 267-277.

[290] Morancho B. A hedonic valuation of urban green areas [J]. Landscape and Urban Planning, 2003 (66): 35-41.

[291] Mueser R. , Graves E. Examining the role of conomic opportunity and amenities in explaining population redistribution [J]. Journal of Urban Economy, 1995, 37 (2): 176-200.

[292] Nakanishi M. , Cooper L. G. Parameter estimate for multiplicative inter-active choice model: Least squares approach [J]. Journal of Marketing Research, 1974 (11): 303-311.

[293] Naveh Z. , Lieberman A. Landscape ecology: Theory and application [M]. Yew York: Springer-Verlag, 1993.

[294] Netusil N. The effect of environmental zoning and amenities on prooerty values: Portland, Oregon [J]. Land Economics, 2005, 81 (2): 227-246.

[295] Nicholls S. , Crompton J. Impacts of regional parks on property values in Texas [J]. Journal of Park and Recreation Administration Summer, 2005a, 23 (2): 87-108.

[296] Ortuzar S. Letter from China [J]. Australian Planner, 1997, 34 (4): 195-199.

[297] Paterson R. , Boyle K. Out of sight, out of mind? Using GIS to incor-porate visibility in hedonic property value model [J]. Land Economics, 2002 (78): 417-425.

[298] Peeters D. , Thomas I. Distance predicting functions and applied location-allocation models [J]. Geographical Systems, 2000 (2): 167-184.

[299] Peter L. , Popkowski L. The effect of multi-purpose shopping on pricing and location strategy for grocery stores [J]. Journal of Retailing, 2004 (80): 85-99.

[300] Pieter S. Infrastructure networks and red-green patterns in city regions [J]. Landscape and Urban Planning, 2000 (48): 191-204.

[301] Qian Jing, Xiang Wei-Ning, Liu Yanfang. Incorporating landscape di-versity into greenway alignment planning [J]. Urban Forestry & Urban Greening, 2018 (35): 45-56.

[302] Randall A. Linked landscapes creating greenway corridors through conservation subdivision design strategies in the northeastern and central United States [J]. Landscape and Urban Planning, 2004 (68): 241-269.

[303] Rao K. S. , Pant R. Land use dynamics and landscape change pattern in a typical micro watershed in the mid elevation zone of central Himalaya, India [J]. Agriculture Ecosystems & Environment, 2001, 86 (2): 113-124.

[304] Rastandeh Amin, Zari Maibritt-Pedersen, Brown Daniel-K. Components of landscape pattern and urban biodiversity in an era of climate change [J]. Urban Ecosystems, 2018, 21 (5): 903-920.

[305] Register R. Rebuilding cities in balance with nature [M]. Gabriola Island: New Society Publisher, 2006.

[306] Revelle. Metropolitan open-Space protection with uncertain site availability [J]. Conservation Biology, 2005, 19 (2): 327-337.

[307] Ritsema J. R. , Jong T. Accessibility analysis and spatial competition effects in the context of GIS-supported service location planning [J]. Computer Environment and Urban Systems, 1999 (23): 75-89.

[308] Ryan R. , Juliet T. , Walker H. Protecting and managing private farmland and public greenways in the urban fringe [J]. Landscape and Urban Planning, 2004 (68): 183-198.

[309] Sbirwani H. The urban design process [M]. New York: Van Nostrancl Rein Hold Comany, 1985.

[310] Searle G. The limits to urban consolidation [J]. Australian Planner, 2004, 41 (1): 42-48.

[311] Shultz, Steven D. , David A. The use of census data for hedonic price estimates of open-space amenities and land use [J]. Journal of Real Estate Finance and Economics, 2001, 22 (2/3): 239-252.

[312] Sian M. , Eisgruber L. The Influence of riparian protection measures on residential property values: The case of the oregon plan for salmon and watersheds [J]. Journal of Real Estate Finance and Economics, 2001, 22 (2/3): 273-286.

[313] Sousa C. Turning brownfields into green space in the City of Toronto [J]. Landscape and Urban Planning, 2003 (62): 181-198.

[314] Spalatro F. , Provencher B. An analysisof minimum frontage zoning to preserve lakefront amenities [J]. Land Economics, 2001, 77 (4): 469-481.

［315］Talen E. , Anselin L. Assessing spatial equity: An evaluation of measures of accessibility to public playgrounds ［J］. Environment and Planning, 1998 (30): 595-613.

［316］Talen E. Measuring the public realm: A preliminary assessment of the link between public space and sense of community ［J］. Journal of Architectrual and Planning Research, 2000, 17 (4): 344-359.

［317］Taylor J. , Browna D. , Larsen L. Preserving natural features: A GIS-based evaluation of a local open-space ordinance ［J］. Landscape and Urban Planning, 2007 (82): 1-16.

［318］Tenley C. , Richard L. Alternative land use regulations and environmental impacts: Assessing future land use in an urbanizing watershed ［J］. Landscape and Urban Planning, 2005 (71): 1-15.

［319］Thompson C. Urban open space in the 21st century ［J］. Landscape and Urban Planning, 2002 (60): 59-72.

［320］Tinsley H. , Tinsley D. , Croskeys C. Park usage, social milieu and psychosocial benefits of park use reported by older ueban users from four ethnic group ［J］. Leisure Sci, 2002 (24): 199-218.

［321］Turner T. Greenways, blueways, skyways and other ways to a better London ［J］. Landscape and Urban Planning, 1995 (33): 269-282.

［322］Vessella F. , Schirone B. , Salis A. Landscape ecology and urban biodiversity in tropical Indonesiancities ［J］. Landscape and Ecology Engineering, 2011, 7 (1): 33-43.

［323］Vogt C. , Marans W. Natural resources and open space in the residential decision process: A study of recent movers to fringe counties in southeast Michigan ［J］. Landscape and Urban Planning, 2004 (69): 255-269.

［324］Walmsley A. Greenways and the making of urban form ［J］. Landscape and Urban Planning, 1995 (33): 81-127.

［325］Wang F. Z. , Wang S. N. Luoyang dual spatial criterion ecological city construction ［J］. Chinese Journal of Population, Resources and Environment, 2007, 5 (3): 85-92.

［326］Wang S. N. , Li M. Green space system design in Luoyang using Huff model ［J］. Geoinformatics 2008 and Joint Conference on GIS and Built Environment: The built environment and its dynamics. proceedings of the SPIE, 2008

(7144): 714437.

[327] Welchb. Urban parks: Green spaces or green walls? [J]. Landscape and Urban Planning, 1995 (32): 93-106.

[328] Weng Y. C. Spatiotemporal changes of landscape pattern in response to urbanization [J]. Landscape & Urban Planning, 2007, 81 (4): 341-353.

[329] Whyte W. How to turn a place around [J]. Project for Public Space Inc, 2000 (3): 24-33.

[330] William D. , Soleckiav D. , Joan M. Urban parks: Green spaces or green walls [J]. Landscape and Urban Planning, 1995 (32): 93-106.

[331] Woebse H. Das landschaftsbild im stadtgebiet madgeburg [M]. Landshauptstadt Madgeburg: Stadtplanungsamt Madgeburg, 1995.

[332] Wu J. Environmental amenities and the spatial pattern of urban sprqwl [J]. Agricultural Economics, 2001 (83): 691-697.

[333] Zerbe S, Maurer U, Schmitz S, Sukopp H. Biodiversity in berlin and its potential for nature conservation [J]. Landscape and Urban Planning, 2003 (62): 139-148.